पर्यटन भूगोल

पर्यटन भूगोल

अतुल शर्मा

इशिका पब्लिशिंग हाउस
जयपुर दिल्ली

इशिका पब्लिशिंग हाउस

ए -25, "गणेश सदन", गली न. 4, आदर्श बस्ती,
बी.एल. हाउस के पास, टोंक फाटक,
जयपुर-302018 (राजस्थान) भारत
फोन : 0141-2761280, Mob. 9887532741
Email: ishikapublishinghouse@yahoo.in

दिल्ली कार्यालय : 102, प्रथम मंजिल, 'सत्यम हाउस'
4324/3, अंसारी रोड़, दरियागंज, नई दिल्ली - 110 002
फोन : 011-45652440

ISBN: 9788189471668

टाइपसेटिंग : बी.एस. कम्प्यूटर्स, जयपुर

मुद्रक : थॉमसन प्रेस, नई दिल्ली

प्रस्तावना

पर्यटन भूगोल का एक ऐसा अंग है जो आर्थिक गतिविधियों में सहायक है। यह स्वयं भी एक व्यवसाय है तथा अन्य उद्योगों में भी सहायक है। श्री जी. जनता ने पर्यटन को दो मुख्य क्षेत्रों में बांटा है—स्थिर क्षेत्र एवं अस्थिर क्षेत्र। स्थिर क्षेत्र के अन्तर्गत वे समस्त आर्थिक क्रियाएं हैं जो कि समुदाय के निर्माण, मांग को आकर्षित करने एवं परिवहन व्यवस्था से सम्बन्धित हैं। इसमें परिवहन प्रचालकों, यात्रा अभिकर्ताओं, परिवहन संस्थाओं व दूसरी सहायक सेवा की क्रियाएं शामिल हैं। द्वितीय, अस्थिर क्षेत्र में अल्पकालीन प्रवास, आवास सुविधा, खान-पान की मांग आदि क्रियाएं आती हैं।

पर्यटन भूगोल प्राचीन भूगोल का ही अंग है जिसमें भूतल की प्राकृतिक तथा सांस्कृतिक विभिन्नताओं का अवलोकन सही, क्रमबद्ध तथा वैज्ञानिक पद्धति से ज्ञानवर्धन, वातावरण परिवर्तन, आमोद-प्रमोद और स्वास्थ्य लाभ प्राप्त किये जाते हैं। प्राचीन काल से मनुष्य के पूर्वज भ्रमण प्रवृत्ति के थे। वह एक जगह से दूसरी जगह घूमते रहते थे। आज मानव को छोड़कर प्रत्येक जीव-जन्तु स्थायी निवास नहीं करते। पक्षी जो घोंसला बनाकर रहते हैं, वे भी नये-नये स्थानों की यात्रा करते रहते हैं।

पर्यटन से मनुष्य में नवीन स्फूर्ति का संचार होता है। मानव ने तकनीकों का उपयोग करके कई नये संसाधनों का आविष्कार किया। तीव्र परिवहन के साधनों तथा दूरसंचार क्रान्ति ने विश्व को एक छोटी इकाई बना दिया। डिस्कवरी, एनीमल प्लेनेट नेचुरल ज्योग्राफी जैसे भौगोलिक तथा ऐतिहासिक टी॰ वी॰ कार्यक्रमों ने आधुनिक मानव को विश्व की सौंदर्यता के प्रति आकर्षित तथा उसके मन में उसको देखने की

जिज्ञासा पैदा की है। बदलते आर्थिक परिवेश ने कई कुबेरपतियों को जन्म दिया, साथ ही साथ कराहती मानवता के बड़े हिस्से को भी गरीबी की त्रासदी से उबारा। विदेशी संस्कृति में वर्ष में एक बार बड़ी यात्रा, महीने में लघु यात्रा एवं सप्ताह के अंत में नजदीकी पर्यटक स्थल पर जाकर मौज-मस्ती कर पुनः स्फूर्ति प्राप्त करना—परम्परा बन गयी है। विकास एवं सम्पन्नता जहाँ आधुनिक सभ्यता की उपलब्धता है वहाँ तनाव और डिप्रेशन भी इसकी देन हैं। परिभ्रमण मनुष्य को यथार्थ जीवन में ही स्वप्न लोक की सैर करा देता है। पर्यटन मनुष्य के जीवन की नीरसता एवं व्यस्तता को समाप्त कर नया परिवर्तन लाता है।

अतुल शर्मा

अनुक्रमणिका

1

पर्यटन भूगोल : परिचय

पुरातन विचारधारा अथवा मानसिकता से मुक्त होकर वर्तमान समाज आधुनिकता के मार्ग पर अग्रसर हुआ है। आज प्रत्येक व्यक्ति भौतिक सुखों से समृद्ध होना चाहता है। विभिन्न अनुसंधानों के माध्यम से समाज इन सुखों की अनुभूति करना चाहता है। यही कारण है कि वर्तमान में भी वैज्ञानिकों का एक वृहद् समुदाय मानवीय सुख-सुविधा के नये-नये साधन खोजने में लगा है। भूगोलवेत्ता का कार्य भूमि एवं मानव की यथार्थताओं का अध्ययन करना तथा मानवीय उन्नति हेतु स्थानिक संगठन को समझना है। भूगोल भू-तल और इसके निवासियों का विज्ञान है। भूगोल का औचित्य विश्व सम्बन्धी ज्ञान में वृद्धि करना है और पृथ्वी तल का अध्ययन मानव संसार के तौर पर करते हुए क्षेत्रों या स्थानों की भिन्नताओं एवं समाकलन को समझना है तथा मानवीय समृद्धि हेतु प्रादेशिक संसाधनों का अध्ययन एवं उपयोग हेतु सक्रिय सहयोग देते हुए पृथ्वी पर अलग-अलग राष्ट्रों की प्रादेशिक विकास योजनाओं में तथा राष्ट्रीय विकास योजनाओं में योगदान देना है।

भूगोल का समकालिक लक्ष्य एवं उद्देश्य प्राकृतिक संसाधनों तथा संस्कृति के संसाधनों का अनुकूलतम उपयोग करके प्रादेशिक संगठन करना और उसके द्वारा मानवीय उन्नति तथा समृद्धि एवं योजनाओं में यथासंभव योग देना है।

मानव ने 5000 वर्ष ईसा पूर्व नदी घाटियों में स्थायी बस्तियों का निर्माण कर एक स्थान पर निवास करना प्रारंभ किया। पाषाण युग की समाप्ति के बाद ही नदी घाटी सभ्यताओं का युग आया जिसमें मानव ने धातुओं का उपयोग करना सीखा। दुनिया उन भूगोलविदों की ऋणी है जिन्होंने अपनी जान जोखिम में डालकर भौगोलिक खोजों के माध्यम से एक नये युग का सूत्रपात किया और मध्ययुगीन रूढ़ि और आडंबर में जकड़े विश्व को आधुनिकता का मार्ग दिखाया। इससे पूर्व मध्य समाज शास्त्रियों, भौतिक वैज्ञानिकों, कृषि वैज्ञानिकों, दार्शनिकों और चिन्तनशील व्यक्तियों का प्रमुख उद्देश्य अपने नूतन अनुसंधानों एवं खोजों के माध्यम से समाज में लोगों का कल्याण करने के साथ-साथ उनके आर्थिक स्तर का उन्नयन करना रहा है। दूसरे शब्दों में हम कह सकते हैं कि पर्यटन और मानव के मध्य धनात्मक सह-सम्बन्ध है। वैज्ञानिकों का एक वृहद् समुदाय आज भी मानवीय सुख-सुविधा हेतु नये युग में पृथ्वी के सम्बन्ध में मानव ज्ञान संकुचित और अंधविश्वासपूर्ण था जिसके कारण सामुद्रिक व्यापार भी सीमित था। जहाज छोटे और असुरक्षित थे तथा वे गति हेतु वायु की दिशा पर निर्भर करते थे। कुतुबनुमा का आविष्कार अभी नहीं हुआ था, जिससे समुद्र में यात्रा करते समय दिशा का तीव्रता से ज्ञान नहीं हो पाता था तथा दिशा भटकने की आशंका सदैव बनी रहती थी। इसके अलावा जलदस्युओं का डर सदा बना रहता था। मेगास्थनीज, इब्नबतूता, फिरदौसी जैसे कई लोगों ने अपने ज्ञान हेतु यात्रायें की थीं। लेकिन वास्कोडिगामा (1492) तथा अमेरिगो (1503) (नई दुनिया की खोज), बालबोआ (प्रशान्त महासागर की खोज) के प्रयत्नों से नये-नये देशों की संस्कृति सामने आने लगी। 1519 में मैंगलन विश्व का चक्कर लगाने हेतु चला तथा 1822 में उसके बचे साथियों ने पृथ्वी के गोल होने की घोषणा की।

पर्यटन का अर्थ व आविर्भाव

पर्यटन भूगोल का एक ऐसा अंग है जो आर्थिक गतिविधियों में सहायक है। यह स्वयं भी एक व्यवसाय है तथा अन्य उद्योगों में भी सहायक है। श्री जी. जनता ने पर्यटन को दो मुख्य क्षेत्रों में बांटा है—स्थिर क्षेत्र एवं अस्थिर क्षेत्र। स्थिर क्षेत्र के अन्तर्गत वे समस्त आर्थिक क्रियाएं हैं जो कि समुदाय के निर्माण, मांग को आकर्षित करने एवं परिवहन व्यवस्था से सम्बन्धित हैं। इसमें परिवहन प्रचालकों, यात्रा अभिकर्ताओं, परिवहन संस्थाओं व दूसरे सहायक सेवा की क्रियाएं शामिल हैं।

द्वितीय, अस्थिर क्षेत्र में अल्पकालीन प्रवास, आवास सुविधा, खान-पान की मांग आदि क्रियाएं आती हैं।

एक सीमित अर्थ में पर्यटन को एक उद्योग नहीं कहा जा सकता है, परन्तु आर्थिक दृष्टि से, पर्यटन से ही मांग की उत्पत्ति होती है। यह विविध उद्योगों के लिए बाजार उपलब्ध करता है। अतः समस्त वैसी क्रियाएं जो परिभ्रमण से जुड़ी हैं, पर्यटन उद्योग के क्षेत्रों में आती हैं। पर्यटकों द्वारा खान-पान व्यय, आवास व्यय, तथा परिवहन व्यय, पर्यटन स्थल के प्रमुख उत्पाद खरीदने आदि से संबंधित सभी व्यय को पर्यटन या पर्यटन व्यवसाय कहा जा सकता है। यह राष्ट्रीय व्यवस्था का एक हिस्सा है एवं पर्यटकों की इच्छाओं की पूर्ति करती है। यह एक भिन्न समूह है जिसके अन्तर्गत वे समस्त व्यापार व उद्योग शामिल हैं जो यात्रियों की आवश्यकता की पूर्ति करना अपना एक मुख्य उद्‌देश्य समझते हैं। विविध यात्रियों जैसे व्यापारी, सैलानी, वाणिज्य यात्री, विद्यार्थी, सम्बन्धी एवं मित्रगण आदि की जरूरतों की पूर्ति पर्यटन उद्योग द्वारा की जाती है। अतः यह बात ज्ञात होती है कि यह अन्य उद्योगों में योगदान देता है तथा स्वयं भी एक उद्योग है जो आर्थिक रूप से राष्ट्र के लिये उपयोगी है।

यह पूर्णतः यात्रियों की संख्या पर निर्भर करता है। इन प्राथमिक व्यापारों में होटल व खान-पान उद्योग व यात्रा अभिकरण इकाइयां आती हैं, सहायक व्यापारों में शामिल किए जा सकते हैं, जो कि यात्रियों को सेवायें मुहैया करते हैं, उदाहरणार्थ—फुटकर दुकानें, स्मारिकाएँ, पुरातत्त्वकालीन सामान, उपहार विक्रेता इत्यादि। मनोविनोद के साधन (नाट्यशाला, चलचित्र गृह, विशेष पर्व व त्योहार, संगठित क्रीड़ायें, बैंक, केश श्रृंगारगृह, लाउण्ड्रीज, होटलों को सामान और सेवायें पूर्ति करने वाले व्यवसायी खान-पान इकाइयां, परिवहन से जुड़े उद्योग, सार्वजनिक सेवाएँ, भवन-निर्माण संस्थायें विशेषकर पर्यटन क्षेत्रों में) बीमा कम्पनियाँ आदि की तरह बहुत से उद्योग पर्यटकों हेतु वस्तुओं एवं सेवाओं की पूर्ति करते हैं। पर्यटन उद्योग इन समस्त उद्योगों का एक सामूहिक मिश्रण है, जिससे पर्यटन में समानता आती है। परन्तु साथ ही पर्यटकों की विविध प्रकार की मांगों में यह क्रियाएं आर्थिक अध्ययन की दृष्टि से कृषि उत्पादन एवं अवतरण उद्योगों की तुलना में काफी कठिन हैं।

अंग्रेजी के शब्द Tourism का सम्बन्ध Tour से है जो कि लैटिन भाषा से लिया गया है। Tornos का तात्पर्य का एक औजार से है जो एक पहिए की भाँति गोलाकार होता है। यह गोलाकार पिन है, इसी शब्द से यात्रा चक्र अथवा पैकेज टूर/एकमुश्त यात्रा का विचार सृजित हुआ है जो कि वर्तमान पर्यटन का मुख्य आधार है। करीबन 1643 में इस शब्द का वर्तमान समय विभिन्न स्थानों की यात्रा, मनोरंजन

भ्रमण पर्यटन तथा विभिन्न देशों व क्षेत्रों के स्थलों के भ्रमण या यात्रा करने हेतु किया गया था। Tour एक हिब्रु Hebrew शब्द हैं जो कि हिब्रु Torah से लिया गया है। इसका अर्थ अध्ययन या खोज। यहूदियों के विधान से सम्बन्धित है। यहूदी विधान, यहूदियों के रहन-सहन की परिभाषा को उल्लिखित करता है। Tour का आशय है कि यात्री किसी विशेष स्थान पर जाकर खोज करता है। ठीक इसी तरह एक पर्यटक की जिज्ञासा होती है कि वह उस स्थान के बारे में पूर्ण ज्ञान प्राप्त करे, जिसके बारे में उसने सुना तथा साथ ही उसको व्यापार व रोजगार की संभावनाओं के विषय में जानकारी, स्वास्थ्य एवं शिक्षा लाभ, पर्यावरण एवं मनोरंजन से सम्बन्धित सम्पत्ति के बारे में पूर्ण जानकारी प्राप्त करने की लालसा रहती है।

`Tourism' अथवा परिभ्रमण शब्द के अन्तर्गत वे सभी व्यापारिक क्रियाएं सम्मिलित हैं जो सैलानियों की आवश्यकताओं की पूर्ति करती हैं। किसी भी यात्रा का पर्यटन से सम्पर्क हो जाता है यदि वह निम्नांकित शर्तें पूर्ण करती हो–

- यात्रा अस्थायी हो।
- यात्रा ऐच्छिक हो।
- यात्रा का तात्पर्य किसी तरह का पारिश्रमिक अर्जित करना नहीं होना चाहिए।

संस्कृति साहित्य में पर्यटन हेतु तीन शब्दों का उपयोग किया गया है, जिन सबका उद्गम पर्यटन से हुआ है। 'पर्यटन' का तात्पर्य है अपने निवास स्थान को छोड़कर कहीं बाहर जाना। ये तीन शब्द हैं–

पर्यटन– इसका तात्पर्य है आराम एवं ज्ञान प्राप्ति हेतु यात्रा करना।

देशाटन– विदेशों में मुख्यतः आर्थिक लाभ हेतु यात्रा करना।

तीर्थाटन–धार्मिक लाभों के कारण यात्रा करना।

शब्दकोश के अनुसार यात्रा करने वाला व्यक्ति पर्यटक कहलाता है। यूनीवर्सल के अनुसार पर्यटक वह व्यक्ति है जो कि जानकारी हासिल करने एवं मनोरंजन करने हेतु यात्रा करता है ताकि अन्य व्यक्तियों को अपनी यात्रा का वर्णन दे सके। कुछ विद्वानों ने पर्यटन के सन्दर्भ में अपनी भिन्न-भिन्न धारणाएँ निम्न प्रकार व्यक्त की हैं–

श्री नोरमल के शब्दों में, "प्रत्येक व्यक्ति जो विदेशों में स्थायी रूप से निवार्सित होने या रोजगार की दृष्टि के अलावा अन्य कारणों से प्रवेश करता है तथा जो अपने अस्थायी ठहरने के दौरान इस देश में अर्जित धन को व्यय करना चाहता है।"

श्री लिकोरिश का मानना है कि, वे समस्त व्यक्ति जो एक मास से अधिक

व चौबीस घंटे के कम के लिए किसी स्थान पर ठहरते हैं, यात्रियों की श्रेणी में नहीं आते हैं। उन्होंने आगे लिखा है कि चौबीस घण्टे से कम ठहरने वाले व्यक्तियों को मनोरंजन भ्रमणकारी या यात्री आगन्तुक के अन्तर्गत शामिल किया जा सकता है। उनका दावा है कि सैद्धान्तिक रूप में सैलानी का अर्थ है वे समस्त व्यक्ति जो स्वदेश से किसी अन्य देश से कम से कम चौबीस घण्टे के आराम व मनोरंजन के लिए यात्रा करते हैं तथा किसी प्रकार का लाभान्वित व्यवसाय नहीं करते हैं। अल्पकालीन आगन्तुकों के अन्तर्गत उन व्यक्तियों को सम्मिलित किया जाता है, जो स्वदेश में ही कम से कम चौबीस घण्टे की यात्रा करते हैं तथा लघुकाल के लिए यात्रा के उद्देश्य से रुकते हैं।

भारत में 1970 में पर्यटक सम्बन्धी आंकड़े विभिन्न परिभाषा के आधार पर एकत्र किये जाते थे जो निम्नवत् हैं–

"एक व्यक्ति जो कि विदेशी पार-पत्र पर भारत की यात्रा कम से कम 24 घण्टे तक करे तथा उसका समय छः माह से ज्यादा न हो बशर्ते यह यात्रा बिना देशान्तरवास व रोजगार दोनों से विहीन हो।"

पर्यटन की परिभाषा का नवीनीकरण 1971 के बाद हुआ जो अग्रलिखित हैं–

"एक व्यक्ति जो कम से कम 24 घण्टे के अर्से के लिए विदेशी पार-पत्र पर बिना देशान्तरवास व बिना रोजगार के उद्देश्य से यात्रा करे।

उपर्युक्त परिभाषा राष्ट्रसंघ के अन्तर्राष्ट्रीय यात्रा एवं पर्यटन सम्मेलन 1963 के अनुरूप है तथा इसकी विशेषता यह है कि इसमें समय की ऊपरी सीमा पर कोई प्रतिबन्ध नहीं है।

अन्तर्राष्ट्रीय पर्यटन संगठन ने सांख्यिकीय सूचना की महत्ता समझते हुए तथा इस सूचना को सरल एवं तुलनात्मक बनाने हेतु अपने सदस्यों के लिए एक नई परिभाषा बनाने का सुझाव दिया था, जो निम्नलिखित प्रकार है–

"सांख्यिकी उद्देश्य से आगन्तुक शब्द उस व्यक्ति विशेष का वर्णन करता है जो कि स्वयं के देश के अलावा किसी विदेश की यात्रा करता है तथा उसकी यात्रा का उद्देश्य पुरस्कृत व्यवसाय प्राप्त करने से भिन्न है।"

इस परिभाषा से निम्नलिखित बातें स्पष्ट होती हैं–

पर्यटक : पर्यटक अर्थात् अस्थायी यात्री जो कि दर्शनीय स्थान पर कम से कम 24 घण्टे रहते हैं एवं जिनकी यात्रा का उद्देश्य निम्न शीर्षकों के तहत आता है–

(अ) विलासिता : मनोरंजन अवकाश, स्वास्थ्य, अध्ययन, धर्म व क्रीड़ा।

(ब) व्यापार : पारिवारिक, धर्मार्थ कार्य, मीटिंग।

सैलानी : अस्थायी यात्री जो पर्यटन देश में चौबीस घण्टे से कम ठहरते हैं। सामुद्रिक भ्रमणकर्ता भी इसके तहत आते हैं।

आमतौर पर स्वीकृत की गयी सर्वमान्य परिभाषा के मुताबिक–"पर्यटक वे अस्थायी आगन्तुक हैं जो कम से कम एक रात्रि हेतु यात्रा करने वाले देश में ठहरते है तथा जिनकी यात्रा का उद्देश्य विलासिता (मनोरंजन अवकाश, स्वास्थ्य, अध्ययन व क्रीड़ा), व्यापार व पारिवारिक मेलजोल से सम्बन्धित है।"

ऐतिहासिक, धार्मिक, प्राकृतिक और सामाजिक दृष्टि से भारत पर्यटन के क्षेत्र में विश्व के देशों में महत्वपूर्ण स्थान रखता है। यह देश पर्यटकों को भिन्न-भिन्न पर्वत शृंखलाओं व पहाड़ियों, उच्च शृंखलाओं, समुद्री किनारों, प्राकृतिक दृश्य, दर्शनीय सौन्दर्य स्मारकों एवं संग्रहालयों प्राचीन कला एवं नृत्य, मेले एवं त्योहार व अन्य बहुत-सी मूल्यवान सामग्रियों का संग्रह करता है, जिनकी वजह से यह देश चित्रकारी का एक जीता-जागता उदाहरण बन चुका है।

पर्यटन उद्योग का मुख्य आधार विभिन्नता है। भारत में यह विभिन्नता हर पर्यटक हेतु विद्यमान है। एक सपेरे से लेकर हिमाच्छादित हिमालय पर्वत की शृंखलायें सामान्य नृत्य से लेकर बड़े-बड़े पर्वतीय शिकारगाह, पर्यटक के मुख्य आकर्षण इस देश में विद्यमान हैं।

आधुनिक पर्यटन एवं आरामदायक यात्रा की सफलता हेतु बहुत ही जरूरी होगा कि पर्यटन से सम्बन्धित प्राथमिक और सहायक व्यापारी में सामंजस्य किय जाये। आवास, परिवहन एवं यात्रा, पर्यटन के मुख्य अंग हैं।

प्राचीन समय में पर्यटन मुख्यतः तीर्थयात्रा अर्थात् यात्रा केवल धार्मिक उद्देश्यों की पूर्ति हेतु की जाती थी। यह यात्राऐं अधिकांशतः पैदल की जाती थीं जिसमें यात्रियों को कठिनाइयों का सामना करना पड़ता था।

पर्यटन में प्राप्त सुविधाएं

भोजन एवं आवास–पर्यटन केन्द्रों पर आने वाले पर्यटकों के विश्राम हेतु आवास और भोज्य पदार्थों की उचित कीमत पर उपलब्धता पर्यटक सेवा के आवश्यक अंग हैं। पर्यटक रहने के लिये होटल, विश्रामगृह, रिसोर्ट आदि का उपयोग करते हैं।

यातायात–पर्यटन स्थल के दर्शनीय स्थानों पर जाने के लिए समुचित परिवहन व्यवस्था और सुविधाओं की आवश्यकता होती है। पर्यटक हेतु कार व उच्च कोटि की गाड़ियों की जरूरत होती है, साथ ही नई सड़कों का निर्माण तथा चुंगी कर

व सीमा कर जो कि इस क्षेत्र में बाधक हैं, हटाने की जरूरत है। वायु, रेल एवं समुद्री परिवहन व्यवस्था के क्षेत्र में विकास की जरूरत है, क्योंकि यह प्राथमिक सेवा है, जिसके बगैर पर्यटक को अपने गतंव्य स्थान पर पहुंचने में कठिनाई आती है। यात्रा परिवहन के विभिन्न रूप हैं जैसे—सार्वजनिक एवं निजी, अन्तर्देशीय व अन्तर्राष्ट्रीय तथा हवाई, जल एवं भूमिगत।

सड़क यातायात—बसें, आलीशन मोटर गाड़ियां किसी भी निश्चित स्थान की सीमित अथवा मध्यम दूरी एवं गन्तव्य स्थान में भ्रमण करने में प्रत्यक्ष एवं निरन्तर रूप में उपयोग की जाती हैं। बहुत से स्थानों में रेल परिवहन भी सहयोगी है। निजी मोटर व्यवस्था के आरम्भ होने से सड़क परिवहन अधिक महत्वपूर्ण है।

रेल यातायात—देश में दो दूरस्थ क्षेत्रों के आवागमन के लिये रेल परिवहन महत्वपूर्ण विकल्प है। यह गन्तव्य स्थल तक पहुंचने और वहां यात्रा करने में सहायक होता है।

जल यातायात—सीमित सामुदिक मार्ग व जल के मार्गों एवं समुद्र द्वारा यात्रा करने में जल परिवहन एक प्रमुख स्थान रखता है।

वायु यातायात—सुदूर पर्यटन हेतु वायु परिवहन तीव्र गति से विकसित होता हुआ माध्यम है। यह चारों दिशाओं के परिवहन का बुनियादी साधन है।

पर्यटन के आकर्षण : भारतीय पर्यटन प्रमुख रूप से सांस्कृतिक क्षेत्र तक ही सीमित रहा है। पर्यटकों के स्वभाव में बदलाव के कारण आराम न मनोविनोद सम्बन्धी क्रियाओं का पर्यटन के क्षेत्र में महत्व बढ़ता जा रहा है, अतः आधुनिक पर्यटन की मांग को पूर्ण करने हेतु आवासकालीन पर्यटक स्थल, दर्शनीय सौन्दर्यता, पर्वत एवं समुद्रतट विलासिता व मनोरंजन की बहुत जरूरत है।

मनोरंजन के साधन—पर्यटन उद्योग के उद्योग के विभिन्न रूपों जैसे रेस्टोरेंट, नृत्य एवं संगीत, नाट्यशाला एवं खरीददारी आदि का विकास बहुत ही जरूरी है। स्मारकों एवं संग्रहलयों, कला एवं हस्तकारिता, मेले एवं त्योहरों/पूर्व, प्रदर्शनियों आदि के अतिरिक्त पर्यटक बहुत सी अन्य मनोविनोद की क्रियाओं में इच्छा रखते हैं। विशेषकर सांध्यकालीन समय को खुशी से व्यतीत करने के मनोविनोद के साधन तो बहुत ही जरूरी है। पर्यटकों के मनोविनोद एवं आकर्षण के मुख्य साधन कैबरे नृत्य व गान, नाट्यशाला में लोगों का एक शानदार आराम वातावरण में मुलाकात एवं वार्तालाप करना है।

सुविधायें : हर पर्यटक को आवागमन के अवांछित नियमों का पालन करना

होता है। साथ ही राष्ट्र के अन्तर्गत कितने ही नियम होते हैं जो कि पर्यटन में मददगार व अवरोधक होते हैं। जितने ज्यादा सरल एवं सुविधाजनक आवागमन से सम्बन्धित नियम होंगे तथा पर्यटकों को स्वतन्त्र रूप से भ्रमण करने में मदद होगी तथा गमन-प्रस्थान व्यवस्था सरल होगी, उतने ही पर्यटक आकर्षित होंगे। पर्यटक स्थलों का पुनः दर्शन करने हेतु समय-समय पर किए गए सर्वेक्षणों से ज्ञात होता है कि भारत में पर्यटन से सम्बन्धित नियम व सुविधाओं में बहुत ही खामियां हैं। मुख्यतया पर्यटकों की शिकायतें बहुत से तर्कहीन फार्म भरने व अवरोधक नियम तथा अकुशल प्रबन्ध के बाबत होती हैं। सरकार को इन सभी कमियों पर ध्यान देकर आधारभूत सरंचना को विकसित करना होगा, ताकि पर्यटन क्षेत्र का बहुमुखी विकास हो सके।

ट्रेवल एजेण्ट्स एवं गाइड—ट्रेवल एजेण्ट्स एक तरफ पर्यटक एवं दूसरी ओर परिवहन व आवास मालिकों के कार्यों की मध्यस्थता की महत्वपूर्ण कड़ी हैं। यात्रा-अभिकर्ता पर्यटन के विविध अंगों का इस तरह संगठन करते हैं कि यह एक वस्तु व सेवा उन्हीं के जोखिम व नाम पर बाजार में उपलब्ध करायी जाती है।

पर्यटक एवं पर्यटनों का वर्गीकरण

पर्यटक शब्द लैटिन भाषा के शब्द Tornus से बना है। मोन्टे कार्लो में इण्टरनेशनल एकेडेमी आफ टूरिज्म द्वारा 1953 में प्रकाशित पर्यटन के वैश्विक शब्दकोश के अनुसार English & French में Tour शब्द का तात्पर्य यात्रा चक्रीय छोटी यात्रा से है।

पर्यटक एक अस्थायी दर्शक है, जो देखने वाले देश में कम से कम 24 घण्टे रुके और उसकी यात्रा का उद्देश्य निम्नलिखित में से कोई भी हो सकता है—

(अ) व्यवस्था—परिवार उद्देश्य, सभाएं, पर्यटक जो 24 घण्टे से कम रुकते हैं, विश्व पर्यटन संगठन के अनुसार उन्हें Excursionists सैलानी कहते हैं।

(ब) अवकाश—प्रयोजन अवकाश का दिन, स्वास्थ्य, अध्ययन, धार्मिक व खेल।

उपरोक्त परिभाषा के अनुसार निम्नांकित लोगों को पर्यटक कहा जा सकता है—

1. किसी देश में 24 घण्टे से कम रुकने वाला।
2. वह व्यक्ति जो व्यापार के उद्देश्य से यात्रा करे।

3. वह व्यक्ति जो, सभाएं अथवा किसी तरह का प्रतिनिधित्व वैज्ञानिक, प्रशासनिक, राजनीतिक, धार्मिक, खिलाड़ी आदि हेतु यात्रा करे।
4. वह व्यक्ति जो, आनंद हेतु स्वास्थ्य आदि यात्रा करे।

इस तरह वह व्यक्ति पर्यटक नहीं है, जो कार्य हेतु किसी समझौते के बगैर यात्रा करे। वर्ष 1945 में परिभाषा के अनुसार संयुक्त राष्ट्र द्वारा स्वीकार कर ली गयी।

वर्ष 1963 में वैश्विक यात्रा एवं पर्यटन रोम की संस्तुतियों के आधार पर भारत सरकार के पर्यटन विभाग द्वारा विदेशी पर्यटक की परिभाषा स्वीकार की गयी।

आँकड़ों के आधार पर निम्न व्यक्तियों को भारत में विदेशी पर्यटक की भांति शामिल नहीं किया जाता है–

(1) वे समस्त विदेशी जो भारत में भूटान के भू-मार्ग से प्रवेश करें।
(2) पाकिस्तान और बांग्लादेश के निवासी।
(3) नेपाल के निवासी, जो भारत में जमीन के रास्ते से प्रवेश करें।

सैलानियों का वर्गीकरण

(1) अन्तर्राष्ट्रीय–विदेशी सैलानी से तात्पर्य अपने देश की सीमा के बाहर यात्रा करने वाले व्यक्ति से है। एक विदेशी सैलानी जो दूसरे देशों में जाता है, उसे उस देश की मुद्रा का प्रबन्ध, पासपोर्ट, वीजा, भाषा ज्ञान, स्वास्थ्य संबंधी प्रमाण पत्र की समस्त औपचारिकतायें पूरी करनी पड़ती हैं।

विश्व पर्यटन संगठन के अनुसार एक अन्तर्राष्ट्रीय सैलानी की परिभाषा–एक व्यक्ति जो अपने देश के अलावा दूसरे देश में, अवकाश अथवा व्यवसाय के उद्देश्य से 24 घण्टे से ज्यादा व्यतीत करता है।

(2) अन्तर्देशीय–सामान्यतया वह पर्यटक जो अपने देश की सीमाओं में भ्रमण करते हैं, घरेलू, आन्तरिक पर्यटक कहलाते हैं। इस तरह वह पर्यटक जो अपने देश की सीमाओं के अंदर ही रहते हैं अथवा उनके पर्यटन सम्बन्धी कार्यकलाप अपने देश की सीमाओं के अंदर ही सम्पन्न किये जाते हैं, घरेलू सैलानी कहलाते हैं। चूंकि पर्यटक अपने ही देश की सीमाओं में रहता है, अतएव इसे एक विदेशी पर्यटक की कठिनाइयों जैसे–मुद्रा परिवर्तन, भाषा, पासपोर्ट, वीजा, स्वास्थ्य प्रमाण पत्र आदि का सामना नहीं करना पड़ता है। राष्ट्रीय पर्यटक अपने दिन-प्रतिदिन के उपयोग में आने वाली मुद्रा तथा भाषा का प्रयोग करके ही काम चला सकता है।

सन् 1974-75 में (IUOTO) द्वारा निम्नांकित परिभाषा प्रस्तुत की गयी।

यह परिभाषा केवल एक परिणाम के रूप में ही नहीं, बल्कि वहन के आधार हेतु भी सही पायी गयी।

पर्यटन के तीन मुख्य आधार हैं–

अ. निवास का स्थान (Place of Residence)

ब. यात्रा का भौगोलिक महत्व (Geographical setting of travel)

स. यात्रा की अवाधि (Travel duration)

बहुत से देशों द्वारा निवास के स्थान से तात्पर्य उसी देश के पर्यटकों द्वारा अपने ही देश के भ्रमण से है। यात्रा के भौगोलिक महत्व से तात्पर्य देश के अन्दर अर्थात् सीमा के अंदर यात्रा से है। यात्रा की अवधि से आशय सैरगाह पर एक रात ठहरने से है।

'पर्यटन भूगोल' का आशय

'पर्यटन भूगोल' प्राचीन भूगोल का ही अंग है जिसमें भूतल की प्राकृतिक तथा सांस्कृतिक विभिन्नताओं का अवलोकन सही, क्रमबद्ध तथा वैज्ञानिक पद्धति से ज्ञानवर्धन, वातावरण परिवर्तन, आमोद-प्रमोद और स्वास्थ्य लाभ प्राप्त किये जाते हैं। प्राचीन काल से मनुष्य के पूर्वज भ्रमण प्रवृत्ति के थे। वह एक जगह से दूसरी जगह घूमते रहते थे। आज मानव को छोड़कर प्रत्येक जीव-जन्तु स्थायी निवास नहीं करते। पक्षी जो घोंसला बनाकर रहते हैं, वे भी नये-नये स्थानों की यात्रा करते रहते हैं।

पर्यटन से मनुष्य में नवीन स्फूर्ति का संचार होता है। मानव ने तकनीकों का उपयोग करके कई नये संसाधनों का आविष्कार किया। तीव्र परिवहन के साधनों तथा दूरसंचार क्रान्ति ने विश्व को एक छोटी इकाई बना दिया। डिस्कवरी, एनीमल प्लेनेट नेचुरल ज्योग्राफी जैसे भौगोलिक तथा ऐतिहासिक टी॰ वी॰ कार्यक्रमों ने आधुनिक मानव को विश्व की सौंदर्यता के प्रति आकर्षित तथा उसके मन में उसको देखने की जिज्ञासा पैदा की है। बदलते आर्थिक परिवेश ने कई कुबेरपतियों को जन्म दिया, साथ ही साथ कराहती मानवता के बड़े हिस्से को भी गरीबी की त्रासदी से उबारा। विदेशी संस्कृति में वर्ष में एक बार बड़ी यात्रा, महीने में लघु यात्रा एवं सप्ताह के अंत में नजदीकी पर्यटक स्थल पर जाकर मौज-मस्ती कर पुनः स्फूर्ति प्राप्त करना–परम्परा बन गयी है। विकास एवं सम्पन्नता जहाँ आधुनिक सभ्यता की उपलब्धता है वहाँ तनाव और डिप्रेशन भी इसकी देन हैं। परिभ्रमण मनुष्य को यथार्थ जीवन में ही स्वप्न लोक की सैर करा देता है। पर्यटन मनुष्य के जीवन की नीरसता एवं व्यस्तता को समाप्त कर नया परिवर्तन लाता है।

पर्यटन भूगोल का उद्देश्य

पर्यटन भूगोल भौतिक विज्ञान तथा सामाजिक विज्ञान दोनों पर आधारित है। इसके तहत इसमें भौतिक वातावरण तथा सांस्कृतिक वातावरण के तत्त्वों का, उनकी शक्तियों एवं क्रियाओं तथा प्रभावों का अध्ययन होता है। इसका उद्देश्य पृथ्वी तल पर प्राकृतिक वातावरण और समस्त मानव जाति की पारस्परिक प्रतिक्रिया पद्धति को समझना है तथा यह एक ऐसा माध्यम है जो भौतिक विज्ञानों, मानवीय विज्ञानों एवं सामाजिक विज्ञानों को आपस में जोड़ता है। भूविइ..नों की तरह भूगोल का उद्‌देश्य भी समाज कल्याण के प्रति अधिकतम योगदान देना है। पर्यटन भूगोल मनुष्य के कल्याण एवं सुख समृद्धि से जुड़ी भूगोल की नूतन शाखा है। इसके मुख्य कारण अग्रलिखित हैं–

(1) भू-तल की कई सांस्कृतिक विधायें (प्राचीन स्मारक, किले, आवास), वास्तुकला श्रेष्ठता के प्रतीक के द्वार मानव के लिए खोजना)।

(2) भू-तल की कई प्राकृतिक विचित्रतायें (धरातलीय, पर्वत, पठार, मैदान, मरुस्थल जैविक प्राकृतिक) मानव हेतु प्रयुक्त करना।

(3) मानव के ज्ञान में श्रीवृद्धि करना।

(4) पर्यटन मनुष्य को महानगर, नगर की भीड़-भाड़, दमघोंटू वातावरण, मशीनों की चिल्लपों, कारखानों तथा गाड़ियों का शोर एवं एकल परिवार के तनाव भरे जीवन से प्रकृति की रम्य वनस्थली में नैसर्गिक छटा के समीप ले जाता है। क्योंकि प्रकृति से बड़ा कोई चिकित्सक नहीं है।

(5) मानव के वर्तमान तनाव, उदासी भरे जीवन में ताजगी लाना। नयी ऊष्मा का संचार कर पुनर्बलन प्रदान करना।

(6) पर्यटन से मनुष्य को यथार्थ, वस्तुपरक ज्ञान मिलता है जो पुस्तकीय ज्ञान से बढ़कर है।

(7) परिभ्रमण द्वारा मानव का पर्यावरण अवनयन तथा विविध के प्रदूषण (जल, वायु, भूमि, ध्वनि आदि) का आनुभाविक ज्ञान।

(8) पर्यावरण संरक्षण के प्रति चेतना का विकास।

(9) पर्यटन से आमदनी होती है जिससे राष्ट्रीय महत्व के, इमारतों तथा वास्तुकला की अनमोल धरोहरों का रख-रखाव सरल हो जाता है।

(10) पर्यटन द्वारा वातावरण और मानव वर्गों के अन्तर्सम्बन्धों को समझने में मदद मिलती है।

(11) पर्यटन भूगोल पृथ्वी तल के विविध कथ्यों का अध्ययन देश, काल और सम्बन्धों के त्रिपक्षीय संसाधन विकास योजना में सहायता मुहैया करता है।

पर्यटन भूगोल के प्रमुख तत्व

पर्यटन—मूलतः मनुष्य की सबसे प्राचीन एवं मौलिक प्रवृत्ति है। भूगोल का उद्देश्य धरातलीय तथा मानवीय विभिन्नताओं का अध्ययन करना है तथा पर्यटन द्वारा इन्हीं विविधताओं का अवलोकन कर ज्ञान की बढ़ोतरी एवं मनोरंजन करता है।

नैसर्गित तत्व—प्राकृतिक नजारे मनुष्य को अपनी तरफ आकर्षित करते हैं। संसार में अधिकांशतः पर्यटन इसी उद्देश्य की पूर्ति हेतु होता है। मौसम व जलवायु की विषमताओं, धरातलीय विभिन्नताओं, हिमनद तथा जलराशियां, वनस्पति एवं जीव-जन्तुओं की विभिन्नताएं मानव को अपनी ओर खींचती हैं।

मौसम और जलवायु—परिवर्तित प्रवृत्ति होने के कारण मानव जिस वातावरण में रहता है, वह परिवर्तन तथा प्रतिकूल वातावरण को पसंद करता है। उदाहरणतः भीषण गर्मी सहने वाले को हिमालय की वादियां पसन्द आती हैं किन्तु घोर ठंडे प्रदेशों में रहने वाले थार मरुस्थल के गर्म जगहों को पसंद करते हैं।

धरातलीय विविधतायें—विश्व में कहीं पर्वत, पठार एवं मैदान आते हैं तो कहीं शृंखलायें, हिमाच्छादित चोटियाँ, सुन्दर मार्ग/बुग्याल सभी मानव को आकर्षित करते हैं। पठारी दृश्यावली मानव को लुभाती है। कई सुरम्य स्थल पठारों पर स्थित होते हैं। कई पठार खनिजों का भंडार होने के कारण मानवीय आर्थिक क्रियाओं के कारण मनुष्य को प्रिय बन जाते हैं।

हिमनद तथा जलराशियाँ—कई हिमनद जैसे गंगोत्री, यमुनोत्री, हिस्पर, पिण्डार तथा यूरोप व उत्तरी अमेरिका के कई हिमनद मानव के पर्यटन स्थल हैं। जलराशियाँ नदियाँ, जलप्रपात झीलें, आकर्षक समुद्री पुलिन तट (सी बीच) मानव के आकर्षण के केन्द्र हैं।

वनस्पति एवं जीव-जन्तु—मानव शहर की भागदौड़ वाली जिंदगी से व्यथित होकर प्राकृतिक सौंदर्य में खो जाना चाहता है। वह वन, पर्वत एवं वन्य जीव-जन्तुओं की विचित्रताओं को देखकर आनंद की अनुभूति करता है। भूमध्यरेखीय सदाबहार कांगो और अमेजन के वन, कोणधारी वन तथा कई तरह के जीव-जन्तु मानव को अपनी तरफ खींचते हैं।

सांस्कृतिक तत्व—पर्यटन भूगोल में दूसरा बड़ा घटक सांस्कृतिक तत्त्वों का है। मनुष्य इस धरा पर अपनी जरूरत, रुचि तथा बुद्धि के अनुसार प्राकृतिक वातावरण के तत्त्वों से सांस्कृतिक वातवारण का निर्माण करता है। सांस्कृतिक घटक के मुख्य भाग निम्न हैं—

अधिवास व सड़कें—सांस्कृतिक घटकों में प्रथम महत्वपूर्ण घटक मानवीय आवास एवं सड़के हैं। रेलमार्ग, वायुमार्ग, तथा आन्तरिक व सामुदिक जलमार्ग भी इसी के अंतर्गत आते हैं। आज परिवहन के विभिन्न साधनों ने यातायात को सुगम बना दिया है। मानव विश्व के एक छोर से दूसरे छोर पर इन माध्यमों के द्वारा पहुँच सकता है।

ऐतिहासिक इमारतें—भूत वर्तमान की कुंजी है। हमारा इतिहास, हमारे क्रमिक विकास का गवाह है। भारत का ताजमहल, मिस्त्र के पिरामिड, बेबीलोन के लटकते उद्यान, चीन की दीवार, रोमन शिलालेख, ब्राजील के महल, विश्व की धरोहर हैं। इसी तरह से अशोक के शिलालेख, ऐलीफेण्टा त्रिमूर्ति, अकबर द्वारा निर्मित किले, फतेहपुर सीकरी कुतुबमीनार, शाहजहाँ द्वारा निर्मित ताजमहल, जामा मस्जिद, लाल किला, सभी हमारी गौरवशाली परम्परा हैं जिनके आज हम उत्तराधिकारी हैं।

राजनीतिक व प्रशासनिक इमारतें—राजनीतिक और प्रशासनिक इमारतें इतनी भव्य, अलंकारिक एवं तकनीकी तरीके से निर्मित होती हैं कि मानव बरबस ही उनकी तरफ आकर्षित हो जाता है, जैसे—यू एन का प्रशासनिक भवन, न्यूयार्क का डब्ल्यू टी ओ सेण्टर, व्हाइट हाउस, भारतीय संसद, राष्ट्रपति भवन, सचिवालय, सर्वोच्च न्यायालय, उच्च न्यायालय, विधान सभा भवन आदि सभी इमारतें पर्यटकों को अपनी ओर लुभाती हैं।

धार्मिक इमारतें—अब तक धर्म के लिए विश्व में जितने युद्ध हुए हैं, साथ ही मंदिर, मस्जिद, गिरजाघर, गुरूद्वारे, चैत्य एवं स्तूप के निर्माण क्षेत्र में जो उल्लेखनीय प्रगति हुई है उससे विश्व को कई अनमोल धार्मिक धरोहर वरदान स्वरूप प्राप्त हुई हैं। यही वजह है कि पूरी दुनिया में धार्मिक कट्टरता में वृद्धि हुई है। प्रत्येक धर्मा व लम्बी अपने धर्म को सर्वाधिक प्राचीन एवं श्रेष्ठ समझता है। अतएव वास्तुकला के कई भव्य उदाहरण अन्तर्राष्ट्रीय एवं राष्ट्रीय स्तर पर धर्म के हैं। रोम का कैथोलिक चर्च, इजरायल की अलअक्सा मस्जिद, मक्का-मदीने की मस्जिद, हिन्दू धर्म के कई मन्दिर जैसे— कोणार्क का सूर्य मन्दिर, तिरुपति का मन्दिर आदि। प्रत्येक मन्दिर वास्तुकला के अद्भुत नमूने हैं जिनको देखने करोड़ों पर्यटक आते हैं।

प्रमुख राष्ट्रीय पर्व—राष्ट्रीय पर्व देश के आत्मस्वाभिमान के त्योहार होते हैं।

हर राष्ट्र इन त्योहारों को यादगार के रूप में मनाना चाहता है। जैसे 14 जुलाई—फ्रांस का राष्ट्रीय दिवस का 4 जुलाई—यू एस ए का राष्ट्रीय दिवस, 14 अगस्त—पाकिस्तान का राष्ट्रीय दिवस, 15 अगस्त—भारत का स्वतंत्रता दिवस एवं 26 जनवरी गणतंत्र दिवस है। दिवस का समारोह भव्य और आकर्षक होता है।

उत्सव एवं पर्व—प्रमुख मेलों में भी व्यक्ति दूर-दूर से हिस्सा लेने आते हैं। भारत में कई धार्मिक एवं सांस्कृतिक मेले लगते हैं। कुम्भ मेला विश्व का सबसे बड़ा मेला होता है जो चार पवित्र स्थानों पर लगता है। कार्तिक मेला, पंजाब का बैशाखी मेला, पुष्कर मेला आदि के साथ-साथ कई त्योहार मनाने हेतु लोग अपने- अपने घरों से दूर-दूर जाते हैं जैसे—दशहरा, दीपावली, क्रिसमस, गुडफ्राइडे, ईद।

हस्तशिल्प प्रदर्शनी : पुस्तक/फिल्म मेला/पेंटिंग—कला मनुष्य के अंग-अंग में विराजमान है जो उसमें कुशलता एवं योग्यता को प्रकट करती है। हस्तशिल्प प्रदर्शनी में मनुष्य द्वारा बनायी गयी उत्कृष्ट वस्तुएँ, पुस्तक मेले में विविध शीर्षकों पर पुस्तकें आदि एक स्थान पर मिल जाती हैं। विश्व की महत्वपूर्ण फिल्मों का मेला यदा-कदा लगता है जिसमें एक से एक कलात्मक फिल्म देखने का मौका मिलता है। चित्रकला प्रदर्शनी भी लोगों के आकर्षण का केन्द्र होती है।

संगीत एवं नृत्य—संगीत मानव हेतु एक आनन्दमय आभास है। कई कलाकार अपनी संगीत कला का प्रदर्शन करते हैं जिनको देखने विख्यात लोग आते हैं। नृत्य संगीत की भांति एक मनोरंजन का द्वितीय साधन है। नृत्य एवं संगीत का संबंध जन्म-जन्म का है। शास्त्रीय नृत्य जैसे—कुचीपुड़ी, भरत नाट्यम, ओडिसी आदि जब देश या विदेश में आयोजित किये जाते हैं तब उनको देखने भीड़ उमड़ पड़ती हैं।

राष्ट्रीय उद्यान/वनस्पति उद्यान—राष्ट्रीय उद्यान एवं वनस्पति उद्यान भी मनुष्य के आकर्षण के केन्द्रबिन्दु होते हैं। हर देश में दुर्लभ वनस्पति एवं वन्य जीवों को बचाने हेतु राष्ट्रीय उद्यान/वनस्पति उद्यान को बनाया जाता है।

पक्षी विहार एवं वन्य जीव सेंचुरी—पक्षी विहार एवं वन्य जीव अभ्यारण्य हमेशा से ही आकर्षण केन्द्र दुर्लभ पशु-पक्षियों को देखने के लिए बन जाते हैं।

पर्यटन भूगोल का व्यावहारिक पक्ष

पर्यटन भूगोल, भूगोल की प्राचीनतम शाखा है जिसका महत्व भूगोलवेत्ताओं को बहुत समय के बाद ज्ञात हुआ। विश्व की विविधताओं का अध्ययन का केन्द्र बिन्दु रहा है। विश्व की इसी विविधता का आनन्द लेने हेतु पर्यटक घर से निकलता है।

पर्यटन उद्योग के द्वारा कितने ही नवयुवकों को रोजगार मिल सकता है। यह तीव्र गति से बढ़ता उद्योग है जो आर्थिक व्यवस्था को भी समृद्ध बनाने में भी सहायक है। इसके विकास का आकलन इसी बात से लगाया जा सकता है कि अन्तर्राष्ट्रीय स्तर पर पर्यटकों की संख्या 1960 में जो 7 करोड़ थी 2000 में बढ़कर 10 करोड़ पर पहुँच गयी। प्रस्तुत तथ्य यह दर्शाता है कि मात्र 40 वर्षों में अन्तर्राष्ट्रीय स्तर पर पर्यटकों की संख्या 10 गुनी बढ़ गई। विश्व पर्यटन संगठन (डब्ल्यू. टी. ओ. के अनुसार इन आँकड़े) में उत्साहजनक वृद्धि होने की संभावना है। आने वाले दो दशकों में पर्यटकों की संख्या दो गुनी से भी ज्यादा 50 करोड़ हो जायेगी। 1999 के आँकड़े के अनुसार भारत में 2.5 लाख पर्यटक आते हैं एवं 2012 तक यह संख्या 100 लाख तक होने की संभावना है। भारत को इससे 1400 करोड़ रुपए की वार्षिक आमदनी होती है।

पर्यटन का व्यावहारिक पक्ष नौजवानों को रोजगार के अवसर प्रदान करता है। रोजगार और टर्न ओवर के मुताबिक यात्रा एवं पर्यटन तेल उद्योग के उपरान्त विश्व का सबसे वृहद उद्योग है। इस उद्योग में कार्य चरणों में पूरा किया जाता है। उदाहरणार्थ--यात्रा, ठहरने खाने का प्रबंध, शॉपिंग, पर्यटकों के खेलने-घूमने, मनोरंजन आदि से सम्बन्धित हेतु कार्य पर्यटन उद्योग यात्री सेवा पर आधारित हैं। इस उद्योग की विविध शाखाओं में युवाओं हेतु असीम अवसर हैं। अतः पर्यटन एक ऐसा व्यवसाय है जो उद्योगों को धनवृष्टि में पर्यटकों को मनोरंजन में तथा नवयुवकों को रोजगार प्रदान करने में भी सहायक है।

2

पर्यटन के विभिन्न अंग

पर्यटन विभिन्न अंगों का संयोजन है। इसके तहत खान-पान आवास की सुविधा पर्यटकों को दर्शनीय स्थल देखने हेतु सुविधा तथा साधन जरूरी हैं। उनको एक स्थान से दूसरे स्थान पर जाने के लिये परिवहन सुविधा, मनोरंजन अथवा मनोविनोद हेतु सुविधा आवश्यक है। पर्यटन की सफलता इन्हीं समस्त तत्त्वों पर निर्भर करती है। यह एक बहुत ही महत्वपूर्ण काम है और जब तक पर्यटन व्यापार के विविध अंगों में सामंजस्य नहीं लाया जाता तब तक पर्यटन व्यापार में वृद्धि नहीं हो सकती है। अध्ययन करने की दृष्टि से इन सुविधाओं को निम्नलिखित हिस्सों में विभाजित किया जा सकता है–

सरकार सम्बन्धी संसाधन एवं सुविधायें।
परिवहन व परिवहन सम्बन्धी यंत्र।
प्राकृतिक संसाधन।
आधारभूत संरचना सम्बन्धी सुविधायें।
पर्यटन के आकर्षण एवं मनोरंजन सम्बन्धी जरूरतें।
उच्च संरचना सम्बन्धी सुविधायें

पर्यटन के आधार तत्व

प्राकृतिक स्रोत
उच्च संरचना
क्रीड़ा एवं खेलकूद

खरीददारी के केन्द्र
वित्त संस्थायें
प्रकाशन माध्यम
यात्रा मार्गदर्शक
हवाई अड्डों की इमारतें
यात्री यातायात टर्मिनल
पुलिस सीमा शुल्क
परिवहन एवं परिवहन यंत्र
आधारित संरचना
शिष्टाचार स्रोत
सैलानी संबंधी आधारभूत ढांचा।

विद्युत शक्ति, जल शक्ति, सड़क, वायु परिवहन, पर्यटन के आकर्षण समेत सभी सुविधाओं का सम्मिलित पैकेज इस प्रयोजन की सफलता हेतु काफी आवश्यक है। किसी क्षेत्र विशेष या राष्ट्र विशेष में पर्यटक यातायात की वृद्धि इस बात पर आश्रित रहती है कि सैलानियों को किस स्तर की और कितनी न्यूनतम सुविधाएं उपलब्ध करायी जा रही हैं।

विकासशील अर्थव्यव्यवस्था में पर्यटन उद्योग के विकास हेतु सामान्य राष्ट्रीय योजनाओं व सम्बद्ध कार्यक्रमों की बहुत ही जरूरत है। राष्ट्रीय योजना में पर्यटन की आधारभूत संरचना व साधारण सेवाओं की लागत के अन्तर को ध्यान में रखा जाता है तथा साथ ही मार्केट, अन्वेषणों, सर्वेक्षणों एवं उत्पादन के मूल्यांकनों के द्वारा विनियोजन की दर व आय प्राप्ति को स्पष्ट किया जाता है। पर्यटन एक व्यापार ही नहीं है, बल्कि इसके तहत बहुत से उद्योग व जटिल क्रियाऐं भी आती हैं, एक उचित प्रयोगात्मक कार्यक्रम बनाने तथा विनियोजकों, स्थानीय लोगों, राज्य एवं पर्यटकों को इसके लागू करने के लाभ प्रदान करने हेतु इससे सम्बन्धित विविध अंगों व तत्त्वों का मूल्यांकन करना बड़ा जरूरी है।

राष्ट्रीय योजना में पर्यटन का स्थान इसको प्रदान की गयी प्राथमिकता पर आश्रित है। कुछ देशों के अनुसार यह विलास भोग का साधन है इसलिए वह राष्ट्रीय योजनाओं में स्थान नहीं देते। किसी भी देश की राष्ट्रीय योजनाओं की प्राथमिकता वहाँ की आधारित संरचना, प्राप्त होने वाले कच्चे माल एवं सामाजिक एवं आर्थिक विकास के संतुलन पर आश्रित है। पर्यटन उद्योग की सफल स्थापना मूल रूप में

देश की अर्थव्यवस्था की आधारित संरचना के उद्गम व विकास पर निर्भर करती है।

आधारभूत संरचना को निम्न वर्गों में वर्गीकृत किया जा सकता है—

वे संरचना ये जो बाहरी दुनिया से पहुंच और संचार नेटवर्क मुहैया करने में सहायक हैं।

वे संरचनायें जो कि किसी भी उद्देशित स्थान पर लोगों के विचलन में मददगार होती हैं।

वे संरचनायें जो कि विकास हेतु बिजली, शक्ति, जल परनाला व मल विकास की जरूरी सेवायें प्रदान करती हैं।

पर्यटक किसी भी उद्देशित स्थान पर जल, थल अथवा वायु परिवहन या इन सबके सम्मिलन के अथवा पहुंच सकता है। यातायात हेतु सड़क, पुल, सेतु, बन्दरगाह, हवाई अड्डों की पट्टी आदि के निर्माण की जरूरत होती है। ये समस्त साधन पर्यटन का अभिन्न अंग हैं। साथ ही संचार सम्बन्धी साधनों की भी जरूरतें होती हैं। पहुंच से सम्बन्धित क्रियायें भी जरूरी हैं ताकि संचार के साधनों की सुविधायें प्राप्त हों तथा इस क्षेत्र में विचलन भी हो सके। इसके जरूरत सम्पूर्ण विकास क्षेत्र में सार्वजनिक सेवाओं का विस्तार करना होगा ताकि सार्वजनिक सुविधाएं जैसे—बिजली सम्बन्धी सुविधायें प्राप्त हो सकें।

एक सफल पर्यटन हेतु भूमि के आन्तरिक एवं संस्थापन सेवायें बहुत ही महत्वपूर्ण हैं। इनके निर्माण में बहुत समय लगता है।

आरंभ से ही सड़कों को मजबूत एवं चौड़ा बनाना चाहिए, क्योंकि तंग व असुविधाजनक मार्गों को बाद में पुनर्निर्मित कर उत्तम और सुविधाजनक सड़कों का निर्माण करना पड़ता है। इससे अनावश्यक दोहरा खर्च पड़ता है। सड़कों के निर्माण में अधिक सावधानी की आवश्यकता है। सड़कें ठोस एवं टिकाऊ होनी चाहिएं, इनका निर्माण मौसम की अनुकूल स्थिति के आधार पर हो ताकि पानी व बरसात का असर न पड़े, वे सुरक्षित होनी चाहियें एवं अन्तर्राष्ट्रीय मान्यताओं के अनुसार उनका निर्माण होना चाहिए। सार्वजनिक संस्थानों जैसे सुविधाजनक सड़क सम्बन्धी सुविधाएँ सड़कों के साथ-साथ पार्क एवं वनभोज की सुविधायें, आराम के पार्क जिनमें जन सुविधायें, दर्शनीय कक्ष, आटो मरम्मत व अन्य तरह की सुविधायें, आराम के पार्क जिनमें जन सुविधाओं से भरपूर होनी चाहियें।

हवाई अड्डों की पट्टियों का भी अन्तर्राष्ट्रीय मान्यताओं के उपयोग निर्माण होना चाहिए क्योंकि नये विमानों हेतु इनका उपयोग होता है, अतः भविष्य में इन पर आधुनिकीरण का काम न करना पड़े। सड़कों के किनारे के पार्क, पिकनिक स्थल,

आराम-स्थल, दर्शनीय-स्थान आदि इसी तरह की पार्क सुविधाओं का लगातार ध्यान रखना चाहिए ताकि उनकी साफ-सुथरे एवं उचित तरह से हिफाजत की जा सके।

पर्यटन की मूलभूत सुविधाएं

मनोरंजन स्थल : संगीत नृत्य, नाटक विशेष पर्व, ध्वनि एवं प्रकाश प्रदर्शन, प्रदर्शनी, संग्रहालय, लोकगीत एवं संगीत, गढ़ एवं किले, विध्वंस स्थल, मठ या आश्रम।

खरीददारी केंद्र : कर युक्त विक्रय स्थल, भारतीय हस्तकला, वाणिज्य केन्द्र, खुले बाजार।

वित्तीय संस्थायें : बैंक, डाकघर, डाक, दूरभाष, टेलेक्स, बीमा कम्पनियां, अन्य वित्तीय संस्थायें।

पर्यटक संगठन : शिक्षा एवं प्रशिक्षण, श्रमिक संगठन, व्यापारिक संगठन, व्यक्तिगत/व्यावसायिक/कम्पनी संगठन।

क्रीड़ा एवं खेलकूद : जल-क्रीड़ा, नाव, लम्बी नाव डोंगी जल पर चलने की क्रीड़ा, चढ़ने की क्रियायें, तरण-ताल क्रिया बन्दरगाह/ताल/नालिका विहार सुविधायें, चमड़े से गोता मारना, अलांकन, टहलना, आखेट, पर्वतारोहण लहरों पर तैरना, कैलिपोत में यात्रा, समुद्र के ऊपरी भाग की यात्रा, नाविक दौड़ शीतकालीन क्रीड़ायें, बर्फ में चढ़ने का यंत्र, उठने की कुर्सी, टेलीफर, रैलवे, स्केटिंग रिंक, बर्फ पर लांग बर्फ पर बिना पहिये की गाड़ी से दौड़ बर्फ की कक्षाएं, भूतल की क्रीड़ा व खेलकूद, गोल्फ, फुटबाल, बालीबाल, बैडमिन्टन, टेनिस, हैन्डबाल, पिन्ग पोंग कक्ष, गोल्फ कक्ष, उबलते जल के या गर्म उद्यान पथ, सवारी करना, पशु सवारी, विद्यालयों के सवारी के पथ।

ऐतिहासिक स्मारक : धार्मिक भवन, सैनिक एवं नागरकि भवन कला/शिल्पकला, पुरातत्त्वकालीन अवशेष, रणभूमि, संग्रहालय, स्मारक, स्मारिकाएँ।

होटल : अन्तर्राष्ट्रीय होटल, विहाथल, होटल, निवास युक्त होटल, वाणिज्य होटल, सराय, काफिला स्थल, क्लब, यात्री आराम स्थल, अवकाशकालीन पड़ा स्वास्थ्यवर्धक जल के स्थल,

होस्टल, अल्पकालीन स्थिति के होटल, भुगतानशुदा मेहमान आवास, मध्यस्तरीय आवास, अनुपूरक आवास।

खान पान : रेस्टोरेन्ट, भुनने के कक्ष, मुख्य सेवाएँ भोजनालय, अस्पताल, दूध एवं अन्य भोजन कक्ष, रेलवे खान-पान व्यवस्था, वायु खान-पान व्यवस्था, सामुद्रिक खान-पान व्यवस्था, ड्राइंग इन्ज, वृताकार नृत्यकक्ष, क्लब, रात्रि क्लब, मधुशाला, चाय कक्ष, कॉफी कक्ष।

प्रेस माध्यम : प्रेस, आकाशवाणी दूरदर्शन, यात्रा मार्गदर्शक, प्रकाशन आदि।

अन्य : हवाई अड्डे की इमारतें यात्रियों के यातायात टर्मिनल, सीमा एवं देशान्तरवास।

इन कक्षों पर विद्यमान कर्मचारी दयालु, मैत्रीपूर्ण व मृदुभाषी होने चाहिएं। उन्हें समीप स्थित पर्यटन सुविधाओं का पूर्ण ज्ञान होना चाहिये, साथ ही जो पर्यटकों को आवास खरीददारी इत्यादि की सही सलाह दे सकें।

पर्यटन की संरचना एवं सुविधाएं

पर्यटन की बुनियादी संरचना के अन्तर्गत पर्यटन क्षेत्र की सभी निजी सुविधाएं आती हैं। यात्रियों के यातायात के टर्मिनल, होटल, मोटर, खान-पान के केन्द्र, मनोविनोद व खरीददारी की सुविधायें, आदि, इसमें शामिल किए जाते हैं। ये सभी सुविधायें ज्यादा लागतपूर्ण हैं क्योंकि ये भवन निर्माण से सम्बन्धित हैं।

इनमें से ज्यादातर सुविधाएं वैयक्तिक स्तर पर विकास करने वाले या संचालकों के माध्यम से उपलब्ध करायी जाती हैं। या तो ये निजी स्तर पर निर्मित की जाती हैं अथवा समस्त योजना का एक हिस्सा होती हैं। यात्री यातायात टर्मिनल आदि को आधारित संरचना से सम्बन्धित किया जा सकता है। किसी भी स्थानीय आवास सुविधा का अनुमान वहाँ पर ठहरने वाले पर्यटकों की संख्या से आकलित किया जा सकता है, अतएव पूर्ण आवास व्यवस्था का प्रबन्ध होना चाहिए। संचालकों हेतु आर्थिक दृष्टि से व सम्बन्धित क्षेत्र की आर्थिक खुशहाली हेतु है। अन्य सुविधायें जैसे—खान-पान मनोविनोद, खरीददारी की विशेष योजना सम्बन्धी असुविधा नहीं होनी चाहिए, प्रायः ये व्यापारिक उद्यमियों द्वारा आसानी से की जाती हैं। इन सुविधाओं की प्रकृति एवं किस्म का स्तर बहुत ही अर्थ रखती है, एवं पर्यटन स्थल मुहैया की आकृति के मूल अवस्था तक प्रवेश करती है। तकरीबन सभी पर्यटन संबंधी योजनाओं में सभी सुविधाएं नियमित होती हैं। मकान का निर्माण करते समय

वास्तुकला और कलात्मकता की ओर विशेष तौर पर ध्यान देना चाहिए। होटल की इमारतों की संरचना भी विशेष रूप में स्थानीय पर्यावरण के अनुसार होनी चाहिए। पर्यटक अपने दैनिक जीवन के अतिरिक्त स्वयं एक विभिन्न पर्यावरण में समाविष्ट होना चाहते हैं। वातानुकूलित तापमान, केन्द्रित ताप व जल पूर्ति साधन व अन्य आधुनिक सुविधायें भी होटल की इमारत का निर्माण करते समय ध्यान में रखना चाहिएं। ये सुविधाएँ निम्न हैं–

क. पर्यटन संबंधी उच्च आधारित ढांचा

1. अन्य खरीददारी
2. कैटरिंग
3. यात्री यातायात
4. आवास रेस्टोरेन्ट एवं मनोरंजन

ख. पार्यटकनिक ढाँचा

1. हवाई अड्डे पर सुविधायें
2. बस एवं रेलवे स्टेशन की सुविधायें
3. रेलवे लाइन्स
4. वाहन
5. उद्यान
6. रात्रि प्रकाश
7. हवाई अड्डों की पट्टियाँ
8. विद्युत जोड़ने की व्याख्या
9. निकासी की व्यवस्था
10. राष्ट्रीय मार्ग
11. राड़कें
12. जलापूर्ति की व्यवस्था
13. मूल निकासी की व्यवस्था
14. प्राकृतिक एवं कृत्रिम गैस लाइन्स
15. पार्किंग के वाहन।

पर्यटन क्षेत्र में आवासीय व्यवस्था

किसी क्षेत्र विशेष, प्रान्त या राष्ट्र में पर्यटन की सफलता के लिए आवास की समुचित व्यवस्था नितान्त जरूरी है। ये पर्यटन की नींव हैं। होटल की विविध

वास्तविक सुविधायें, कम व मध्य-वर्गीय मूल्य की आवास सुविधायें। वे सेवायें विविध स्थानों पर प्रदान करनी चाहिएं जो यात्रियों की इच्छायें व जरूरतें पूर्ण कर सकें। पर्यटन आवास की सुविधा पर्यटकों की व्यय करने की क्षमता को दृष्टिगोचर करके उपलब्ध होनी चाहिएं। इसका दूसरा अंग सैलानियों के सामाजिक स्तर से भी संबंधित है, अतएव सभी हर मार्केट में उचित आवास व्यवस्था का प्रबन्ध होना चाहिए। पर्यटन आवास का नियोजन करते समय पर्यावरण की स्थिति, सम्भावीय मार्केट, परिवहन के साधनों, अन्य सम्बन्धित क्रियायें : जिनमें लोग उद्देशित स्थान में कार्यरत हों, उद्देशित स्थान आदि का स्मरण रखना भी जरूरी है।

भारत में पर्यटन आवास की समस्या, पर्यटन विकास में बाधक साबित हुई है। पर्यटन आवास की समस्या मुख्यतः बड़े-बड़े अथवा पर्वतीय स्थलों पर हैं। बहुत से स्थल सैलानियों के स्थल हैं परन्तु वहाँ पर कोई भी आवास सुविधायें उपलब्ध नहीं हैं। भारत में बुनियादी और सहायक दोनों प्रकार की आवास सुविधाओं के निर्माण की जरूरत है।

यातायात सुविधा एवं प्रमुख परिवहन साधन

यातायात का विकास, पर्यटन की बुनियादी संरचना से संबंधित एक प्रमुख पहलू है। परिवहन की जरूरतों की पूर्ति करते समय इसकी लागत, गति और आरामदेयता को मद्देनजर रखना चाहिए। इसके तहत बसें, टैक्सीं ऑटोमोबाइल, समुद्री जहाज, रेल, हवाई जहाज, सामान वाहक व्यवस्था आदि शामिल हैं। समस्त परिवहन सेवायें उचित एवं कम व्यय वाली होनी चाहिएं। मोटर कारों की बनावट अच्छी तरह होनी चाहिए। विस्तृत खिड़कियाँ, वातानुकूलित आरामदायक सीटें तथा आराम करने हेतु सुविधाजनक कक्ष से भरपूर होनी चाहिएं। द्विभाषिये व पर्यटन प्रदर्शक उचित तौर पर शिक्षित एवं प्रशिक्षित होने चाहिएं। उन्हें सम्बन्धित क्षेत्र के इतिहास, वास्तुकला नृवंशविद्या संस्कृति व आर्थिक प्रणाली (अर्थव्यवस्था) का उत्तम ज्ञान होना चाहिए, साथ ही विदेशी भाषाओं का ज्ञान भी जरूरी है। सड़क परिवहन का ग्रामीण क्षेत्रों में आनन्द लेने हेतु बहुत प्रयोग होने के परिणामस्वरूप सड़कों के विकास का महत्व बढ़ता जा रहा है।

हवाई यातायात के क्षेत्र में भी विकास की नितांत आवश्यकता है। हालांकि स्वदेशी हवाई निगम अपने मौजूद बेड़े के द्वारा वर्तमान जरूरतों को पूर्ण करने में भरसक प्रयास कर रही है किन्तु साथ ही आगे आने वाले समय में पर्यटकों की संख्या में बढ़ोतरी को दृष्टिगत रखते हुए कतिपय योजनाएं बनाना जरूरी है।

परिभ्रमण हेतु यातायात साधन

सड़कें	मानव, जानवर, मोटर वाहन, कोचेज, कैब्ज, बसें, आरामदायक कारें, आटोमोबाइल्स।
रेलवे	ट्रेन्स, कोग्रेलवेज, एरियल, ट्रामवेज, मोनोरेल्स, होमर ट्रैन्स।
उड्डयन	वायुयान, हेलीकाप्टर, नावें, जहाज, हाइड्रोफ्वोइल्ज, हूमर काफ्ट्स विलासितापूर्ण
सामुद्रिक	जहाज, सामुद्रिक जहाज।

अतिथि स्वागत हेतु संसाधन और सुविधाएं

इसके अन्तर्गत किसी भी क्षेत्र की सम्पूर्ण सांस्कृतिक सम्पदा सम्मिलित है जो सैलानी के स्वागत में पूरक होती है। सैलानियों का स्वागत न होने या इनको सन्तुष्ट न करने से मौजूदा भौतिक सुविधाएं किसी भी उपयोग की नहीं हैं। सार्वजनिक सूचना केन्द्रों एवं दूरदर्शन तथा आकाशवाणी के प्रसारण द्वारा आगन्तुकों के प्रति सद्भावना का सृजन किया जाना चाहिए। क्षेत्रीय लोगों के मन में भी अतिथि सत्कार की भावना को जाग्रत करना चाहिए। होटल कर्मचारी, सुविधा केन्द्रों के कर्मचारी, प्रदर्शक आदि जो कि प्रत्यक्ष तौर पर पर्यटकों के सम्पर्क में आते हैं; उन्हें विशेष प्रशिक्षण की जरूरत होती है। उन्हें आगन्तुकों के स्वागतार्थ, सूचनाएं प्रदान करने, मैत्री, सद्भावनापूर्ण सेवा की भावना, आकर्षक व्यक्तित्त्व आदि से सम्बन्धित अच्छे निर्देश देने चाहिएं।

पार्यटनिक शिष्टाचार के प्रधान संसाधन

सांस्कृतिक स्रोत	इतिहास, ललित कला, शिल्प कला, साहित्य, संगीत नाटक, कला, नृत्य, खरीददारी, रंगमंचशाला, चलचित्र, पुस्तकालय, ललित कला कक्ष, वनस्पति एवं जीव-जन्तु उद्यान। सम्मेलन, संगीतशाला, विश्व, प्रदर्शनियां, ओलम्पिक खेलकूद, धार्मिक पर्व, तीर्थयात्रा, योग, भोजन एवं पेय पदार्थ, हस्तकारिता, साहित्य धर्म, वाणिज्य उद्योग, व्यापार कृषि।

यात्रा हेतु आवश्यक सेवाएँ

यात्रा-अभिकर्ता, फुटकर यात्रा संचालक, यात्रा मार्गदर्शक सूचनाएँ, स्थानीय प्रतिनिधि, स्थानीय यात्राएँ, अन्य।

खरीददारी किसी भी पर्यटक की मुख्य गतिविधि होती है। यह पर्यटक के उद्देशित क्षेत्र की यात्रा की सफलता को प्रभावित करता है। उस क्षेत्र की मुख्य कलाकृति पर्यटकों को आकर्षित करती है जो क्षेत्रीय लोगों के व्यवसाय में भी वृद्धि करती है।

हवाई अड्डों के वातानुकूलित की व्यवस्था केन्द्रित होनी चाहिए। आरामदायक एवं आकर्षक ठहरने के स्थानों का प्रबन्ध होना चाहिए। उड़ान से सम्बन्धित सूचनाएं यथा आवागमन व उड्डयन के वितरण, समय तालिकाओं एवं जरूरी सूचनाओं की उपलब्धि होनी चाहिए।

सामुद्रिक यात्रा का भूमि व हवाई यात्रा की प्रगति में एक महत्वपूर्ण अंशदान रहा है। कुछ समय से सामुद्रिक यात्रा काफी लोकप्रिय हो गई है। रेल की सुरक्षा, सुविधा तथा आरामदायक वातानुकूलित कारें व कोचों से मनोरम दृश्यों के अवलोकन के कारण बहुत से यात्री रेल यात्रा को पसन्द करते हैं। रेलों की तत्पर समय सारणी तथा द्रुतगति के रेलों के आगमन के परिणामस्वरूप रेल यात्रा बहुत लोकप्रिय होती जा रही है। रेलवे स्टेशन से होटलों तक टैक्सी व बसों का समुचित प्रबन्ध होना चाहिए ताकि यात्री अपने उद्देशित स्थानों तक शीघ्र रेलवे की क्षमता में सुधार अथवा वैकल्पिक रूप में रेलवे में विशेष कोच को संलग्न किया जाना चाहिए।

पर्यटकों को आरामदायक सेवाएं प्रदान करने के लिए कार एवं टैक्सी की सेवाएं परिभ्रमण के आवश्यक तत्त्व हैं। चालकों का व्यवहार, भाषा व अन्य गुण बहुत ही प्रमुख स्थान रखते हैं। होटल प्रबन्धकों की सन्तुष्टि के विषय में स्पष्ट हिदायतें देनी चाहिएं, साथ ही पर्यटक कारों और कोचों की संख्या में भी साथ-साथ बढ़ोतरी होनी चाहिए।

आन्तरिक परिवहन सुविधाओं के सुधार हेतु न सिर्फ नई सड़कों का निर्माण होना चाहिए, अपितु साथ ही, वर्तमान सड़कों की भी अच्छी मरम्मत व देखभाल होनी चाहिए। कोचें, मनोरंजन व मनोविनोद की क्रिया हृदयावलोकन का एक प्रमुख अंग है। विकासशील देशों में पर्यटकों की सुविधाओं की ओर विशेष ध्यान देने की आवश्यकता है। विशेष समारोह, विश्व प्रदर्शन संग्रहालय क्रीड़ा आदि पर्यटकों के मुख्य आकर्षण हैं।

पर्यटन की आधारित संरचना हेतु सुविधाएं एक अन्य मौलिक आधार हैं, इसके तहत न केवल पर्यटकों के प्रोत्साहन व प्रतिबन्ध से सम्बन्धित क्रियायें आती हैं अपितु साथ ही आवागमन के ये नियम भी आते हैं, जो पर्यटकों से सम्बन्धित हैं। स्वास्थ्य, सीमाकर, मुद्रा नियंत्रण आदि के नियम न सिर्फ सुविधाजनक होने चाहिए। अपितु उनका प्रयोग सद्भावना के तौर पर होना चाहिए।

पर्यटकों की सुविधाएं

अवकाश प्राप्त यात्रियों की संख्या में अत्यधिक जरूरत को देखते हुए वायु, समुद्रतीय स्थल, पर्वतीय स्थल व दर्शनीय सुन्दरता को प्रोत्साहित किया जाना चाहिए एवं साथ ही इन स्थलों में बुनियादी आधारित संरचना सम्बन्धी सुविधाओं की व्यवस्था की भी जरूरत है। पर्यटन विनियोजन में मनोविनोद, पत्रकारिता व माध्यम, खान-पान केन्द्र खरीददारी से सम्बन्धित सुविधाओं की संख्या तथा विशेषताओं का विकास एक हेतु अंश है। रेस्टोरेट व होटलों की सफाई एवं स्वच्छता को अन्तर्राष्ट्रीय स्तर का होना चाहिए।

हर पर्यटन क्षेत्र हेतु एक अच्छे एवं दीर्घकालीन नियोजन व मार्केट सर्वेक्षण एवं अनुप्रेषण की जरूरत है, ताकि पर्यटन उद्योग की जरूरतों का मूल्यांकन किया जा सके। इसी आधार पर विभिन्न क्षेत्रों की खामियों को पूर्ण किया जा सकता है एवं उचित समय में उद्देशित पर्यटकों को आकर्षित करने हेतु पर्यटन की जरूरी आधारित संरचना का निर्माण किया जा सकता है।

पर्यटन की मूलभूत संरचना में पर्याप्त विकास के लिए विशेषज्ञों की नियमित आवश्यकता होती है जिससे पर्यटन का व्यापक विकास संभव हो पाये। कर्मचारियों को प्रत्येक स्तर पर प्रबन्धकों से लेकर भोजन विशेषज्ञों, प्रतीक्षकों तक, कार्यकारियों से लेकर सूचना सहायकों व वायुविमान के कर्मचारियों तक, यात्रा संचालक से सैलानी प्रदर्शक तक-प्रशिक्षित होना जरूरी है। वैश्विक मानदण्ड को बनाये रखने या उचित रूप से संचालित करने के लिए प्रशिक्षण की समुचित व्यवस्था की आवश्यकता है जिससे पर्यटन व्यापार के समस्त क्षेत्रों को भलीभांति कार्यबद्ध किया जा सके। इस तरह एक नियोजित एवं सुव्यवस्थित पर्यटन कार्यक्रम की बहुत ही आवश्यकता है।

सरकार एवं पर्यटन का आधारभूत ढांचा

देश की सरकारों के द्वारा भी पर्यटन को मजबूत कड़ी बनाने हेतु विशेष प्रयास किए जा रहे हैं। सैलानी इन गतिविधियों से प्रभावित हुए बगैर नहीं रह सकता है। सरकार पर्यटन से संबंधित सुविधा हेतु निर्माण कार्यों में सहयोग कर रही है, इससे निजी क्षेत्रों को प्रोत्साहन व बढ़ावा मिलता है तथा नई-नई योजनाओं का उद्गम होता है। विश्व के सभी देशों की अर्थव्यवस्था में पर्यटन विशेष भूमिका निभा रहा है। यह एक विकसित होने वाला उद्योग है। पर्यटन का विस्तार नई-नई रोजगार व्यवस्थाओं

को जन्म देता है। नई इमारतों का निर्माण परिभ्रमण क्रियाओं का एक हिस्सा है, जिसमें पूँजी के विनियोजन की जरूरत पड़ती है तथा बहुत से लोगों हेतु रोजगारों का सृजन करता है। देश में उत्पादित कुछ वस्तुओं हेतु राष्ट्र के अन्दर ही बाजार होता है तथा गुणक व संचित प्रभावों के परिणामस्वरूप समाज के समस्त वर्ग लाभान्वित होते हैं।

इस तरह हम देखते हैं कि पर्यटन एक सार्वजनिक आधारित संरचना सुविधा है। सार्वजनिक अधिकारियों का पर्यटन की आधारित संरचना के निर्माण करने में एक प्रमुख स्थान है। पर्यटन की आधारभूत संरचना में वे समस्त इकाइयां आ जाती हैं, जो कि पर्यटन की जरूरी संरचना में जरूरी हैं। पर्यटकों की मांग की वजह से परिवहन व संचार व्यवस्था की सुविधाओं, शहरीकरण, सिंचाई आदि का सृजन होता है जिसके परिणामस्वरूप आम अर्थव्यवस्था में समस्त निवासित व्यक्तियों को लाभ सुलभ होते हैं।

सार्वजनिक अधिकारियों द्वारा राष्ट्रीय पर्यटन के प्रोत्साहन एवं विकास हेतु उठाए गए कदमों में पिछले कुछ सालों से एक नई झलक मिलती है। सरकारों द्वारा लिए गए व्यवधान कदमों में प्रमुख हैं—पर्यटन क्रियाओं को नियंत्रित करने के लिए संस्थानों का निर्माण, इन क्षेत्रों में संचालित निजी क्षेत्रों को वित्तीय मदद प्रदान करना, विदेशों में विज्ञापन एजेन्सियों की स्थापना, पर्यटन अध्ययन एवं शोध के सर्वेक्षण केन्द्रों की स्थापना जिससे अन्दरूनी और बाह्य बाजार की उत्तम जानकारी सुलभ हो सके।

परिभ्रमण की वित्तीय संरचना के अन्तर्गत प्रायः निम्न बातें आती हैं—

मुख्य सम्बद्ध सुविधाओं की पूर्ति प्रायः इसके तहत जल, बिजली, गैस संचार व्यवस्था, मूल-मार्ग, कूड़ा-करकट आदि स्रोत हैं।

मूल-सार्वजनिक सुविधायें एवं सेवायें, इसके तहत धार्मिक स्थानों का प्रशासन, स्वास्थ्य शिक्षा संस्कृति वाणिज्य पुलिस आदि आते हैं।

वर्तमान आधारित संरचना का मुख्य उद्देश्य है। जीवन की जरूरतों जैसे—स्वास्थ्य, संचार पूर्ति सुरक्षा प्रबन्ध आदि का सुव्यवस्थित संचालन। सैलानियों की जरूरतों की पूर्ति का तात्पर्य केवल यह नहीं कि पर्यटक अपने उद्देशित स्थान पर आराम से पहुँचें, शीघ्र पहुंचें ठीक स्थान पर ठहरें व अच्छा भोजन करें अपितु वे किसी खास उद्देश्य से यात्रा करते हैं। इसलिए पर्यटकों को उसी तरह की सुविधायें प्रदान करनी चाहिएं। परिवहन व आवास के अलावा पर्यटक स्रोतों के लिए एक बहुत विस्तृत अनुपूरक इकाइयों की भी जरूरत है। कुछ समारोह जैसे अन्तर्राष्ट्रीय खेल, प्रदर्शनियां, सम्मेलन आदि हेतु स्थायी ढाँचों की आवश्यकता होती है। इन समारोहों के समाप्त होने के

बाद इमारतें शेष रह जाती हैं तथा इन्हें कुछ अन्य उद्देश्यों के लिए प्रयोग किया जा सकता है।

सैलानियों को आमंत्रित करने के इच्छुक राष्ट्र की उनका अति उत्तम स्वागत करने के लिए सेवाओं का उचित प्रबन्ध करना चाहिए। यात्रा हेतु सड़कों, कार पार्क, समुद्रतट, स्वास्थ्य आदि की आवश्यकता होती है। इन सुविधाओं का स्तर ऐसा होना चाहिए ताकि सैलानियों को किसी किस्म की असुविधा न हो। जिससे विदेशी पर्यटक अपने देश लौटकर भी यहां की प्रशंसा करें।

जल, गैस व बिजली सेवायें, डाक सम्बन्धी सुविधायें तथा स्वास्थ्य की सुविधायें, मौजूद एवं उपलब्ध होनी चाहिए। उदाहरणार्थ, शीलतकालीन स्थलों में स्थास्थ्य सेवायें, बच्चों की नर्सरी एवं क्रीड़ा स्थलों का निर्माण होना चाहिए। एक उचित आधारित संरचना से राष्ट्र लाभान्वित होते हैं जो कि विकास के स्तर पर हैं।

इसके अलावा सरकार द्वारा प्रमुख पर्यटन केन्द्रों पर विशिष्ट पार्यटनिक साजो-सामान भी उपलब्ध कराये जाते हैं। यह साज-सामान निजी स्वामित्व के द्वारा प्रदान करना असम्भव है क्योंकि इन पर किया गया पूंजी विनियोजन इनसे प्रायः आय के अनुपात में बहुत ही ज्यादा है। एक संग्रहालय, रेस्टोरेन्ट व कलाकृति का निर्माण तथा साथ ही ग्रामीण क्षेत्र को सुरक्षित करना सिर्फ सार्वजनिक वित्त द्वारा ही सम्भव हो सकता है।

इस तरह हम देखते हैं कि सरकारें बहुत-सी क्रियाएं करती हैं जो कि राष्ट्र के पर्यटन हेतु हैं, जिनमें कुछ क्रियाएं सामाजिक हैं एवं कुछ निजी क्षेत्र की सीमा के बाहर हैं।

किसी भी सरकार के पर्यटन की महती सीमा उस देश की परिस्थितियों एवं दशाओं पर निर्भर करती है। राजनीतिक, आर्थिक, संवैधानिक, सामाजिक एवं आर्थिक विकास की दर हर देश में भिन्न-भिन्न होती है। आमतौर पर समस्त केन्द्रीयकृत नियोजित अर्थव्यवस्था में सरकार ही पर्यटन कार्यक्रमों में एक आरम्भकर्ता कार्यकारक और प्रशासनिक होती है।

पर्यटन सेवाएं

पर्यटन के क्रम में सैलानियों द्वारा भ्रमणशील और स्थिर यात्रा तथा छुट्टी के क्रम में किसी देश या सरकार से निम्नांकित सुविधाओं की अपेक्षा की जाती है—

यात्री परिवहन—यह एक प्राथमिक पर्यटक सेवा है जो कि पर्यटकों द्वारा अपने उद्देशित स्थान तक पहुंचने के लिए विविध होती हैं। यह उद्देशित स्थान में

भ्रमण का एक माध्यम है। यात्री परिवहन का विभक्तिकरण विविध प्रकार से किया जा सकता है जैसे– निजी व सार्वजनिक, स्वदेशी व अन्तर्राष्ट्रीय, वायु व भूतल आदि-आदि।

सामुद्रिक परिवहन–छोटे सामुद्रिक मार्ग, जल रास्ते व सामुद्रिक यात्रा हेतु यह एक महत्वपूर्ण स्थान रखता है।

रेल परिवहन–यह देश के भीतर मददगार दो देशों के बीच लघु या मध्यम दूरी के परिवहन का बहुत उत्तम माध्यम है। यह उद्देशित स्थान पर पहुंचने एवं उसके तहत यात्रा करने में मददगार होता है।

वायु परिवहन–सुदूर यात्रा करने का यह एक बहुत तीव्रगामी साधन है एवं बहुत से मार्ग में परिवहन का एकमात्र साधन है।

आवास एवं खान-पान–किसी प्रमुख पर्यटन केन्द्र में पर्यटकों को आकर्षित करने के लिए आवास एवं उत्तम खान-पान की सेवा एक अनिवार्य सेवा है। सैलानियों द्वारा आवास सुविधाओं की माँग की जाती, है, जैसे–होटल, अनुपूरक, आवास, मित्रों के सम्बन्धियों के साथ ठहराना, स्वयं अथवा निजी आवास सुविधा, जैसे पड़ाव काफिला आदि।

मनोविनोद–पर्यटकों द्वारा पर्यटन स्थलों में मनोरंजन तथा मनोविनोद की जरूरत महसूस की जाती है।

सड़क परिवहन–उद्देशित स्थलों में तथा लघु एवं मध्यम दूरी के उद्देशित स्थलों में बसें एवं कोचें प्रत्यक्ष रूप में निरंतर सेवायें प्रदान करती हैं। कितने ही मार्गों में यह रेल परिवहन की सुविधाओं के आगमन से तो सड़क परिवहन की महत्ता और भी बढ़ गयी है।

ट्रेवल एजेन्ट एवं टूर आपरेटर्स–ट्रेवल एजेण्ट परिवहन एवं आवास सुविधा को पर्यटकों के लिए मुहैया कराते हैं। टूर आपरेटर एक संगठनकर्ता का कार्य करते हैं, आवास का सम्मिश्रण करके एक उत्पादित वस्तु के रूप में परिणित करते हैं। इस निर्मित पदार्थ को उनके नाम व जोखिम पर बाजार में भुनाया जाता है।

सूचनाएँ एवं दस्तावेज–पर्यटकों को कुछ दस्तावेजों एवं सूचनाओं की जानकारी होना अतिआवश्यक है। जैसे–मुद्रा, दस्तावेज, सूचनाएँ, स्थलदर्शन, खरीददारी आदि।

इस तरह पर्यटक इन सुविधाओं की माँग निर्मित करते हैं एवं पर्यटक सेवाएँ ही मार्केट की पूर्ति कही जा सकती है। पर्यटक सेवाओं के तहत वे समस्त आर्थिक

क्रियाएँ हैं जिनका मुख्य उद्देश्य पर्यटकों की जरूरतों की पूर्ति करना है क्योंकि इनकी आपूर्ति सैलानियों की दैनिक क्रिया की जटिलता को बढ़ाती है।

मुख्य पर्यटन केन्द्र

उद्देशित स्थल से आशय उस ग्राम अथवा शहर, या कस्बे या जिला या क्षेत्र या देश, द्वीप या महाद्वीप से है जो कि स्वयं में सम्पूर्ण है तथा जिस स्थल के परिणामस्वरूप पर्यटकों द्वारा पर्यटन की जाती है। परिवहन सेवाओं की तीव्रगति से प्रगति होने के परिणामस्वरूप व्यापार, वाणिज्य के केन्द्रों जहाँ पर ऐतिहासिक व सांकृतिक संगठन सुसंचार व्यवस्था, मनोरंजन के साधन व खरीददारी की सुविधाएँ सघन हैं, स्वदेशीय एवं अन्तर्राष्ट्रीय पर्यटकों हेतु बहुत ही सम्पन्न स्थल बन चुके हैं। एक पर्यटन स्थल में निम्नांकित विशेषताओं के कारण आकर्षण का केन्द्र हो सकता है।

आकर्षण—किसी पर्यटन केन्द्र की महत्ता दर्शकों को खींचने की उसकी क्षमता पर निर्भर करती है। पर्यटक दो तरह से आकर्षित होते हैं—

(1) स्थिति आकर्षण—जलवायु, प्राकृतिक सौन्दर्य तथा ऐतिहासिक आकर्षण इसके अंतर्गत आते हैं। हिमालय, ताजमहल, आल्पस, एटन्स, मेडिटेरियन, चैनल, द्वीप, लेक डिस्ट्रिक पर्यटन स्थल जैसे इडिग्बर्ग, स्ट्राटफोर्ट आन एमोन व कई मरुस्थल व घनिष्ठ औद्योगिक केन्द्र आदि।

(2) समारोह के आकर्षण—इसके तहत कांफ्रेंस, प्रदर्शिनयाँ व क्रीड़ा समारोह, व्यापारिक मेले, ओलम्पिक खेल आदि शामिल हैं।

स्थिति एवं आकर्षक समारोह दोनों ही पर्यटकों को आकर्षित करते हैं। अतः ये दोनों ही एक-दूसरे के अनुपूरक एवं सहपूरक हैं।

अभिगम्यता/पहुंचने योग्य—पर्यटन स्थलों की एक विशेषता यह होनी चाहिए वहां सैलानी वहां तक आसानी से पहुंच सकें। इसके तहत परिवहन द्वारा पहुँचना शामिल है। इसी अभिगम्यता के कारण ब्रिटेन एवं पश्चिमी यूरोप पर्यटन स्थलों हेतु समुन्नत एवं महत्वपूर्ण क्षेत्र है।

सुविधायें—सुविधायें समस्त पर्यटक स्थल में बहुत ही बड़ा योगदान देती हैं। इसके तहत निम्न सुविधायें आती हैं :

1. आन्तरिक परिवहन व संचार सुविधाएं
2. मनोविवाद सुविधाएं

3. खान-पान सुविधाएं
4. आवास सुविधाएं।

इन सुविधाओं की उपलब्धि में ही पर्यटक इन स्थलों में मनोरंजन तथा मनोविनोद हेतु इधर-उधर भ्रमण तथा विवरण कर सकते हैं।

पर्यटन के प्रकार

पर्यटन किसी देश की अर्थव्यवस्था एवं किसी व्यक्ति विशेष की आर्थिक गतिविधियों से जुड़ी होती है। पर्यटन व्यक्ति विशेष की मांगों की पूर्ति में भी सहायक होती है। अतः इसका बाजार मांग व पूर्ति के उतार-चढ़ाव के अनुरूप निर्धारित होता है। पर्यटक की ज्यादातर मांगों का उद्देश्य व्यक्तियों को पर्यटन क्षेत्रों हेतु लालायित करना है। इस तरह पर्यटन के प्रलोभन भिन्न हैं तथा किसी भी यात्रा के निर्धारण में महत्वपूर्ण प्रभाव डालती हैं। इस प्रकार भिन्न-भिन्न प्रलोभनों के परिणामस्वरूप विभिन्न प्रकार के पर्यटनों का उद्भव होता है। इन्हें निम्नलिखित श्रेणियों में विभाजित किया जा सकता है–

उद्गम एवं होनहारिता के अनुसार–पर्यटन राष्ट्र की सीमाओं के भीतर तक ही सीमित नहीं रह सकता। पर्यटक अपने ही देश की सीमाओं एवं विदेशों की यात्रा कर सकते हैं।

देश की सीमाओं के तहत पर्यटन के प्रवाह के आकार में निम्न पर्यटन आते हैं।

प्रवेश पर्यटन–इस श्रेणी के तहत वे पर्यटक आते हैं जो कि किसी भी देश के अन्दर दूसरे देश से प्रवेश करते हैं क्योंकि बाद वाले देश में पर्यटकों का उद्भव होता है।

बाह्यागमन पर्यटन–इस श्रेणी में लोग स्वदेश में निवास करते हैं। लेकिन विदेशों का भ्रमण करते हैं।

आन्तरिक पर्यटन–किसी भी राष्ट्र के नागरिक जब अपने देश में एक-स्थान से दूसरे स्थान की यात्रा करते हैं, तो इसे आंतरिक पर्यटन कहा जाता है।

विचलन की प्रकृति के आधार पर–सैलानी या तो किसी विशेष स्थान पर ठहरते हैं अथवा यात्रा करते हैं। विभिन्न क्रीड़ा-स्थलों पर थोड़ा-थोड़ा समय व्यतीत करते हैं। पर्यटकों द्वारा व्यतीत किये गये इस सामाजिक पर्यटन का निम्न प्रकार से विभाजन किया जा सकता है–

(1) ***आवासीय पर्यटन***–इसके तहत वे पर्यटक आते हैं जिनके पास एक माह

से ज्यादा का समय है तथा किसी पर्यटन स्थल में अपना समय व्यतीत करते हैं। ये पर्यटक मध्यम जलवायु के शान्त एवं स्तब्ध स्थानों की खोज में रहते हैं।

(2) *भ्रमणशील पर्यटन*—कुछ अपने पूरे अवकाश के दौरान एक स्थान से दूसरे स्थान पर भ्रमण करते रहते हैं, पांच रात्रि से अधिक का समय एक स्थल पर नहीं लगाते हैं, ये बसन्त अथवा शरद ऋतु में अधिकांशतः घूमते हैं।

(3) *मौसमी पर्यटन*—इस श्रेणी में वे सैलानी आते हैं जिनकी अवकाशकालीन समय की अवधि एक माह से कम होती है। ये पर्यटक एक माह से ज्यादा किसी विशेष स्थान पर नहीं ठहरते हैं।

पर्यटन की मौसमी विशेषता के अनुसार—किसी विशेष मौसम में असंख्य सैलानियों के विचलन के बहुत से कारण हो सकते हैं। कुछ क्रीड़ाएं अथवा खेलकूद यात्रा से सम्बन्धित या प्रोत्साहित होते हैं एवं कतिपथ प्राकृतिक दशाओं एवं मौसम पर निर्भर करते हैं। जैसे आखेट, मछली पकड़ना, शिशिरकालीन खेल आदि। इसके अतिरिक्त धार्मिक पर्व भी हैं यथा मेले, कला एवं संगीत के उत्सव, व्यापारिक मेले, प्रदशनियां जो कि पर्यटकों को किसी विशेष मौसम में आकर्षित करते हैं। इस श्रेणी में निम्नांकित तरह के पर्यटक आते हैं—

(1) *ग्रीष्मकालीन पर्यटन*—ग्रीष्मकालीन पर्यटन ग्रीष्म ऋतु में ही होता है। इस तरह के पर्यटन के मुख्य प्रोत्साहन सूर्य की रोशनी व सूर्य स्नान विशेष रूप से समुद्र में सूर्य की रोशनी व सूर्य स्नान विशेष रूप समुद्र में सूर्य स्नान लेना है। यूरोपीय देशों में यह एक विविध प्रकार का जनसाधारण पर्यटन है। अन्य मौसमों की अपेक्षा औसतन प्रवृत्ति दर बहुत ही निम्न है।

(2) *घटनाकृत पर्यटन*—यह एक स्थानीय पर्यटन है क्योंकि यह धार्मिक कला, खेल, लोकप्रवृत्ति के रीतिरिवाजों के उत्सवों पर आधारित है।

(3) *शरदकालीन पर्यटन*—अधिकतर यूरोपीय राष्ट्रों में इस प्रकार के पर्यटन की गतिविधियां दिसम्बर से मार्च तक मुख्य रूप से सम्पन्न होती हैं। शरदकालीन पर्यटन के दो महत्वपूर्ण प्रोत्साहन बर्फ एवं सूर्य की रोशनी की खोज हैं।

प्रोत्साहनों के अनुसार—विविध तरह के प्रोत्साहनों पर पर्यटकों के बहाव की प्रकृति का उद्गम होता है, अतएव पर्यटन को निम्नलिखित श्रेणियों में विभाजित किया जा सकता है—

(1) *खेल व क्रीड़ा सम्बन्धी पर्यटन*—साहसिक खेल और क्रीड़ा से जुड़ी पार्यटनिक गतिविधि वर्तमान सदी में विकसित एक महत्वपूर्ण खेल विधा है। खेल की तरह गह प्राकृतिक दृष्टि से शक्तिशाली है तथा न इसके कुछ गुण हैं और न ही दोष हैं। परन्तु एक अनवरत स्थायी योजना व मार्गदर्शन द्वारा इसके प्रभाव

सकारात्मक हो सकते हैं। खेलों की अनवरत तैयारी व प्रशिक्षण की इच्छा करना ही इस पर्यटन का मुख्य प्रलोभन है। जल क्रीड़ा व शिशिरकालीन क्रीड़ा, आखेट एवं मछली पकड़ने की बहुत ही मांग है। इस क्षेत्र में खेलों की बड़ी-बड़ी मीटिंग, जैसे—ओलंपिक खेल, विश्व व महाद्वीप स्तरीय बर्फ पर चलने की क्रियाएं, फुटबाल, हॉकी, मुक्केबाजी, चैम्पियनशिप आदि होते हैं, जो कि न सिर्फ खिलाड़ियों को अपितु समस्त खेल प्रेमियों व अनुयायियों को आकर्षित करते हैं।

इसी तरह ईश्वर भक्त लोगों के भी क्रीड़ा सम्बन्धी पर्यटन होते हैं। शिशिरकालीन खेल, प्राकृतिक खेल, पर्वतारोहण, ट्रैकिंग हाइकिंग, जहाज की तैराकी, गोल्फ, आखेट, मछली पकड़ना, नृत्य, समुद्रतटीय क्रीड़ाएँ, लघु गोल्फ, हाइड्रोसाइकिलिंग नौका विहार, जल पर चलने की क्रीड़ा, स्केटिंग एवं दूसरी आन्तरिक मनोविनोद मनोरंजन प्रदान करते हैं एवं दिल बहलाते हैं।

वे बहुत से जहाँ क्रीड़ा व खेल के विकास से पर्यटन क्षेत्र भी प्रभावित हुआ है, वे खेल व क्रीड़ा पर्यटन से लाभान्वित हो सकते हैं, उच्चस्तरीय खिलाड़ियों हेतु पर्यटन एक प्रमुख प्रलोभन शक्ति है, जो बहुत ही उत्तम है परन्तु इसका आनन्द बरमिंघम व बेलग्रेड की अपेक्षा टोकियो में ज्यादा अच्छा लिया जा सकता है। जैसे—वर्तमान समय के खेलों हेतु भारत एक बहुत ही उचित स्थान है। भारत के विविध शहरों के क्लबों में पोलो खेला जाता है। हिमालय में बर्फ पर चलने की क्रीड़ा गोल्फ क्रीड़ा के कक्ष, याच क्लब ट्रैकिंग, सूर्य की किरणों में स्नान, जल संबंधी क्रीड़ा आदि बहुत से खेल हैं जो खेल जगत में विशिष्ट स्थान हैं। गोवा तथा कोवलम के समुद्रतट तो आराम पसन्द सैलानियों के लिए एक विशेषता है।

(2) ***आरामदायक पर्यटन***—अवकाश के दिनों में नये-नये स्थानों के दर्शनार्थ, प्राकृतिक सौन्दर्यता, अनभिज्ञ, लोकगीत, शान्त व आधुनिक व्यक्ति पर्यटन स्थल का आनन्द लेने वाले पर्यटक इस श्रेणी में आते हैं। इस श्रेणी के कुछ पर्यटक यात्रा और भ्रमण के दौरान लगातार बदलने वाले मौसम, स्थान और वातावरण का आनंद लेते हैं।

व्यस्त जीवन तथा कठिन जीवन क्रिया की दिनचर्या में आराम के अभाव के कारण आराम की क्रियाओं की जरूरत होती है तथा वे जिन्दगी के बढ़ते हुए दबाओं व तनावों के कारण यात्रा करना चाहते हैं जिससे वह अपनी दिनचर्या में थोड़ा सा परिवर्तन ला सकें। ये सैलानी अपने स्थलों में शान्त वातावरण देखना चाहते हैं। इनको स्वास्थ्यालाभोन्मुख पर्यटन भी कहा जा सकता है। समुद्र तट व झरनों के दर्शन करना इस तरह के पर्यटन के अच्छे उदाहरण हैं।

(3) व्यापारिक या तकनीकी पर्यटन—कुछ सिद्धांतवादियों, समाजवादियों

तथा अर्थशास्त्रियों के अनुसार व्यापारिक यात्रा को पर्यटन सम्बन्धी यात्रा नहीं समझा जा सकता है क्योंकि इसमें ऐच्छिकता के तत्त्व की कमी होती है। उनके अनुरूप व्यापारिक यात्रायें व्यावसायिक यात्रायें हैं तथा सम्बन्धित व्यक्ति को यात्रा के स्थान व समय को छांटने की स्वतन्त्रता नहीं होती है।

अत : निजी स्वतन्त्रता जो कि पर्यटन का एक मूल तत्त्व है, इस तरह की यात्रा में विद्यमान नहीं है। दूसरी ओर पर्यटन की समस्त परिभाषाओं के व्यापारिक यात्राओं को भी पर्यटन के तहत करते हैं।

व्यापारिक पर्यटन के तहत न सिर्फ उद्योगपतियों की व्यावसायिक यात्रायें अथवा तकनीकी उद्देश्य प्राप्त करने हेतु उन व्यक्तियों द्वारा की जाती है जो कि उस व्यवसाय से सम्बन्धित नहीं है। परन्तु ये आम लोगों के लाभ के लिए होती हैं। व्यापारिक पर्यटन को पर्यटन के तहत शामिल करने का एक मुख्य कारण यह भी है कि व्यापारी न सिर्फ उपभोक्ता के तौर पर व्यवहार करते हैं अपितु प्रायः अपने स्वतन्त्र समझ में एक वास्तविक सैलानी की भांति उद्देशित राष्ट्र के आकर्षणों का भी लाभ उठाते हैं।

मांग के सामाजिक एवं आर्थिक पहलू के अनुसार—आर्थिक मांग के अनुसार पर्यटन को निम्नांकित प्रकार विभक्त किया जा सकता है :

(1) सामाजिक पर्यटन—इस प्रकार का पर्यटन जनसंख्या के उस तबके में दिखाई पड़ता है जिनकी आमदनी पर्यटन की मांग को पूरा करने में सक्षम नहीं है। सामाजिक पर्यटन को सरकार एवं कुछ निजी उद्यमियों द्वारा प्रदान की गयी सुविधाओं के द्वारा सम्भव बनाया जा सकता है। यह देखने में आया में आया है कि सामाजिक पर्यटन का लाभ देश की जनता तक पहुंचता है, क्योंकि ज्यादातर पर्यटन का महत्व बाह्य पर्यटन से सम्बन्धित श्रेणी को जाता है तथा बाहर जाने वाले पर्यटक को बहुत कम श्रेय जाता है।

(2) स्ववित्तीय पर्यटन—इसके अन्तर्गत वे पर्यटक आते हैं जो अपनी पर्यटन संबंधी आवश्यकताओं को पूरा करने के लिए अपने निजी साधनों को प्रयुक्त करते हैं। समस्त प्रवेश करने व बाह्यगमन व अन्तर्देशीय पर्यटक इस श्रेणी में आते हैं। निजी सैलानी उद्योग व राष्ट्रीय अर्थव्यवस्था दोनों हेतु स्ववित्तीय पर्यटन लाभकारी है।

पर्यटन के फैलाव के अनुसार—पर्यटन को उसके फैलाव की सीमानुसार निम्नानुसार वर्गीकृत किया जा सकता है :-

(1) अन्तर्राष्ट्रीय पर्यटन या विदेशी पर्यटन— इसके अन्तर्गत वह पर्यटक शामिल किया जाता है जिसमें नागरिक अपने देश के बजाय बाहरी देशों का भ्रमण करते हैं। भिन्न-भिन्न विदेशी मुद्राओं के कारण इस तरह के अन्तर्राष्ट्रीय पर्यटन का

भुगतान के सन्तुलन पर प्रतिकूल प्रभाव पड़ता है : क्योंकि किसी भी देश को विश्व के दूसरे राष्ट्रों से अपने लेन-देनों को संतुलित करना होता है। देश की सीमाओं को पार करने हेतु प्रशासन के प्रतिबन्ध हैं पासपोर्ट, वीजा व आवागमन एवं भ्रमण सम्बन्धी शर्तो व इन नियमों को पूरा करके ही विदेश जाने की अनुमति प्राप्त हो सकती है। इन सब कदमों से पर्यटन का बहाव स्वतः प्रतिबन्धित हो जाता है।

स्वदेशीय एवं अन्तर्राष्ट्रीय पर्यटन में किसी विशेष तत्त्व की बजाय एक स्थिति/स्तर/दशा का ही अन्तर रह जाता है। वर्तमान समय में, भाषा की कुशलता, मुद्रा एवं सीमा-शुल्क में सुधार तथा विकसित देशों के तहत नागरिकों के स्वतन्त्र भ्रमण के परिणामस्वरूप स्वदेशीय व अन्तर्राजिय पर्यटन के अन्तर के मध्य दिन-प्रतिदिन कमी आती जा रही है।

(2) अन्तर्देशीय पर्यटन—अधिकांश मध्यमवर्गीय लोग अपने निवास स्थान के समीप या अपने ही देश के पर्यटन स्थलों की यात्रा करते हैं। देश के भीतर यात्रा करना उनके लिए आसान होता है, क्योंकि भाषा, मुद्रा एवं दस्तावेज सम्बन्धी प्रतिबंधों का सामना नहीं करना पड़ता है। उनकी स्वयं की भाषा विचार के आदान-प्रदान में सहायक होती है। विनिमय के लिये अपने देश की मुद्रा ही होती है। इसके अलावा स्वदेशी पर्यटन में भुगतान संतुलन जैसी कोई समस्या नहीं रहती है। इस तरह स्वदेशी पर्यटन विदेशी पर्यटन का विकल्प है।

यात्रा के उद्देश्य के अनुसार—यात्रा के उद्देश्य के अनुसार पर्यटन के विभिन्न रूप हैं जो अग्रलिखित हैं—

(1) अवकाशकालीन पर्यटन—वर्तमान पर्यटन उद्योग के राष्ट्रीय व अन्तर्राष्ट्रीय दोनों ही क्षेत्रों में अवकाशकालीन पर्यटन की विशेष माँग है। कतिपय प्रोत्साहन क्रियाओं में जैसे पर्वतारोहण एवं बर्फ पर चलने की क्रीड़ा में तो जोखिम का तत्त्व बहुत ही उच्च है। प्राचीन पर्यटन स्थलों का मुख्य आकर्षण मुख्यतः अवकाश व द्यूतक्रीड़ा पर आधारित था, जबकि नये पर्यटन स्थल अवकाश व खेलों पर आधारित हैं। अवकाशकालीन शिविरों पर बहुत से व्यक्ति शारीरिक मनोरंजन पर ध्यान देते हैं एवं एक अच्छे आचरण व खेलों में भाग लेने के दो पहलुओं में एक अच्छा संबंध है। यह भी देखने में आया है कि ऐच्छिक अवकाश की योजनाओं से शारीरिक क्रियाओं की ओर अवकाश के समय एवं स्वदेश को लौटते समय, दोनों ही दशाओं में एक अच्छे व्यवहार में सुधार आया है, एक अच्छी धारणा बनी है, लोगों के प्रिय व्यापार तथा उत्तेजित अवकाश की ओर प्रबल इच्छाएं निर्मित हुई हैं। पारिवारिक यात्रा एवं सामूहिक छुट्टियों के साथ-साथ कैम्पिंग एवं दूसरे बहुत से पारिवारिक पर्यटक के मनोविनोद की क्रियाएं बहुत ही महत्वपूर्ण हैं।

विशिष्ट प्रयोजन हेतु पर्यटन

इस श्रेणी में वैसे पर्यटक आते हैं जो किसी विशिष्ट प्रयोजन की पूर्ति के लिए पर्यटन स्थल की यात्रा करते हैं। इन्हें निम्नांकित श्रेणियों में आबंटित किया जाता है–

मित्रों व सम्बन्धी पर्यटन

धार्मिक पर्यटन

अध्ययन सम्बन्धी पर्यटन

अन्य उद्देशीय पर्यटन।

सामाजिकता के तत्त्व के आधार पर–शुरू में ही पर्यटन हेतु कुछ विशेष स्वतन्त्र शब्दों का उपयोग किया गया है जैसे–जन पर्यटन, लोकप्रिय पर्यटन, सामाजिक पर्यटन, आदि-आदि। अतः यह उचित होगा कि इन शब्दों का आशय समझा जाय।

(1) पर्यटन–सीमित साधन सम्पन्न व्यक्ति को जब पर्यटन में सम्मिलित किया जाता है या उन्हें पर्यटन में हिस्सा लेने हेतु प्रोत्साहित किया जाता है अथवा इस क्रिया को पहुंच के भीतर लाने संबंधी प्रयास किये जाते हैं तो इसे सामाजिक पर्यटन कहते हैं। सामाजिक पर्यटन का सिद्धान्त मुख्यतः आर्थिक सहायता एवं विशेष सुविधाओं व तौर-तरीकों पर आधारित है। ये सरकार एवं अन्य तीसरे पक्ष द्वारा अथवा सहकारिता के आधार पर प्रदान किए जाते हैं।

डाक्टर डब्ल्यू हुन्जीकर ने सामाजिक पर्यटन की व्याख्या इस प्रकार है– पर्यटन का वह रूप जो कि निम्नवर्गीय लोगों द्वारा प्रयोग किया जाता है, सामाजिक पर्यटन है तथा यह एक बिल्कुल पृथक् व सरलता से मान्यता प्राप्त सेवाओं द्वारा ही सुलभ है। श्री एम॰ अन्धेरी पेलेमोण्ट के शब्दों में सामाजिक पर्यटन, पर्यटन का यह रूप है जो कि उन व्यक्तियों द्वार निर्मित किया गया है, जो सामाजिक दखलंवाजी के बिना इसकी लागत के भार को वहन नहीं कर सकते हैं। उदाहरणार्थ बिना किसी संगठन की मदद के जिसके वे स्वयं सदस्य है।

(2) जन पर्यटन–जब अत्यधिक संख्या में लोग पर्यटन में सम्मिलित होते हैं तो इसे जन पर्यटन कहते हैं। यह पर्यटकों की संख्या की भावना का अहसास कराता है तथा पर्यटन में भाग लेने वाली आबादी के अंश अथवा पर्यटन क्रियाओं के आकार पर आधारित होता हैं।

(3) लोकप्रिय पर्यटन–कुछ स्थान अपने गुण काल के कारण लोकप्रिय होते हैं। यहां जन पर्यटन अधिक होता है। इसका आशय उन क्रियाओं से है जो अपने

आकर्षण एवं उपलब्धता के कारण लोगों को सर्वमान्य होती हैं। यह लोकप्रिय इसलिए है क्योंकि यह उसकी इच्छा जरूरत के अनुसार है तथा कम मूल्यों में उपलब्ध है।

इस तरह सामाजिक पर्यटन के निम्नांकित लक्षण हैं–

(1) आर्थिक सहायता उपलब्ध पर्यटन–ये वे सामाजिक पर्यटन हैं जिनमें सरकारें, श्रमिकों की सदस्यता है, द्वारा अथवा दी जाती है।

(2) बाहरी बाह्य पर्यटन–सामाजिक पर्यटन में वे यात्री सम्मिलित किए जाते हैं जो कि अपने सामान्य निवासित स्थान के बाहर किसी विशेष वातावरण की यात्रा करते हैं।

(3) सीमित साधन–सामाजिक पर्यटन कामगारों तथा उन व्यक्तियों तक सीमित है जो अल्प आय के कारण यात्रा व आवास के भुगतान हेतु उचित धनराशि का संचय नहीं कर सकते हैं लेकिन उनके वायदे बहुत ही अधिक होते हैं।

सामाजिक पर्यटन के विकास में बाधाएं–पूरी दुनिया में कार्मिकों को कानून या सामूहिक समझौते द्वारा वेतन सहित अवकाश सुविधा सुलभ करायी गयी है। बहुत से कर्मचारी अपने छुट्टी का समय घरों में ही व्यतीत कर देते हैं। जिससे उनके पास पर्यटन सम्बन्धी खर्च एवं सूचनाओं का अभाव होता है। यातायात की मुश्किलें और उत्तम प्रकार की आवास सुविधाओं की कमी रहती है। इस तरह की समस्त समस्याएं संगठित एवं सामाजिक पर्यटन द्वारा पूर्ण की जा सकती हैं। आर्थिक समस्याओं का निवारण आर्थिक मदद व बचत योजनाओं द्वारा संरचनाओं की पूर्ति अनुभव व सम्पर्क के माध्यम परिवहन समस्याओं को सामान ले जाने वालों के साथ पैकेज योजनाओं द्वारा तथा आवास की समस्याओं का हल पर्यटन स्थल के अनुबंध द्वारा किया जा सकता है। इस तरह संगठित सामाजिक पर्यटन उन सभी लोगों तक पहुँच सकता है जो कि अन्यथा यात्रा करने योग्य नहीं हैं। वित्त संबंधी कठिनाइयाँ बचत योजनाओं द्वारा पूर्ण की जा सकती हैं। हर संगठन बचत योजनाओं में सक्रिय हिस्सा ले सकते हैं। इन संगठनों के सदस्य मिलकर योगदान कर सकते हैं तथा आवास के समय उन्हें उनकी जमा बचत से लाभकारी धनराशि निकालने की अनुमति दी जा सकती है। फ्रांस, बेल्जियम और आस्ट्रेलिया सहित कई पश्चिमी देशों में बचत संबंधी योजनाएं काफी लाभदायक साबित हुई हैं। इसी कारण कुछ अवकाश के फण्ड संगठनों या मालिकों द्वारा परिवहन व होटल उद्योग, सरकार व स्थानीय संस्थाओं के सामूहिक सहयोग द्वारा नियोजित किए जा सकते हैं। फ्रांस में लाभकारी समितियां यात्रा के लिए वित्तीय सहायता प्रदान करती हैं तथा साथ ही श्रमिकों व बच्चों के लिए अवकाशकालीन आवासीय गृहों को संचालित करती हैं। साथ ही

इनको आंशिक रूप में मालिकों व कामगारों के योगदान द्वारा आर्थिक मदद प्रदान की जाती है। नीदरलैण्ड में तो कुछ मालिक अवकाशीय वेतन के अतिरिक्त पूरे वर्ष के वेतन का 2 प्रतिशत बोनस के तौर पर कामगार को योगदान के रूप में देते हैं।

युनाइटेड किंगडम में कामगारों को अवकाशलीन बोनस प्रदान किए जाते हैं। सेवाकाल की अवधि के अनुपात के अनुसार रकम का निर्धारण किया जाता है। बेल्जियम में तो कानूनी तौर पर सामान्य वेतन का दोगुना अवकाशकालीन वेतन के रूप में भुगतान किया जाता है तथा यदा-यदा तो मालिक यात्रा हेतु नगदी के रूप में अनुदान भी देते हैं। रूस में, मजदूर संघ आराम-घरों के सम्पूर्ण रहन-सहन के खर्च का ज्यादातर अंश भुगतान करते हैं। पोलैण्ड में सरकार यात्रा एवं आवास का कतिपय अंश स्वयं भुगतान करती है। न्यूजीलैंड में होटलों के भाड़े में कमी करके सरकारी कर्मचारियों को लाभान्वित किया जाता है। अवकाशलीन आवास सुविधाओं का प्रबन्ध सरकार द्वारा आर्थिक सहायता व करों में रियायतें आदि द्वारा किया जाता है। रूस में तो सरकार द्वारा, अवकाशकालीन केन्द्रों में प्रत्यक्ष विनियोजन किया जाता है। फ्रांस में सामान्य शिक्षा, खेल, संस्कृति व पर्यटन से सम्बन्धी लाभ लेने वाली संस्थाओं को बिक्रीकर एवं मनोरंजन कर से माफ कर दिया जाता है। सरकार कैम्पों व युवा संगठनों को यंत्रों के रूप में मदद प्रदान करती है। नार्वे में अवकाशकालीन केन्द्रों के विकास हेतु ब्याजमुक्त ऋण अथवा कम ब्याज पर ऋण दिए जाते हैं। डेनमार्क सरकार ने इन केन्द्रों के विकास हेतु 50 प्रतिशत कोष/ धनराशि का सृजन किया है।

परिवहन की असुविधाओं के कारण परिवहन कम्पनियाँ निम्न भाड़े को विशेष दरों की योजनाओं में सहायता प्रदान करती हैं। चार्टर्ड फ्लाइट निजी यात्रा खर्च को कम करने का एक उत्तम साधन है। अमेरिका में पहले यात्रा फिर भुगतान जैसी योजनायें बनायी गयी हैं। फेडरल रिपब्लिक जर्मनी में रेलवे यात्रा करने हेतु 12 या अधिक संख्या के समूहों को 33 प्रतिशत छूट, 25 अथवा इससे ऊपर के समूहों को 50 प्रतिशत छूट एवं विद्यार्थी, स्कूल के बच्चों या युवा संगठनों को और अधिक छूट दी जाती है। बेल्जियम में कामगारों एवं उनके परिवार के सदस्यों को अवकाशकालीन समय में सामाजिक सुरक्षा कार्ड मालिकों का सर्टिफिकेट प्रस्तुत करने पर रेलवे के सस्ते दाम के टिकट निर्गमित किए जाते हैं। हंगरी में वेतन अवकाश प्राप्त लोगों को 50 प्रतिशत की छूट दी जाती है। यूरोपीय देश चेकोस्लाविया में सभी श्रमिकों को अवकाशकालीन आवेदन के साथ रेल का टिकट निःशुल्क प्रदान किया जाता है।

सामाजिक पार्यटनिक विकास में आवास एक मुख्य समस्या है, कम आमदनी

वाले लोग होटल में नहीं रह सकते। कई श्रमिक संगठनों व मालिकों ने श्रमिकों की सुविधा हेतु अवकाश केन्द्रों का निर्माण किया है। अर्जेन्टीना में अति सौन्दर्य-स्थलों, समुद्रतटों पर विशेष होटल, बंगले व चैलेट की सुविधाएँ है। अवकाश केन्द्र खोले गये हैं। इनमें तरण ताल, मधुशाला, खेल के मैदान, पार्क एवं अन्य मनोरंजन सम्बन्धी सुविधाएं उपलब्ध करायी गयी हैं। स्विट्जरलैंड में तो सामाजिक पर्यटन हेतु अधिक अवकाशकालीन केन्द्र हैं। लेनिन में एक बहुत ही प्रसिद्ध स्वास्थ्य पर्यटन स्थल है तथा यह उम्मीद की जाती है कि नई-नई दवाइयों में उन्नति के साथ-साथ यह स्थान स्वयं लुप्त हो जाएगा, परन्तु कुछ संगठनों की मदद से यह स्थल नये पर्यटकों को आकर्षित करने लगा है। छोटे-छोटे गोल्फ कक्ष, छोटे तरणताल, टैनिस कोर्ट्स व अन्य योजनाएँ बनाकर एवं स्वास्थ्य केन्द्र व होटलों की सैलानियों की मांग के अनुरूप बदल दिया गया है। काफिलों के पड़ाव व होटल युवा पर्यटकों की पहली पसंद हैं। कैम्पिंग तो अवकाश समय व्यतीत करने का बहुत ही अल्प खर्चीला साधन है। फ्रांस व अन्य कुछ देशों में कैम्पों के लिए आर्थिक सहायता प्रदान की जाती है। ग्रीक में बहुत बड़ी औद्योगिक इकाइयाँ अपने श्रमिकों के लाभ हेतु विविध कैम्पों को संचालित करती हैं। ज्यादातर देशों में ये कैम्प कैम्पिंग क्लब व युवाओं के अभियान द्वारा संचालित होते हैं।

सूचनाओं की कमी के बाबत यह कहा जा सकता है कि सार्वजनिक प्राधिकरणों, श्रमिक संघों, राष्ट्रीय पर्यटन संगठनों एवं अन्य सम्बन्धित संस्थाओं को विशेष तरह के पर्यटन स्थलों की सूचना प्रदान करने की तरफ विशेष ध्यान देना चाहिए। अमेरिका के बड़े-बड़े शहरों में सूचना देने के केन्द्र हैं। ये कार्यालय कामगारों को अवकाश व्यतीत करने सम्बन्धी सलाह देने हेतु अपनी प्रकाशन पत्रिकाएँ निर्गमित करते हैं। कनाडा में कामगार संघ के कार्यालय व अन्य संगठनों द्वारा बुलेटिनें प्रकाशित की जाती हैं।

उदारीकरण के पश्चात् भारत की तीव्र गति से विकसित हो रही अर्थव्यवस्था में पर्यटन का महत्वपूर्ण स्थान है। सामाजिक पर्यटन की महत्ता ज्ञात होने के उपरान्त इस क्षेत्र में भी काफी प्रगति हुई है। सामाजिक पर्यटक का उद्देश्य केवल यह नहीं है कि निम्न स्तर के लोगों को जो कि सामान्य तौर पर अवकाश का आनन्द लेने में असमर्थ हैं, उन्हें अवकाश दिया जाय बल्कि उन्हें नई विकसित श्रमिकों की वेतन सहित योजनाओं में तथा यात्राओं में मदद देकर देश के समस्त क्षेत्रों में यात्रा सम्बन्धी समस्त योजनाओं में शामिल किया जाय। हमारा उद्देश्य एक कल्याणकारी देश के निर्माण करने का है। श्रमिक वर्ग व कृषक जो कि इस देश की जनसंख्या के 98 प्रतिशत हैं, के सहयोग पर ही एक जनकल्याणकारी देश का अस्तित्त्व निर्भर करता

है। एक जनकल्याणकारी सरकार को इस लाभों की प्राप्ति कामगारों को करना पड़ता है, अन्यथा इसका कोई अर्थ नहीं रहता है। जनकल्याणकारी देश का मुख्य उद्देश्य यह है कि कामगारों को वेतन सहित अवकाश व राष्ट्र के युवा वर्ग का यात्रा सम्बन्धी धनराशि को सहायता प्रदान की जाय, यह एक महत्वपूर्ण तत्त्व है। देश के भविष्य युवा वर्गों के लिए यह एक व्यावहारिक तथा वास्तविक शिक्षा है ताकि वे अपने देश के दर्शन कर सकें। सांस्कृतिक प्रिय लोगों को लाभ मिल सके एवं औद्योगिक क्षेत्रों को देख सके। इसी के द्वारा देश में रहने वाले एक-दूसरे व विविध प्रकार के लोगों की जरूरतों को समझा जा सकता है तथा पूर्ण किया जा सकता। इसके अतिरिक्त इस प्रकार का सामाजिक पर्यटन आजकल की औद्योगिक क्रांति हेतु एक गहराव व अगाध रुचि एवं उत्तेजना की भावना जागृत कर सकता है। नियोजित अर्थव्यवस्था को बहुसंख्य व्यक्तियों के घरों तक तभी ले जाया जा सकता है जबकि उन्हें अपनी वर्तमान औद्योगिक योजनाओं को कार्यरत करने का मौका दिया जाए। भाखड़ा नांगल, सिंदरी उर्वरक प्लांट, बोकारो स्टील प्लांट, चितरंजन, बंगलौर व अन्य केन्द्रों हेतु रियायती यात्राओं के प्रबन्ध करने चाहिएं, उन व्यक्तियों के लिए जो इनका दर्शन करना चाहते हैं और औद्योगिक क्रांति की भावना से इन स्थानों की स्वयं जानकारी प्राप्त करना चाहते हैं।

होटल स्तर एवं दर आकार कमेटी 1958 ने निम्नांकित सुझाव दिए थे :

1. हर होटल उपक्रमों में काम करने वालों को वेतन के साथ अवकाश भी प्राप्त होना चाहिए। अन्य विभागों में भी यह योजना उजागर करनी चाहिए।
2. रेलवे द्वारा विद्यार्थी समुदाय एवं युवा वर्ग हेतु आर्थिक सहायता सहित यात्राओं का प्रबन्ध करना चाहिए।
3. धार्मिक स्थानों की यात्रा करने वाले यात्रियों हेतु बड़े पैमाने पर उनके घरों से सम्पूर्ण भारत के धार्मिक स्थानों तक धन सम्बन्धी सहायता की यात्राओं का प्रबन्ध होना चाहिए। कुछ देशों के सामाजिक पर्यटन सम्बन्धी यात्राओं के लिए एक बहुत बड़ी धनराशि पृथक् से रखी जाती है।

3

पर्यटन का विभिन्न पक्षों पर असर

आर्थिक दृष्टि से पर्यटन बहुत लाभदायक तत्व है परन्तु अन्य क्षेत्रों में इसका क्या प्रभाव पड़ता है यह भी विचारात्मक तथ्य है। प्रत्येक कारक प्रत्येक क्षेत्र में एक समान स्थिति नहीं रखता। उसी प्रकार पर्यटन आर्थिक तथा मनोरंजन क्षेत्र में प्रभावशाली है। वहीं सामाजिक क्षेत्रों में उसका असर विपरीत पड़ रहा है। जैसे, लद्दाख में पर्यटन का नुकसान किसानों को उठाना पड़ा है और गोवा में पारंपरिक रोजगार नष्ट हो गए हैं। आज पर्यटन परियोजनाओं में भूमि के उपयोग और पर्यावरण के नुकसान को लेकर सदैव विवाद होता रहता है। होटल निर्माण, पर्यटकों के आगमन और कूड़ा-करकट मल आदि के निष्कासन की समस्या उत्पन्न हो जाती है। पर इसका दोष पर्यटन पर नहीं अपितु पर्यटन की खराब व्यवस्था को दिया जाना चाहिए। तृतीय विश्व के अधिकांश देश पर्यटन में होने वाले ह्रास का सही आंकलन नहीं कर पाते हैं। पर्यटन सेवा में अधिसंरचना और सहयोग लागत अथवा तत्त्व को गिने बगैर बाहरी और भीतरी खर्चों को एक साथ मिला दिया जाता है। आज बढ़ते प्रबंधन ठेकों और विशेष विक्रय अधिकारों के कारण रिसाव और भी बढ़ गया है। निजीकरण में व्यय होने के साथ विदेशी कंपनियाँ देश के अंदर ही स्थिर होकर काम करने लगेंगी और स्थानीय व्यय में से अपना हिस्सा बाहर भेजेंगी। इसके साथ-साथ अवमूल्यन के प्रभाव और पर्यटक डॉलर के मूल्य में भी क्षय होता है। हाल में होटलों में किराये की

दो दरों को लेकर भारत के टूर-ऑपरेटर एवं होटलों में हुई बहस इसका प्रमाण हैं। होटल पर्यटकों से मानक डॉलर मूल्य की तुलना में ज्यादा रुपया ले रहे थे। टूर-ऑपरेटर और पर्यटकों ने इस व्यवस्था का विरोध किया और इन दो दरों को खत्म करने हेतु सरकार से निवेदन किया। बाह्य ताकतों के प्रभाव में आकर भारत सरकार ने दोहरे कराधान को खत्म करने का आदेश दिया परन्तु होटल उद्योग ने इसका प्रबल विरोध किया।

पर्यटन का सामाजिक प्रभाव भी समान तौर पर जटिल है। अंतर्राष्ट्रीय स्तर पर आपसी समझ और परस्पर संबंध के आधार पर किसी भी मूल्य पर परिभ्रमण को बढ़ावा देने की बात की जा रही है। पर इसके साथ-साथ सामाजिक प्रभाव भी उभर का सामने आ रहे हैं। पर्यटन के विकास से तीसरी दुनिया के देशों में यौन व्यापार, नशीले पदार्थों के व्यापार और लड़कियां खरीदने-बेचने का धंधा भी तेजी से विकसित हुआ है। थाईलैण्ड, नेपाल, श्रीलंका और भारत में पर्यटन का यह निषेधात्मक दिखााई पड़ता है।

कुछ मामलों में कलाकृतियों के व्यापार के कारण हमारी स्थापत्यगत विरासतों का क्षरण हो रहा है। और उसकी तस्करी कर उन्हें बाहर के देश में भेजा जा रहा है। इस तरह के व्यापार पर वैधानिक प्रतिबंध लगाए जाने के बावजूद ऐसा हो रहा है। गैंडे की सींग, बाघ की खाल एवं हाथीदांत हेतु इन पशुओं की हत्या की जाती है। हालांकि यह भी कहा जा सकता है कि वन्य जीवन में दिलचस्पी रखने वाले पर्यटकों के आने से वन्य जीवों के सरंक्षण हेतु सुरक्षा में मदद मिली है। इसके अतिरिक्त मुद्रा विनिमय का अवैध धंधा भी चल पड़ता है। इसमें कुछ स्थानीय व्यक्ति शामिल होते हैं जो दलाली और कालाबाजारी का धंधा करते हैं। तरह पर्यटक भी इस तरह की गतिविधियों में सहयोग देते हैं। एक अन्य प्रभाव भी पड़ता है, जिसे प्रदर्शन प्रभाव कहा जाता है। पर्यटकों को आचार-विचार एवं व्यवहार की आधुनिक और प्रगतिशील माना जाता है और स्थानीय लोग खासकर युवा, उसी तरह के पहनावे और बोलचाल को अपनाने लगते हैं।

किन्तु सबसे ज्यादा असर सांस्कृतिक जीवन पर पड़ता है। संस्कृति को कुछ प्रतीकों और चिह्नों में बांध कर रख दिया जाता है। यह एक तरह का सांस्कृतिक क्षरण है। सांस्कृतिक तत्त्वों को प्रतीकों तथा जातीय चिन्हों में बदल दिया जाता है। कई ट्रैवेल एजेंट अपनी प्रचारात्मक पुस्तिकाओं गें जातीय स्वरूप की अपनी प्रकार से व्याख्या करते हैं। बाह्य लोगों को आकर्षित करने के लिए प्रचारात्मक पुस्तिकाओं

में अवधारणाओं को स्पष्ट करने हेतु कुछ जातीय प्रतीकों का इस्तेमाल करते हैं। इसके पश्चात् प्रजातीय पुनर्रचना विश्वसनीयता का सूचकांक बन जाता है और प्रजातीय चिन्ह पर्यटकों को याद रहते हैं, क्योंकि इन्हें पहचानना आसान होता है। अधिकांश लोग इसे नुकसानदेह नहीं मानते किन्तु जब यह परिवर्तन और प्रगति सांस्कृतिक तत्त्वों में हस्तक्षेप करने लगती है तब खतरा प्रत्यक्ष रूप से सामने आ जाता है। स्थानीय लोग इसका विरोध करते है, जो पर्यटकों हेतु दर्शनीय वस्तु नहीं बने रहना चाहते।

आजकल विजातीय सांस्कृतिक पहलू पर्यटन का मुख्य आकर्षण है। पर्यटक प्रतिदिन प्रयोग होने वाले प्रसाधनों और वस्त्रों को देखना चाहते हैं। बाजारों और मेलों में हस्तशिल्प की दुकानों में जाते हैं, कुछ आवश्यक और उपयोगी शब्द सीखते हैं। खास वस्तुओं या स्थानीय रंगों (मुगल और राजधानी) में रंगी वस्तुओं की तरफ आकर्षित होते हैं। कुछ विद्वानों के अनुसार प्रजातीयता के प्रति एक पर्यटक का दृष्टिकोण एक आक्रमणकारी, एक नृशास्त्री एक मिशनरी अथवा एक उपनिवेशवादी से कहीं अधिक कोमल होता है क्योंकि वह प्रजातीय भावनाओं को बचाना चाहता है, उन्हें पुनर्स्थापित तथा पुनसर्जित करना चाहता है।

भारत महोत्सव के माध्यम से हम भारतीय संस्कृति के रचनात्मक पहलू को दुनिया के सामने प्रस्तुत करने का प्रयास करते हैं। यह दूसरों के मनोरंजन हेतु प्रजातीयता निर्माण का उदाहरण है। इसके द्वारा प्राप्त धन आवश्यक रूप से प्रस्तुतकर्ताओं के पास न जाकर अन्य लोगों के पास चला जाता है। प्रस्तुतकर्ताओं को मात्र प्रशंसा ही मिलती है। इस तरह की प्रजातीयता पर्यटन प्रेरित होती है। शोषण किए जाने के कारण कमजोर पड़ जाती है।

एक ओर यह अतंर्राष्ट्रीय पर्यटन के विरोधाभास की अभिव्यक्ति है एवं दूसरी ओर पश्चिमी संस्कृति से जुड़ी पर्यटन संस्कृति से जुड़ने की कोशिश है। इस तरह पर्यटकों को आकर्षित करने हेतु प्रजातीय समूहों और आकर्षणों को कृत्रिम रूप में प्राकृतिक रूप में जीवित रखा जाता है। पर इन प्रजातीय लोगों को वस्तु के रूप में परिवर्तित करने के आर्थिक एवं राजनीतिक परिणाम भी सामने आते हैं। पर्यटन के समुचित और सही विकास हेतु पर्यटन नीति निर्माताओं, पेशेवर लोगों और अनुसंधानकर्ताओं को इन परिणामों की तरफ ध्यान देना चाहिए। आमतौर पर परिभ्रमण को एक लाभदायक क्रिया के रूप में देखा जाता है। सामान्य जनों का मानना है कि यह जमीन का सर्वोत्तम प्रयोग है, यह गैर-प्रदूषित रोजगारोन्मुख और विदेशी मुद्रा अर्जन उद्योग है। फिर भी, लंबे अनुभव के पश्चात् यह कथ्य सामने

आया है कि भीड़ बढ़ने से और लोगों के अबाधित रूप में आने-जाने से स्थल विशेष पर कुछ सामाजिक, आर्थिक, राजनीतिक एवं पर्यावरणीय प्रभाव पड़ते हैं।

पर्यटन के प्रकार के अनुसार इस प्रभाव का स्वरूप भिन्न-भिन्न होता है और यह लाभकारी होने के साथ-साथ हानिकारक भी हो सकता है। कई मर्तबा पर्यटन ये नहीं अपितु इसके प्रबंधन में समस्याएं और तनाव उत्पन्न होते हैं। पर्यटन पेशेवरों और मेजबानों सभी को पर्यटन के इन प्रभावों की जानकारी होनी चाहिए। इसके साथ-साथ समुचित नियोजन और विकास के लिए पर्यटन के खतरों और अवरोधों की जानकारी होनी चाहिए।

पर्यटन के प्रमुख प्रभाव निम्नांकित हैं –

आर्थिक प्रभाव

सामान्यतया सम्पूर्ण विश्व में यह धारणा प्रचलित है कि पर्यटक दो राष्ट्रों के मध्य और देश की सीमा के अंदर पारस्परिक समझ और तालमेल कायम कर भावनात्मक एकीकरण को प्रोत्साहन देता है। परंतु इसके आर्थिक महत्व से लोग सामान्यतया परिचित नहीं हैं। हाल में और वह भी बीसवीं सदी के उत्तरार्द्ध से पर्यटन को आर्थिक विकास के एक महत्वपूर्ण उपकरण के रूप में पहचाना जाने लगा है। रोजगारोन्मुखता, विदेशी मुद्रा अर्जन, आय में बढ़ोतरी और उत्पादन बढ़ोतरी में पर्यटन के योगदान को देखते हुए यह कहा जा सकता है कि इस उद्योग की हमारे को आवश्यकता है। इसके इसी महत्व को देखने हुए सातवीं पंचवर्षीय योजना (1985-90) में पर्यटन को उद्योग का दर्जा दिया गया है। आर्थिक क्षेत्र के तहत रोजगार आय, विदेशी मुद्रा अर्जन एवं विकास आदि आते हैं।

रोजगार—भारत सरकार की राष्ट्रीय पर्यटन कार्य योजना के अनुरूप 1989-90 के दौरान भारत में पर्यटन उद्योग ने प्रत्यक्षतः 55 लाख व्यक्तियों के लिए रोजगार उत्पन्न किया। यह अनुमान है कि 2000 ई. तक यह रोजगार बढ़कर दोगुना हो गया। पर्यटन उद्योग में प्रत्यक्ष एवं अप्रत्यक्ष रोजगार करने की अद्भुत क्षमता है। होटल से लेकर भिन्न-भिन्न टूर-ऑपरेटरों, पर्यटन कार्यालय, परिवहन संचालकों, टूरिस्ट गाइडों आदि के रूप में लोगों को इससे प्रत्यक्ष रोजगार मिलता है। पर्यटन से, विविध व्यवसाय से जुड़े लोगों को, अप्रत्यक्ष रोजगार मिलता है। होटलों में सब्जी, मांस, मछली, मुर्गी, अनाज आदि आपूर्ति करने वालों, बिजली मिस्त्रियों प्लम्बर, बढ़ई एवं बिस्तर पर्दा आदि देने वालों एवं अन्य सभी तरह के मददगार अतिरिक्त आपूर्तिकर्ताओं एवं टैक्सी ड्राइवरों आदि को अप्रत्यक्ष रोजगार मिलता है।

वस्तुतः पर्यटन संबंधी कार्यकलापों से परोक्ष रूप में दूर-दूर तक लोग जुड़े होते हैं तथा इसकी एक शृंखला बन जाती है। जैसे हस्तशिल्प और हस्तकलाएं बेचने वाले दुकान और इम्पोरियम के द्वारा हजारों शिल्पियों, कारीगरों और बुनकरों को रोजगार मिलता है। अतः उत्पादन की तुलना में पर्यटन से जुड़ी गतिविधियों में रोजगार एवं निवेश के अवसर ज्यादा हैं। यहाँ यह बात ज्ञात होती है कि पर्यटन ने उन क्षेत्रों में रोजगार पैदा किए जहां रोजगार के वैकल्पिक मौके बहुत कम थे। जैसे पहाड़ी क्षेत्रों पर कई परिवार अपने जीविकोपार्जन हेतु मुख्य तौर पर पर्यटन पर ही आश्रित हैं। स्थानीय होटलों, रेस्तरां, परिवहन, दुकान आदि में स्थानीय जनता को रोजगार मिलता है। पर्यटन उद्योग में लगे लोगों और उनके परिवार वालों की दैनिक जरूरत एवं शिक्षा आदि दुकानों, अस्पतालों एवं स्कूलों आदि में अप्रत्यक्ष रोजगार द्वारा पूरी होती है। इस तरह पर्यटन से रोजगार का व्यापक अवसर पैदा होता है। इससे पांच सितारा होटलों में काम करने वाले उच्च प्रशिक्षित प्रबंधकों से लेकर कमरे में काम करने वाले सेवाकर्मियों परिवहन कर्मचारियों शिल्पियों आदि तक को रोजगार मिलता है।

पर्यटन का समुचित विकास होने से बेकार बेरोजगारों को रोजगार हासिल करने का स्वर्णिम अवसर प्राप्त होता है। रोजगार संबंधी इन सकारात्मक पहलुओं के बावजूद स्थानीय जनता की दृष्टि से कुछ तथ्यों पर ध्यान केन्द्रित करना आवश्यक है।

1. स्थानीय लोगों को बाहरी लोगों की अपेक्षा कम व्यवसाय प्राप्त होता है, प्रबंधक जैसी नौकरियां बाहर के व्यक्तियों को ही मिलती है। होटल, रेस्तरां, ट्रेवल एजेंसियों, दुकानों आदि पर बाहरी व्यक्तियों का स्वामित्व होता है। अतः पर्यटन से हुई आय का लाभ स्थानीय लोगों को नहीं मिल पाता है।
2. पर्यटन द्वारा उत्पन्न किया गया अधिकांश रोजगार मौसमी होता है। फलस्वरूप रोजगार नियोक्ता अस्थायी रोजगार को प्राथमिकता देते हैं अथवा मौसम के दौरान बाहर से मजदूर मंगा लेते हैं। इससे सही अर्थों में स्थानीय जनता को रोजगार नहीं मिलता।
3. अच्छे मौसम में पर्यटकों की भारी आवाजाही के कारण अनेक जरूरी पदार्थों की कीमत काफी बढ़ जाती है। इससे सीमित आय में जीवन गुजर-बसर करने वाली स्थानीय जनता बुरी तरह प्रभावित होती है।

अतएव पर्यटन विकास की योजना बनाते समय इन मुद्दों पर भी विचार करना चाहिए। इन्हें नजरअंदाज करने से पर्यटन स्थलों पर तनाव उत्पन्न होगा।

आय–पर्यटन का रोजगार एवं आय प्रभाव एक दूसरे से गहरे रूप में सबद्ध हैं और ये एक ही स्रोत अर्थात् पर्यटक व्यय पर निर्भर होते हैं। पर मजदूरी और वेतन, ब्याज, किराया और मुनाफे के रूप में आय होती है। पर्यटन से कई तरह की वस्तुओं और सेवाओं की मांग होती है। उदाहरणार्थ–आवास, खाद्य एवं पेय, लंबी दूरी के और स्थानीय परिवहन, मनोरंजन, खरीददारी स्थल, दर्शन हेतु गाइड आदि। पर्यटकों द्वारा किए गए खर्चों से इन सेवाओं को स्पष्ट आय ही नहीं होती है अपितु इससे होटलों, रेस्तरां, परिवहन, संचालकों और कामगारों, ट्रैवल एजेण्टों और उनके कर्मचारियों, मनोरंजन गृहों के मालिकों और वहाँ के कर्मचारियों, कलाकारों, शिल्पियों तथा कला की वस्तुएं बनाने वाले लोगों को भी रोजगार मिलता है। इन सभी सेवाओं से सबद्ध रोजगार एवं इनसे होने वाली आय निम्नांकित पर निर्भर करती है–

1. उनके खर्चे करने का तरीका
2. पर्यटकों की संख्या
3. पर्यटकों द्वारा किया गया खर्च।

इस प्रकार पर्यटन से अत्यधिक मात्रा में अप्रत्यक्ष रूप से रोजगार का सृजन होता है और आय अर्जित होती है। पर्यटक जो व्यय करता है वह एक आदमी से दूसरे आदमी के हाथों में चला जाता है। परंतु एक व्यक्ति से दूसरे व्यक्ति के पास जाने में राशि घटती चली जाती है, क्योंकि हर व्यक्ति अपना हिस्सा अपने पास रखता जाता है। अब देखना यह है कि पर्यटक और आपूर्तिकर्ताओं और इनसे बेहतर रोजगार प्राप्त करने वाले व्यक्तियों को कितनी आवश्यकता होती है। इससे एक नया आयाम सामने आता है। पर्यटन से उत्पन्न मांग से और ज्यादा रोजगार की आवश्यकता होगी और आय में भी बढ़ोतरी होगी। फलतः इसमें एक के बाद एक शृंखलाबद्ध ढंग से वृद्धि होती जाती है। पर्यटन उद्योग अपने स्थानीय बाजार क्षेत्रों से जितना अधिक सेवाएं एवं वस्तुएं खरीदेगा उसका गुणित प्रभाव उतना ही अधिक होगा। सेवाओं और वस्तुओं के आयात की प्रवृत्ति अधिक होगी, गुणित प्रभाव उतना घटेगा। अनेक तरह के करों चुंगी और प्रवेश शुल्क आदि से केंद्र और राज्य सरकार की भी आय बढ़ती है।

विदेशी मुद्रा–बीते कुछ वर्षों में भारत की दुर्लभ विदेशी मुद्रा अर्जन संबंधी वित्तीय गतिविधियों में पर्यटन की प्रमुख भूमिका रही है। इससे भारतीय अर्थव्यवस्था में बहुत विकास हुआ है। 1985 में भारत में 8,36,908 सैलानियों का आगमन हुआ जो 1992 में बढ़कर 18,67,651 हो गया। इसी तरह विदेशी मुद्रा अर्जन 1985 में 1800 करोड़ रुपये था जो 1992 में बढ़कर 3916 करोड़ रुपये हो गया। भारत पर

पर्यटन के आर्थिक प्रभाव संबंधी संयुक्त राष्ट्र की रिपोर्ट के अनुसार सैलानी आगमन में वृद्धि होने पर भी डॉलर की दृष्टि से पर्यटन आय में कमी देखी गई है। इस परिघटना के कुछ अनुमानित कारण निम्न हैं–

1. बजट पर्यटकों के अनुपात में बढ़ोतरी।
2. बाजार में विदेशी मुद्रा की कालाबाजारी के कारण रिसाव, आदि।
3. विगत वर्षों में रुपये की अवमूल्यन की ऊँची दर।

पर्यटन की जरूरतों को पूरा करने हेतु वस्तुओं या सेवाओं का आयात मूल्य रिसाव कहलाता है। रिसाव विदेशी मुद्रा का व्युत्क्रम होता है अर्थात् रिसाव जितना ज्यादा होगा विदेशी मुद्रा का अर्जन उतना कम होगा और कम रिसाव का तात्पर्य होगा अधिक विदेशी मुद्रा अर्जन। इस तरह रिसाव को कम करके विदेशी मुद्रा अर्जन को बढ़ावा जा सकता है। इसका आधार पर्यटन के प्रकार, स्वरूप और पर्यटकों की कोटि है। तीसरी दुनिया के देशों की सरकारों को इस रिसाव को कम करने की रणनीति बनानी होगी, इस रिसाव को निम्न प्रकार से कम किया जा सकता है–

1. बहुराष्ट्रीय कंपनियों के नियंत्रण को रोकना।
2. पर्यटकों पर कुछ प्रतिबंध लगाना, जैसे–उन्हें होटल के बिलों का भुगतान और खरीददारी आदि में विदेशी मुद्रा ही देनी होगी।
3. स्थानीय संसाधनों का प्रयोग कर आयात विकल्प तैयार करना।

खरीददारी आदि में विदेशी मुद्रा ही देनी होगी।

इस तरह विदेशी पर्यटन से विश्व व्यापार बढ़ता है। विदेशी पर्यटक आभूषण एवं कीमती पत्थर, कालीन, कपड़े, हस्तशिल्प और चमड़े के बने सामान खरीदते हैं।

इस तरह ये विदेशी सैलानी अपने-अपने राष्ट्रों में इन वस्तुओं के प्रचार का माध्यम भी बनते हैं। इससे विदेशों में इन चीजों की मांग बढ़ती है और इनके निर्यात में बढ़ोतरी होती है। भारतीय हस्तशिल्प की श्रेष्ठ गुणवत्ता और पर्यटकों के द्वारा विश्वभर में इनके प्रचार होने से इस क्षेत्र में निर्यात की संभावनाएं अत्यधिक प्रबल हुई हैं।

पर्यटन को ठीक से समझकर एवं सुनियोजित ढंग से नीति निर्माण कर इसका उपयोग आर्थिक विकास और उत्थान हेतु किया जा सकता है। नए रोजगार आय के अवसर प्रदान कर विदेशी मुद्रा अर्जन, पिछड़े क्षेत्रों में अधिसंरचनात्मक विकास के प्रतिबंधित क्षेत्रों को कतिपय सीमा तक अंतर्राष्ट्रीय पर्यटकों के लिए खोलकर अर्थव्यवस्था को एक नई ऊँचाई दी जा सकती है। अतएव अब पर्यटन को एक हाशिए पर खड़े विलासितापूर्ण क्रियाकलाप के तौर पर नहीं देखा जा सकता। निर्यात

उद्योग के समान यह भी आर्थिक विकास का एक महत्वपूर्ण यन्त्र है। तथापि विकास की प्रक्रिया में मेजबान जनता के हितों का ख्याल जरूर रखा जाना चाहिए।

सामाजिक-सांस्कृतिक प्रभाव

विविध संस्कृतियों, जीवन शैलियों, अथवा सामाजिक ढांचों के लोग जब एक साथ रहते हैं तो वे स्वाभाविक रूप से एक दूसरे से प्रभावित होते हैं। पर्यटन में यह व्यापक धरातल पर होता है। पर्यटन स्थल पर पर्यटक नये सामाजिक जीवन के संपर्क में आता है और दूसरी तरफ मेजबान जनता पर्यटकों की जीवन शैली की नकल करती है। इसे सामान्य स्तर पर पर्यटन का सकारात्मक प्रभाव माना जाता है जिसे निम्नांकित शब्दों में व्यक्त किया जा सकता है—

1. उनका सामाजिक विकास।
2. लोगों के मध्य बेहतर समझदारी।
3. एक दूसरे से सीखना।
4. दोस्ती।

इसके अतिरिक्त कुछ परिणामों को नकारात्मक माना जाता है। इसमें प्रदर्शनात्मक प्रभाव, संघर्षात्मक प्रभाव आदि पैदा है। उनके लक्षण तो तुरंत स्पष्ट होने लगते हैं, परंतु उनका प्रभाव विलम्ब से ज्ञान होता है।

पर्यटक एवं इस उद्योग का स्थानीय जनता के समाज और संस्कृति पर पड़ने वाला प्रभाव तीसरी दुनिया के पर्यटन में आज बहस का मुख्य मुद्दा है। एक आम धारणा यह है कि पर्यटन से अंतर्राष्ट्रीय समझ और सौहार्द बढ़ता है। दूसरी तरफ अनेक मामलों में यह क्षेत्र विशेष, स्थान विशेष या देशी रीति-रिवाजों और जीवन शैली को बुरी तरह से क्षति भी पहुंचाता है।

ऐसे बहुत कम पर्यटक हैं जो भिन्न विदेशी सांस्कृतिक वातावरण से परिचित होना चाहते हैं। उनके सामने आकर्षक भ्रमण, सूचना पुस्तिकाओं, सिनेमाओं में एवं इसी तरह के अन्य साधनों के द्वारा स्थल विशेष की चमकदार छवि होती है। वे मलेरिया और डाइरिया से बचने का हर उपाय कर लेते हैं। वातानुकूलित बसों में यात्राएं करते हैं एवं कीटाणु रहित पांच सितारा होटलों में रहते हैं। इससे वह मेजबान समुदाय से मैत्रीपूर्ण व्यवहार नहीं बना पाते। इसी कारण पृथक् प्रकार के लोगों में आपसी समझ उत्पन्न करना बहुत मुश्किल होता है। मात्र पर्यटकों की सेवा करने वाले लोगों का ही संपर्क स्थानीय जनता के साथ होता है, मसलन भिखारी, बिचौलिया, दलाल, वेश्या, नशीली दवाएं बेचने वाले एवं ऐसे ही लोग। इस तरह के

पर्यटन अनुभव से मेजबान और पर्यटक दोनों कृत्रिम बन जाते हैं और उनमें दुश्मनी और आक्रामकता की भावना आ जाती है।

पर्यटक अपने पर्यटन के दौरान उस देश के ऐतिहासिक, धार्मिक, सांस्कृतिक एवं सामाजिक संस्कृति की एक झलक पाना चाहता है। अधिकतर समाज में सैलानियों का परंपरागत रूप से स्वागत किया जाता है। उन्हें अपने उत्सवों तथा पर्वों में शामिल होने का मौका दिया जाता है। अब पर्यटकों की संख्या बढ़ रही है और हर पर्यटक अब इस तरह की मांग अधिकार समझकर करने लगा है। तीसरी दुनिया के देश सांस्कृतिक प्रदर्शन करने लगे हैं, जिसमें कोई आत्मीयता, जीवंतता नहीं होती। जैसे, टी-शर्ट पहने, कानों में वॉकमैन लगाए और कंधे पर कैमरा लटकाए कोई व्यक्ति आपके घर के बाहर खड़ा है आप तुरंत समझ जाएंगे कि यह कोई पर्यटक है। अतः आज यही पर्यटक की वेशभूषा बन गई है। परन्तु यह आवश्यक नहीं कि सभी पर्यटक एक वेशभूषा धारण करें। उनके पास डॉलर, मार्क और येन, पौण्ड आदि पर्याप्त मात्रा में हों परंतु वर्तमान उपभोक्ता वस्तुओं का दिखावा विश्व के शक्तिशाली अल्पसंख्यकों के वैभव को ही प्रदर्शित करता है। पर्यटकों के इस वैभव प्रदर्शन से क्षेत्रीय जनता प्रभावित होती है। उनके मन में उन पदार्थों को प्राप्त करने की चाहत पैदा होती है और इससे अनावश्यक तनाव पैदा होता है। इसे पर्यटन का प्रदर्शनात्मक प्रभाव कहते हैं।

इस तरह प्रदर्शनात्मक प्रभाव से पर्यटक और मेजबान के व्यक्ति की यथार्थपरक और बनावटी खाई और चौड़ी होती चली जाती है। इससे स्थानीय व्यक्ति सैलानियों की कॉपी करने लगे हैं और उनके खर्च करने के तरीके अपनाने लगे हैं और तथा ऐसा न होने पर अपनी असमर्थता पर झुंझलाते हैं। कई स्थलों पर सामाजिक तनाव निम्नाकित रूपों से उभरता है–

1. नशाखोरी,
2. ठगी,
3. पर्यटकों से छीन-झपटी,
4. वेश्यावृत्ति, एवं
5. भीख मांगने की प्रवृत्ति में बढ़ोतरी।

अनेक बार पर्यटकों के बारे में भ्रामक धारणा गढ़ ली जाती है जिनका वास्तविकता, से दूर-दूर तक नाता नहीं होता। यथा–समस्त पर्यटक नशा करते हैं, जुआ खेलते हैं और वेश्यागमन करते हैं आदि। इसी तरह कई पर्यटक यह समझ

लेते हैं कि पर्यटक क्षेत्र में काम करने वाली हर औरत बदचलन होती है। यह माना जाता है कि सैलानी के सामाजिक-सांस्कृतिक प्रभावों को आसानी से आधुनिकीकरण की प्रक्रिया से पृथक् नहीं किया जा सकता। तथापि पर्यटन का समाज में स्पष्ट हस्तक्षेप होता है और उसकी भूमिका होती है।

पर्यटकों के अगमन से भौतिक यथार्थ यथा संगीत नृत्य कला, स्थापत्य आदि पर तो पड़ता है परंतु सबसे गहरा प्रभाव अवधारणात्मक होता है। वे एक मनुष्य से दूसरे व्यक्ति के संबंधों, प्रकृति, स्थान विशेष से संबंधों को देखने का एक नया नजरिया पा जाते हैं।

पर्यटकों पर भी स्थान का प्रभाव पड़ता है, उदाहरणस्वरूप प्रत्येक वर्ष शिमला में 50 से 200 सैलानी अस्पताल में भर्ती किए जाते हैं। उन पर येरूशलम का दौर चढ़ता है और वे पागलों सा व्यवहार करने लगते हैं। एक मनोचिकित्सक यैर बारल-येल (Yair Bar El) के अनुसार जेरूशलम लोगों को पागल बना सकता है। कई मर्तबा पर्यटक अपने को राजा डेविड, मसीहा या जॉन द बैपटिस्ट मानने लगता है। कई सैलानी आध्यात्मिकता के बोझ तले दम तोड़ देते हैं। चिकित्सकों द्वारा इसे एक तरह का हिस्टीरिया कहा जाता है जो सिर्फ तीर्थयात्रियों को ही दबोचता है और इसे 'येरूशलम में तोड़-मरोड़ कारागृह' कहते हैं। हिन्दुस्तान टाइम्स (जुलाई 28, 1994) के अनुसार अब इजराइल के सैनिक जान गए हैं कि अगर कोई विदेशी विस्फारित नेत्रों से इधर-उधर देखता हुआ नंग-धड़ग या पशु चर्म लपेटे हुए मिले तो उस जॉन द बैपटिस्ट को सीधे सरकारी मानसिक रोगी संस्थान की राह दिखानी चाहिए। जैसे, फ्लोरेंस उत्तेजक चित्रकारी के समक्ष पर्यटक बेकाबू हो जाते हैं। लंदन के हीथ्रो अड्डे अथवा न्यूयार्क के केनेडी हवाई अड्डे पर कई पर्यटक अपने परिवार से अलग होकर अकेले पड़ जाते हैं और एक टर्मिनल से दूसरे टर्मिनल तक भागते फिरते हैं। न तो अपना ख्याल होता है न यह ख्याल होता है कि वे कहां जा रहे हैं। इसे घुमंतू खानाबदोश संलक्षण एयरपोर्ट सिंड्रोम कहते हैं।

पर्यटन उद्योग के कारण इन्डोनेशिया, थाईलैंड, फिलीपींस, पूर्वी अफ्रीकी राष्ट्रों और कैरेबियन द्वीप समूह के देशों में वेश्यावृत्ति चिन्तनीय स्तर तक पहुंच गयी है। यौन पर्यटन के तौर पर जानी वाली यह प्रवृत्ति हाल की परिघटना है। तृतीय विश्व की कुछ सरकारों के अंतर्निहित समर्थन एवं अतंर्राष्ट्रीय अपराध जगत् की सक्रियता के इसमें संगठित उद्योग का रूप धारण कर लिया है। पश्चिमी देशों में बाल वेश्यावृत्ति के धधों में 4 से 15 वर्ष के बच्चे शिकार हो रहे हैं। यद्यपि सभी देशों में बाल वेश्यावृत्ति का अनुपात भिन्न-भिन्न है पर अब यह समस्या इतना विकराल रूप धारण कर चुकी है

कि इसे नजरअंदाज नहीं किया जा सकता है। एशियाई पर्यटन में बाल वेश्यावृत्ति को समाप्त करने के अभियान ने इस कटु यथार्थ को दुनिया के सामने रखा है जिससे कुछ पश्चिमी सरकारें इस संबंध में कठोर कदम उठा रही हैं। इसके अतिरिक्त इसने दासता पर संयुक्त राष्ट्र के कार्य दल का भी ध्यान खींचा है।

दक्षिण-पूर्व एशिया में आराम एवं मनोरंजन केंद्रों से यौन पर्यटन का प्रारंभ हुआ है। यह प्रवृत्ति वियतनाम युद्ध के दौरान उजागर हुई जब अमेरिकी सैनिकों को युद्ध के माहौल से राहत दिलाने हेतु अवकाश देने का चलन शुरू हुआ। इसमें शराबखाना, वेश्यागृह और अन्य प्रकार के विलासिता के स्थल एवं साधन सामने आए। युद्ध समाप्त होने और सैनिकों की वापसी के बाद बार गर्ल के पास कुछ करने को रह नहीं गया। मात्र फिलिपीन्स में स्यूविक और क्लार्क अड्डों में इनका धंधा चलता रहा। परिभ्रमण उद्योग के कतिपय हिस्सों ने इस प्रवृत्ति का फायदा उठाया और वेश्यावृत्ति को पर्यटन का हिस्सा बना दिया। 1970 के दशक के अंतिम वर्षों में दक्षिण पूर्व एशिया में सैलानियों की सेवा हेतु वेश्यावृत्ति ने कई रूप धारण कर लिए। 'मसाज पारलर', यौन प्रदर्शन, योग गृह, काकटेल, लाउज हैल्थ क्लब सभी पुरुष या यदा-कदा स्त्रियों की यौन इच्छाओं की पूर्ति के केन्द्र बन गए। इन स्थलों पर महिलाएं एक वस्तु मात्र या भोग्या से अधिक कुछ नहीं है। वे शीशे के पीछे बैठी रहती हैं उन पर संख्या आंकी गई रहती है। यही संख्या उनकी पहचान होती है। ग्राहक को सिर्फ स्थान संख्या बतानी होती है जैसे वह बाजार से सब्जी-भाजी खरीद रहा हो।

इसी के समानान्तर दुल्हन खरीदने की प्रथा भी चल पड़ी है जिसके अंतर्गत यूरोप के ग्राहक अपनी मनपसंद की औसत को खरीद सकते हैं। वे सूचना पुस्तिका, वीडियो के जरिए औरत की खूबसूरती और अन्य गुणवत्ताओं, योग्यता, घरेलूपन, नम्रता, मोहकता आदि की जानकारी प्राप्त कर अपना आदेश विक्रेता के पास भेज सकते हैं। विक्रेता भी अपना जाल फेंकते हैं और अपने ग्राहक को पसंद की गई दुल्हन के साथ समय बिताने हेतु आमंत्रित करते हैं और वह औरत ग्राहक को पसंद न आई तो उसे खारिज भी किया जा सकता है। यद्यपि वेश्यावृत्ति पर्यटन का कोई प्रकार नहीं है। परंतु पर्यटन के कारण ही एशियाई औरतों का बाजार स्थापित हुआ है। यौन पर्यटन में बंधक बनाने, दासता, अत्याचार, हिंसा, भय आदि की दारुण कथा छिपी होती है।

यौन पर्यटन भारत में अभी अधिक प्रचलित नहीं हुआ है लेकिन समुद्र तटीय क्षेत्रों में इसके कतिपय लक्षण परिलक्षित होने लगे हैं। भारत में पर्यटन विकास के इस दौर में इस दिशा में सावधानियां बरतनी बहुत आवश्यक हैं। हो सकता है कि

एड्स जैसी बीमारियों का खौफ यौन पर्यटन को दूर रखने में मददगार हो लेकिन फिर भी इस दिशा में जागरूकता बढ़ाना बहुत जरूरी है।

वहन क्षमता

पर्यटन कार्यक्रमों के अनियोजित एवं अनियंत्रित प्रबंधन से प्राकृतिक और सामाजिक पर्यावरण में ढांचागत दृष्टिगत रूपांतरण होते हैं जो प्रायः विनाशकारी होते हैं और उनका सुधार करना कठिन होता है।

एक मुख्य कठिनाई यह है कि परिभ्रमण से हुई बचत को आर्थिक तुला पर मापा जाता है अतः यह नहीं कहा जा सकता कि किसी पर्यटन स्थल की आदर्श छवि कब किस कारण से धूमिल हो जाए। पारिस्थितिकी कारकों को इस तुला पर नहीं नापा जा सकता है अतः इसे नजरअंदाज कर दिया जाता है।

प्रत्येक स्थलों की अपनी पारिस्थितिकी व्यवस्था और वहन क्षमता होती है। इन्हें निम्न प्रकार से स्पष्ट किया जा सकता है—

1. सार्वजनिक सुविधाएं तथा उपयोगिताएं (आमतौर पर स्थानीय जनता की आवश्यकताओं के अनुसार)।
2. स्थान विशेष की पारिस्थितिकी अथवा पर्यावरण अथवा अपने सांस्कृतिक और सामाजिक परिवेश में सुख-सुविधा, संतोष एवं आत्मसम्मान के साथ रहने की लोगों की क्षमता।

अतः यह नहीं कहा जा सकता कि किसी पर्यटन स्थल की आदर्श छवि कब किस कारण से धूमिल हो जाए अथवा कब इसकी प्रकृति में नाटकीय बदलाव हो जाता है जिससे इस स्थल विशेष के निर्माण का आकर्षण ही विलुप्त हो जाए यथा प्राकृतिक सौंदर्य, संस्कृति, आकर्षक स्थापत्य अथवा इतिहास? (टिप्पणी : यहाँ अभी भी लोग आकृष्ट हो सकते हैं, परंतु पृथक् कारणों से जुआ वेश्यावृत्ति, खरीददारी सिर्फ होटल में ठहरने के लिए : जहां छुट्टी बिताने की पूरी सुविधा होती है।)

एक स्थान विशेष अपने प्राकृतिक एवं मानवीय आकर्षण को बनाए रखते हुए जितने पर्यटकों का भार सहन कर सके उसे वहन क्षमता कहते हैं। इस सीमा का अतिक्रमण होने पर संसाधनों का अपने आप ह्रास होने लगता है।

ओ ग्रेडी और एलिसन ने इसे पर्यटन विकास अथवा सुख-सुविधा गतिविधि के आधार पर परिभाषित किया है जिससे आगे जाने से पर्यावरण का ह्रास होता है, पर्यटकों के आकर्षण का केन्द्र समाप्त हो जाता है।

पर्यटन की अवधारणा और विचार समयानुकूल है लेकिन विभिन्न कारणों से यह संभव नहीं है–

1. पर्यटन कारण और पर्यावरण पर पड़ने वाले असर के मध्य अनौपचारिक रिश्ते की जांच करना।

2. जो कुछ घटित होता है उसके अनुसार बदलाव करने की समस्या।

वहन क्षमता कई तरह के पर्यटन कारकों और पर्यटन क्षेत्र की विविधता की सामाजिक, आर्थिक एवं पर्यावरणीय विशेषताओं का एक क्रियाकलाप है। इसमें पर्यावरणीय विशेषताएं इस तरह हैं :

1. इसके सामाजिक एवं राजनीतिक संगठन की कार्यक्षमता
2. सैलानी अधिसंरचनात्मक विकास का स्तर
3. जलवायु, स्थलाकृति, पशु, पक्षी, पेड़-पौधे तथा
4. क्षेत्र में आर्थिक विकास का स्तर।

ये प्रत्येक चीजें मिलकर किसी स्थान विशेष की पर्यटक मांग की आपूर्ति की क्षमता करती हैं।

किसी भी नई पर्यटन परियोजना पूर्व कार्यक्रम को तैयार करने से पूर्व का अभ्यास जिसे पर्यावरण प्रभाव मूल्यांकन या (EIA) कहते हैं करने के बाद इसे जनता के सम्मुख रखना चाहिए और किसी भी तरह के अंतिम निर्णय पर पहुंचने के स्थानीय जनता की राय अवश्य जाननी चाहिए।

हालांकि किसी स्थान विशेष की पर्यटन वहन क्षमता, विकास का आदर्श स्तर निर्धारित करने में सहायक हो सकती है। परंतु इसके साथ उपयुक्त विधि और नीतियां भी जुड़ी होनी चाहिएं। इसकी कार्यक्षमता बनाए रखने हेतु निरंतर इसकी निगरानी और मूल्यांकन करते रहना चाहिए। ऐसा कम ही किया जाता है एवं सरकारें तथा पर्यटन नीति नियोजक सामान्यतौर पर इन्हें नजरअंदाज कर देते हैं।

भारत की पर्यटन नीति (1992) में अभी तक के प्रतिबंधित क्षेत्रों को विशेष पर्यटन क्षेत्र के तौर पर खोलने पर जोर दिया है। पर्यटन के विकास हेतु निजी क्षेत्र के विकासकों को कई तरह की मदद और रियायतें दी गई हैं। पर्यटन नीति नियोजन में वहन क्षमता, अवधारणा, पर्यावरण प्रभाव, मूल्यांकन को न लागू किए जाने का यह एक जीता-जागता उदाहरण है।

अब समय आ गया है कि तृतीय विश्व के पर्यटन से प्राप्त आंकड़ों और भारत में गोवा, कश्मीर, राजस्थान और उड़ीसा से प्राप्त सूचनाओं एवं अनुभवों के आधार पर इन नियमों की समीक्षा की जाए। अब इन्हें नजरअंदाज करना हितकर नहीं है।

नियोजकों को नीति निर्माण करते समय वहन क्षमता, अवधारणा तथा पर्यावरण प्रभाव मूल्यांकन पर जरूर ध्यान देना चाहिए और जहां तक संभव हो अपनी सीमा के भीतर सामाजिक-आर्थिक लागत लाभ विश्लेषण भी पेश करना चाहिए।

समाधान—नैसर्गिक पारिस्थितिक और पर्यावरण को नुकसान पहुंचाए बगैर उत्तरदायित्वपूर्ण परिभ्रमण के विकास के लिए पर्यटन से सम्बद्ध निम्नांकित बातों का ध्यान रखना चाहिए—

1. वहन क्षमता का मूल्यांकन—जरूरी सुविधाओं जैसे—परिवहन, जल, ईंधन, और स्वास्थ्य, रक्षा के आधार पर पर्यटन को बढ़ावा देना।

2. पर्यावरण परिस्थितियों के अनुकूल एवं क्षेत्रीय लोगों की जीवन शैली को प्रभावित किए बिना पर्यटन को विकसित करना।

3. पर्यटन के अविवेकपूर्ण विकास पर प्रतिबंध एवं संवेदनशील क्षेत्रों जैसे पहाड़ी ढालों, द्वीपों, तटीय क्षेत्रों, राष्ट्रीय उद्यानों एवं अभयारण्यों में पर्यटन गतिविधियों के कठोर नियम।

पर्यटकों का अनुभव क्षेत्र और प्रभाव अत्यंत विशद् होता है। अतः निम्नलिखित कार्यों हेतु उन्हें लक्ष्य निर्धारित करना चाहिए—

1. पर्यावरणीय उपायों हेतु
2. निजी व्यवहार में बदलाव
3. उत्तरदायित्वपूर्ण विकास की वकालत और
4. जागरूकता बढ़ाना।

उत्तरदायित्वपूर्ण विकास के सिद्धांत एवं आचरण हेतु उनका समर्थन पर्यटन उद्योग और सरकारी परिवर्तन स्तर हेतु उत्प्रेरक का काम दे सकता है। पर्यावरणीय सुरक्षा के समर्थक, पर्यटन के उत्तरदायित्वपूर्ण विकास हेतु आवश्यक बदलावों के संदर्भ में भी सार्थक भूमिका निभा सकते हैं क्योंकि भिन्न समूह किसी भी समय समझदारी के भिन्न स्तरों पर हो सकते हैं। परिवर्तन की प्रक्रिया सीधी न होकर जटिल व घुमावदार हो सकती है। इस क्रम में कई तत्व हैं एवं उनमें से प्रत्येक को उस समय तक दोहराना चाहिए जब तक उन्हें समझ न लिया जाए, मान न लिया जाए, पृथक्-पृथक् क्षेत्रों में मिला न लिया जाए।

सम्पूर्ण विश्व में विशिष्ट स्थानों पर पर्यावरणीय गुणवत्ता की स्थिति निर्धारित कर लेनी चाहिए। योग्य विशेषज्ञों द्वारा पर्यावरण, जल, वायु, भवन संबंधी आपदाओं हेतु नतीजों का मूल्यांकन कर लिया जाना जरूरी है। मौजूदा कठिनाइयों में से एक है कि पर्यावरणीय समस्याओं के आर्थिक और सामाजिक मूल्यों का सही निर्धारण नहीं

हो पाता एवं मूल्य-लाभ विश्लेषण में इनका पर्याप्त तौर पर ध्यान नहीं रखा जाता जैसे, किसी संकटापन्न प्रजाति, किसी सांस्कृतिक परम्परा अथवा किसी अछूते वर्षा वाले वन का मूल्य निर्धारण करना कठिन है।

जन-जागरण पैदा करना चाहिए। गैर-सरकारी संगठन अंतर्राष्ट्रीय आधार पर स्वतंत्र तौर पर लोगों की जागरूकता बढ़ाते हैं। वे जनमानस के आकर्षण केंद्र होते हैं और उन्हें प्रेरित करते हैं। वह जनसाधारण के बीच वाद-विवाद के द्वारा पर्यावरणीय उद्देश्यों और संबंधित विकास की वकालत करते हुए पर्यावरणीय सुरक्षा हेतु कुछ चुने हुए ऐसा दबाव बना सकते हैं कि नीति निर्धारित करने वाले अपनी प्रतिक्रिया व्यक्त करें। अनेक देशों में सरकारी संगठन जन-जागरण से काम में जुटे हुए हैं और इस कार्यक्रम में वे निजी संस्थाओं तथा अन्य समूहों की साझेदारी आमंत्रित करते हैं।

आम जनता के हितार्थ नीति को पुनः सूत्रबद्ध करना चाहिए। विश्वस्त विकास हेतु संगठित योजना जरूरी है किन्तु इसमें कई दिक्कतें हैं, एक रुकावट विखण्डन है जो स्थानीय क्षेत्रीय एवं राष्ट्रीय स्तरों की सरकारों और भिन्न राष्ट्रों के सामने आती हैं। दूसरी रुकावट पर्यटन उद्योग का बहुआयामी स्वभाव है जो निजी और सार्वजनिक क्षेत्र के निवेशकों तथा प्रबंधकों पर आधारित है। कई निवेशक और प्रबंधक वचनबद्धता, प्रतिस्पर्धा, स्वार्थ अथवा अच्छे जनसम्पर्क के आधार पर नेतृत्व का प्रयत्न करते हैं। अन्ततः यह उद्योग जरूरत पड़ने पर लाभ कमाने के साथ-साथ पर्यावरण का भी ख्याल रखेगा।

1. पर्यटकों को परिभ्रमण स्थल के संरक्षण के सभी विषयों में शामिल करना।

2. अतिथि और मेहमान दोनों के विचारो में और समीपता तथा प्रगढ़ता आनी चाहिए। जागरूकता अभियान, पर्यावरणीय शिक्षा, मेजबान प्रशिक्षण तथा व्यावसायिक शिक्षा द्वारा उत्तरदायित्वपूर्ण पर्यटकों, कार्यकर्ताओं व विकास को तथा साथ ही जिम्मेवार मेजबानों को पर्यटन उद्योग के प्रत्येक स्तर पर विकसित किया जा सकता है।

नैसर्गिक पर्यटकों में उन व्यक्तियों को शामिल किया जा सकता है जो अचानक वन में घूमने घर से चल निकलते हैं या इनमें प्रबल रचनाओं की प्रशंसा करने वाले स्क्यूबा गोताखोरों या पक्षियों का अवलोकन करने और उन्हें सूचीबद्ध करने वाले पर्यटक भी सम्मिलित हो सकते हैं।

किन्तु यह बाजार का एक ऐसा हिस्सा है जो पर्यावरणीय समस्याओं पर विचार कर सकता है। प्राकृतिक पर्यटन की सफलता प्राकृतिक संरक्षण पर निर्भर है। बहुत से उद्योनों को खतरा है एवं यह उन सभी के लिए संकटपूर्ण है जो

प्राकृतिक पर्यटन में रुचि रखते हैं तथा यह जानते हैं कि प्राकृतिक संसाधन उनके अस्तित्त्व का आधार है।

पर्यटकों को पर्यावरण संबंधी शिक्षा देनी चाहिए। पर्यटन को प्रकृति संरक्षण तथा ग्रामीण विकास का साधन बनाने हेतु स्थानीय जनसमूह को पर्यटन उद्योग के विकास में सम्मिलित प्रयत्न करना चाहिए। जैसे ही अधिक संख्या में पर्यटकों का उद्यानों और आरक्षित क्षेत्रों में आगमन होगा, वैसे ही टूर-ऑपरेटरों को अपने ग्राहको की शिक्षा और उद्यान प्रबंध हेतु दान प्राप्ति के द्वारा इन क्षेत्रों के संरक्षणों में सक्रियता के साथ कार्यरत होने का अवसर मिलेगा।

पर्यावरण संबंधी गतिविधियों के प्रति लोगों को जागरूक करने के लिये लोक कला से मास मीडिया तक के सभी साधन सहयोगी हैं। पर्यावरण के संबंध में जन जागरूकता उत्पन्न करने और पर्यावरणीय गतिविधियों और प्राकृतिक संसाधनों के संरक्षण में लोगों की हिस्सेदारी बढ़ाने के लिए पर्यावरण से जुड़ी शिक्षा की सामग्री की व्यवस्था करनी होगी एवं आधुनिक मास मीडिया को मजबूत बनाना होगा ताकि पर्यावरणीय शिक्षा हेतु एक ऐसा संरचना तंत्र निर्मित किया जा सके, जिसमें लोगों को शिक्षित किया जा सके और पर्वतीय स्थलों, समुद्री तटों, राष्ट्रीय उद्यानों, अभयारण्यों में आने वाले पर्यटकों हेतु शिक्षा सामग्री भी सुलभ करायी जा सके।

प्रायः पर्यटक और पर्यटन को विकसित करने वाले स्थानीय, सामाजिक और प्राकृतिक जानकारों के अभाव में स्थानीय पर्यावरण का विनाश करते हैं। समय और पैसा जैसे संसाधनों की कमी के कारण भी पर्यावरण पर दुष्प्रभाव पड़ता है। अतः पर्यावरण संरक्षण हेतु तत्काल निर्णय लेना अति आवश्यक है, उदाहरणतः—जन जागरूकता उत्पन्न करना और संचार या ज्ञानप्रद प्रकाशनों जैसे पेम्फलेट, विवरणिका आदि के द्वारा पर्यटकों को पर्यावरणीय शिक्षा देना आदि।

राजनीतिक प्रभाव

तृतीय विश्व के अनेक राष्ट्रों में परिभ्रमण एवं राजनीति का रिश्ता सामान्यतः अपरिहार्य-सा है। मंझधार में लटकी अपनी सत्ता एवं निष्क्रिय नौकरशाही की छवि को सुधारने हेतु राजनीतिक, पर्यटन उद्योग के द्वारा पश्चिमी सरकारों, विज्ञापन संस्थानों और निवेशकों से संबंध बना रहे हैं। पर्यटन द्वारा प्राप्त कुल आय को मोटे अक्षरों में रेखांकित कर, ये मदद और निवेश प्राप्त करने का भी प्रयत्न करते हैं।

आलोचकों ने परिभ्रमण के विविध आयामों पर प्रकाश डाला है जिसका प्रत्यक्ष राजनीतिक असर पड़ता है, जो निम्नलिखित है—

1. बजट में शिक्षा, स्वास्थ्य, मल निकास और अन्य आधारभूत जरूरतों के स्थान पर पर्यटन को प्राथमिकता दी जाती है।
2. पर्यटन की प्रकृति परिवर्तनशील है, अतएव इस पर अति निर्भरता देश के विकास की दृष्टि से खतरनाक साबित होनी चाहिए।
3. स्थानीय क्षमता, उद्यम और उत्पादन की बजाय बाहरी मदद, निवेश और आयात को प्राथमिकता दी जाती है।
4. औपनिवेशक संबंधों, के अन्तर्गत पर्यटकों और स्थानीय जनता के मध्य मजदूर मालिक का सबंध।
5. पर्यटन उद्योग में मजदूरों की सुरक्षा का अभाव।

इस प्रकार के कई अन्य तर्क दिये जा सकते हैं, मसलन अपर्याप्त और अप्रभावी भू-सुधार नीतियों के परिप्रेक्ष्य में सुख-सुविधाओं हेतु भूमि के प्रयोग का मुद्दा भी कम महत्वपूर्ण नहीं है। योजनाएं एवं परियोजनाएं गुपचुप तरीके से नहीं बनाई जानी चाहिए अथवा अनुमोदन प्राप्त होने एवं निर्माण शुरू होने के उपरान्त भी उस पर पर्दा नहीं डाले रखना चाहिए।

स्थानीय लोगों द्वारा सूचना प्राप्त करने के प्रयत्नों को विफल नहीं करना चाहिए। पर्यटन कार्यकर्ताओं की यह आम शिकायत होती है कि उन्हें तंग किया जाता है, धमकी दी जाती है और यहाँ तक कि मारा-पीटा भी जाता है। यह एक दुखद सत्य है कि पर्यटन निर्णयों में जनता की हिस्सेदारी प्रायः आंदोलनों, अभियानों, कानूनी और अन्य प्रकार के संघर्षों का रूप ले लेती है।

पर्यटन की निर्णय निर्माण प्रक्रिया में जनतांत्रिक एवं मुद्दे आज प्रमुख हैं। पर्यटन कार्यकर्ताओं का मानना है कि उसकी आवाज को सुनना एवं उन पर विचार करवाना उनका अधिकार है क्योंकि पर्यटन के विकास से उनकी अर्थव्यवस्था पारिस्थितिकी, संस्कृति और रोजमर्रा के जीवन पर प्रत्यक्ष असर पड़ता है।

सरकारों और उद्योग को यह महासूस करना चाहिए कि आर्थिक तथा सामाजिक प्रक्रिया में व्यापक राजनीतिक भागीदारी आज के समय की मांग है। पर्यटन इसी का एक अंग है। इसे नजरअंदाज करने पर असंतोष फैलेगा, आंदोलन और प्रदर्शन होगा, यहाँ तक कि उद्योगों एवं पर्यटकों पर आक्रमण भी हो सकता है। तीसरी दुनिया के राष्ट्रों में ऐसा देखने में भी आया है। पर्यटकों को आकर्षित करने हेतु यह स्थिति बहुत अनुकूल नहीं है। वस्तुतः पर्यटन से अर्थव्यवस्था के साथ उस क्षेत्र की भी सामाजिक, सांस्कृतिक एवं भौगोलिक परिस्थितियां प्रभावित होती हैं।

4

भौगोलिक पर्यटन एवं उसकी विशिष्टता

किसी भी देश की भौगोलिक स्थिति पर्यटन व्यवसाय में सर्वाधिक सहायक है। जैसे वहां के पठार, जल प्रपात, झील, समुद्र, हिमनद, वन इत्यादि पर्यटकों को अपनी ओर आकर्षित करते हैं। उनका सौन्दर्य मन को मोह लेने वाला होता है। इन क्षेत्रों पर सैलानी आनन्दमय पलों की खोज में जाते हैं। किसी भी देश की भौगोलिक स्थिति की पर्यटन में अद्‌भुत भूमिका होती है। वास्तव में पर्यटन एक अनूठा उद्योग है क्योंकि इसमें बिना धुआं के उद्योग, बिना कक्षा (Class) की शिक्षा, बिना कानून निर्माण की एकता एवं यथाविधि आधार के राजनीतिक कौशल मिलते हैं। पर्यटन का महत्व उस समय उजागर हुआ जब यूनाइटेड नेशन की आम सभा में 1967 को अंतर्राष्ट्रीय पर्यटन वर्ष घोषित किया गया। यह माना गया कि पर्यटन एक आधारित एवं ऐच्छिक मानवीय गतिविधि है जिसे सभी लोगों एवं सरकारों द्वारा प्रशंसा एवं बढ़ावा देना चाहिए।

बहुउद्देश्यीय मनीला घोषणा पत्र से इस विचार को बढ़ावा मिला है कि पर्यटन एक ऐसी जरूरी गतिविधि है जो देश के विकास के लिए जरूरी है क्योंकि इसका प्रत्यक्ष प्रभाव समाज के भौतिक, सामाजिक, सांस्कृतिक, शैक्षाणिक तथा आर्थिक व्यवस्था पर पड़ता है।

पर्यटन भूगोल में पर्यटन का भौतिक महत्व प्रमुख तत्त्वों का स्थान प्राकृतिक घटक है। विश्व का सबसे ज्यादा पर्यटन प्राकृतिक दर्शनीय स्थलों को देखने हेतु होता

है। इस तरह जलवायु, मौसम, धरातलीय स्थलाकृतियां, वन्य जीव-जन्तु, जलराशियाँ होता है। समुद्री बीच जलसंसाधन, नये-नये स्थलाकृतियों की खोज आदि प्राकृतिक दृश्य मनुष्य को अपनी तरफ आकृष्ट करते हैं। पर्यटन के भौतिक महत्व के मुख्य घटक निम्नांकित हैं–

जलवायु एवं मौसम में विविधता

मनुष्य जिस वातावारण और परिवेश में निवास करता है, वह परिवर्तन के लिए उसके प्रतिकूल वातावरण को पसंद करता है, यथा–भीषण गर्मी सहने वाले को हिमालय की वादियाँ पसंद आती हैं एवं घोर ठण्डे प्रदेशों में रहने वाले थार मरुस्थल के गर्म स्थानों को पसंद करते हैं। गर्मियों के मौसम में व्यक्ति समुद्र तट और पहाड़ी इलाकों जैसे ठण्डे इलाकों की तरफ जाते हैं और जाड़े के दिनों में गर्म स्थलों की ओर जाते हैं। इसी कारण से भारत में हिल-स्टेशनों का विकास हुआ। भारत के मुख्य हिल-स्टेशनों में विख्यात हैं श्रीनगर, शिमला, कुल्लू-मनाली, मसूरी, नैनीताल, शिलांग, दार्जिलिंग, माउंण्ट, आबू, ऊटी आदि। भारत में 5700 कि॰ मी॰ लंबा समुद्रतट है जो गर्मी के दिनों में अपेक्षाकृत ठण्डा एवं जाड़े के दिनों में अपेक्षाकृत गर्म रहता है।

गोवा, कवलम, कन्याकुमारी, ममल्पुरम, पुरी आदि समुद्र तट आदि 'बीच' अंतर्राष्ट्रीय स्तर के हैं, जिसके विकास होने के कारण यहाँ समुद्रतटीय एव पहाड़ी पर्यटन के विकास में अत्यधिक सहायता मिली है। संपूर्ण विश्व में पर्यटकों का आना-जाना वस्तुतः जलवायु के कारणों से प्रभावित होता है। पर्यटक इस मौसम में घूमना पसंद करते हैं। भारत में मौसम की इतनी अधिक विभिन्नता है कि लोग हर मौसम में एक जगह से दूसरी जगह भ्रमण करते हैं। जैसे–उत्तर में पंजाब में महादेशीय मौसम है जहां गर्मी भी अधिक पड़ती है और ठण्ड भी, जबकि केरल में उष्णकटिबंधीय समुद्री जलवायु है, जहां गर्मी होती है एवं हवा में नमी। इसी तरह असम में उमस होती है, तो राजस्थान में सूखापन। आमतौर पर ग्रीष्म ऋतु में पर्यटक पहाड़ी क्षेत्रों जैसे हिमाचल, कश्मीर आदि जाना पसंद करते हैं।

धरातल संबंधी विभिन्नता

पर्यटक को धरातलीय विविधता भी अपनी तरफ आकर्षित करती है। इसमें पर्वत, पठार, नदी, मैदान, घाटी आदि स्थलाकृति आते हैं। उच्चतम पर्वत श्रेणियां हिमाच्छादित पर्वत चोटियाँ, सुन्दर हिमनद, बुग्याल सभी पर्वतों का अद्भुत सौन्दर्य

मानव के हृदय को बहुत लुभाता है। पठारी एवं चट्टानी भू-दृश्यावली पर्यटक को अपनी ओर खींचती है। बहुत से ऐसे पठार हैं जहां खनिजों की बहुलता है, रमणीक घाटी है, यह सब पर्यटकों के दिल को लुभाते हैं।

वनस्पति एवं जीव-जन्तु

विभिन्न क्षेत्रों में विभिन्न प्रकार के जीव-जन्तु का निवास होता है तथा भिन्न-भिन्न प्रकार की वनस्पति पायी जाती है, जो मानव को आनंदमग्न करती है। जैसे, भारत में सुन्दर वन, दक्षिण एवं उत्तर भारत में अनेक तरह के वनस्पति एवं जीव-जंतु भूमध्यरेखीय सदाबहार कांगो एवं अमेजन के वन, कोणधारी वन तथा कई तरह के जीव-जन्तु मानव को अपनी ओर लुभाते हैं। इसकी विभिन्न प्रकार की किस्मों को देखने हेतु एक पर्यटक की रोचकता बढ़ती है।

हिमनद तथा जलराशियां

हिमनद, जलप्रपात, झील, झरना आदि को देखना मानव को सदैव रोमांचित करता है। अनेक हिमचद जैसे—गंगोत्री यमुनोत्री, हिस्पर, पिण्डार तथा यूरोप एवं अमेरिका के कई हिमनद तथा जलराशियां मानव के पर्यटन स्थल हैं।

क. **एक दूसरे की संस्कृति को समझना**— सैर के द्वारा दो क्षेत्रों अथवा दो राष्ट्रों के बीच संस्कृति का आदान-प्रदान होता है। उदाहरणार्थ जब तक यूरोपियन पर्यटक भारत देश में आता है तो यहाँ की ग्रामीण एवं आध्यात्मिक संस्कृति से प्रभावित होता है। वह अपनी भौतिक संस्कृति से ऊब चुका होता है, जिसके कारण यहाँ की संस्कृति एक नई स्फूर्ति लाती है परिणामतः वह यथाशीघ्र उसे अपना लेता है। इधर मेजबान भी सैलानी की भौतिक संस्कृति को उतनी ही जल्दी स्वीकार करता है क्योंकि वह उसके लिए एक नई बाढ़ होती है।

ख. **भाईचारे की भावना**— जब सैलानी ऐसे स्थान पर जाता है जहां के समाज एवं संस्कृति की जानकारी कम ही पायी जाती है तो उसके भीतर वहाँ के बारे पृथक्-पृथक् विचार पैदा होते हैं। लेकिन कुछ समय बिताने के बाद वहाँ के मेजबान लोगों के आपसी संबंध के आदान-प्रदान से उसकी सोच इतनी बदल जाती है कि सैलानी उस स्थान को अपना समझने लगता है। फलतः सैर से भाईचारे का विकास होता है।

ग. **जातिवाद एवं धार्मिक रूढ़िवादिता का कम होना**—पर्यटकों द्वारा बार-बार देश-विदेशों में सैर करने से एक-दूसरे के जाति एवं धर्म के बारे में जानकारी बढ़ती है। अतएव एक दूसरे की सामाजिक कुरीतियों को दूर करने की ताकत मिलती है।

घ. **मेजबान तथा मेहमान की अच्छी समझ**—पर्यटन के क्रम में दूसरे देशों से आने वाले मेहमान पर्यटक और मेजबान के बीच एक दूसरे के विचारों और आपसी समझ का विकास होता है। भांति-भांति की सामाजिक कुरीतियों और अंधविश्वासों का खात्मा होता है। आपसी वार्तालाप से भाषा का विकास होता है एवं एक-दूसरे की भावनाओं एवं विचारों का आदान-प्रदान होता है। परिणामतः आपसी समझ बढ़ती है।

ङ. **जलसंसाधनों का जल-क्रीड़ा में प्रयोग**—भारत में पेट्रोलियम संसाधन की कमी के कारण तथा भारत में जल संसाधन की प्रचुर मात्रा में उपलब्धता के कारण जैसे— नदियां, हिमनद, झील, जलप्रपात आदि तरह-तरह के जल-विद्युत प्लांट, बाँध आदि बनाये गये हैं। जैसे—भाखड़ा नांगल बांध, नागार्जुन सागर आदि इन सभी के अतिरिक्त मसूरी, डल झील आदि नदियों तथा बांधों में पर्यटक खेल-क्रीड़ा का आनन्द लेते हैं। ये सभी अपने वर्तमान प्रौद्योगिकी एवं अद्‌भुत तथा रमणीक दृश्य तथा अत्याधुनिक सुविधा के कारण देश-विदेश के पर्यटकों को अपनी तरफ खींचते हैं।

च. **नयी स्थलाकृतियों की खोज**—वर्तमान काल में एक स्थान विशेष की है, जिसके कारण वहाँ पर जनसंख्या भार बढ़ जाता है जिसके परिणामस्वरूप पर्यावरण प्रदूषित होने लगता है, मेहमान एवं मेजबाज में संघर्ष बढ़ जाता है। फलतः सरकार एवं निजी संगठनों द्वारा अन्य स्थानों पर भी नवीन स्थलाकृतियों की खोज की जाती है जिससे पर्यटकों का ध्यान उस तरफ केन्द्रित होता रहे। इस प्रक्रिया से नयी जगह वन अधिसंरचनात्मक विकास होता है एवं वहाँ की जनता आर्थिक लाभ उठाती है।

छ. **पर्यटकों का स्थलाकृतियों भू-दृश्यों का ज्यादा ज्ञान होना**—आजकल विश्व के हर क्षेत्र में विकास होने के कारण पर्यटकों के अन्दर पर्यटन के प्रति ज्ञान विज्ञान में भी बढ़ोत्तरी हुई है।

पर्यटन और पर्यावरण

पर्यटन एवं पर्यावरण एक दूसरे के गहरे मित्र हैं। राष्ट्रीय या अन्तर्राष्ट्रीय

किसी भी स्तर के पर्यटन हेतु एक उत्तम पर्यावरण की आवश्यकता होती है। पर्यावरण जितना अच्छा होगा पर्यटन उतना ही बढ़ेगा। इसमें सामाजिक-आर्थिक परिवेश की जरूरत होती है क्योंकि आर्थिक वातावरण तो निश्चित तौर पर नियमित पर्यटन से ही संभव है। पर्यावरण के स्तर में गिरावट के परिणाम से पर्यटन में कमी हो सकती है जबकि अनियंत्रित पर्यटन का परिणाम पर्यावरण का ह्रास एवं स्तरहीनता है। अतः स्पष्ट है कि यह एक दूसरे के समानुपाती हैं। जैव भौगोलिक में समस्त भौतिक, रासायनिक एवं जैविक स्थितियां जो किसी भी जीव द्वारा अनुभव की जाती हैं, उसके तहत मौसम, मिट्टी, पानी, प्रकाश, समीपस्थ, वनस्पतियां एवं अन्य प्रजातियों के प्राणी ही मिलकर सम्पूर्ण पर्यावरण बनाते हैं। पर्यावरण गतिशील भी होता है। पर्यावरण की स्थितियां, दिन, मौसम, ऋतुओं एवं अन्य कारकों की दृष्टि से परिवर्तित होती हैं। स्थितियों को सरल बनाने एवं पर्यटन के संदर्भ में पर्यावरण को दो मुख्य अवयवों में बांटा जा सकता है। प्रथम भौतिक पर्यावरण एवं दूसरा सामाजिक परिवेश सैर तो हमेशा से हो रहा है, पर्यटन का एक लम्बा एवं पुराना इतिहास है, परन्तु पर्यावरण के संरक्षण की की समस्या दिन-प्रतिदिन बढ़ती जा रही है। जिसका मुख्य कारण है औद्योगीकरण, शहरीकरण तकनीकी, विकास है। परन्तु मनुष्य जीवन इस क्षेत्र में बहुत तेजी से अग्रसर हो रहा है। इसके अतिरिक्त यातायात के दूसरे द्रुत गति के साधनों के विकास के कारण विकसित हो रही अति आधुनिक संचार व्यवस्था ने पर्यटकों का यहां आना-जाना सहज एवं सुविधाजनक बना दिया है। प्राचीन काल से वर्तमान समय तालिका में परिवहन की गति का विवरण है इन सब कारकों का स्वाभाविक परिणाम अन्तर्राष्ट्रीय तथा पर्यटन गतिविधियों में तेजी से उभरकर सामने आया है। एक तरफ जहां विदेशी सैलानी व्यवसाय, आमोद-प्रमोद, लोग बाग तथा संस्कृति, इतिहास, पुरातत्त्व तथा पूर्ण विश्व की जानकारियां महत्वपूर्ण प्रभाव डालने वाले कारक होते हैं। पर्यटन स्थल तथा यात्री के स्थान भिन्न-भिन्न होते हैं जिसमें पहाड़ नदियां, घाटियां, ऐतिहासिक स्मारक मरुस्थल, मंदिर, चर्च, द्वीप तथा समुद्री तट इसके अन्तर्गत आते हैं। जैसे—अंडमान एवं लक्षद्वीप समूह मुख्यतः बड़े महाद्वीपों के पृथक् हुए हिस्से हैं जो भारत की भौगोलिक सीमा पर निर्मित हैं। उसी तरह भारतीय प्राकृतिक भौगोलिक सीमा पर पश्चिमी, दक्षिणी तथा पूर्वी सीमा पर कोई 7500 कि॰ मी॰ लम्बी समुद्री सीमा फैली हुई है। एक तरफ पर्यटकों की भारी भीड़ किसी भी स्थान की क्षमता से ज्यादा जमा होकर वहाँ बची हुई सामग्रियों को अनुत्तरदायी तरीकों से छोड़कर समुद्री तटों तथा द्वीपों को प्रभावित करती हैं, वहीं दूसरी

तरफ पर्यटन उद्योग अनावश्यक अतिनिर्माण तथा अधिसंरचना संबंधी निर्माण कार्यों के द्वारा दूरगामी दुष्परिणाम देते हैं।

जिससे द्वीपों समुद्री तटों का आकार बिगड़ जाता है एवं उससे वहां सुलभ पर्यावरण, जैव विविधता तथा पारिस्थितिकी तंत्र प्रभावित होता है। भारत की भौगोलिक विविधता के कारण खेल शौकीनों हेतु यहां ढेर सारी संभावनाएं हैं। यहाँ के पहाड़, नदियाँ, मनोहर दृश्यवलियां क्रमशः पर्वतारोहण, ट्रैकिंग, गोल्फ तथा रोमांचक जलक्रीड़ाओं में रुचि रखने वाले अपना शौक पूरा कर सकते हैं परंतु अनियंत्रित पर्यटन के कारण ही पर्यावरण पर दुष्प्रभाव पड़े हैं। अतः इन दुष्प्रभावों को रोकना अनिवार्य है ताकि पर्यावरण एवं पर्यटन में साम्य बना रहे।

पर्यटन उच्च संरचना सुविधाएँ

खान-पान	:	रेस्टोरेन्ट भुनने के कक्ष, मुख्य मेज सेवाएँ, भोजनालय, हस्पताल, दूध एवं अन्य भोजन कक्ष, रेलवे खान-पान व्यवस्था, सामुदायिक खान-पान व्यवस्था, तत्त्व-वृत्ताकार नृत्यकक्ष क्लब, रात्रि क्लब, मधुशाला, चाय कक्ष, कॉफी कक्ष।
पर्यटक संगठन	:	शिक्षा एवं प्रशिक्षण, श्रमिक संगठन, व्यापारिक संगठन, व्यक्तिगत व्यावसायिक कम्पनी संगठन।
होटल	:	अन्तर्राष्ट्रीय होटल, विहारस्थल होटल, निवासयुक्त होटल, वाणिज्य होटल, सराय, काफिला, स्थल, क्लब, यात्री आराम स्थल, होस्टल, अल्पकालीन स्थिति के होटल भुगतान शुदा मेहमान आवास, मध्यस्तरीय आवास, अनुपूरक आवास।
क्रीड़ा एवं खेलकूद	:	जल-क्रीड़ा, चढ़ने की क्रियायें, तरण-ताल क्रिया बन्दरगाह/ताल/ नालिका विहार सुविधायें, चमड़े से गोता मारना अलांकेन। टहलना, आखेट, पर्वतारोहण, लहरों पर तैरना, केलिपोत में यात्रा, समुद्र के ऊपरी भाग की यात्रा, नाविक दौड़, शीतकालीन क्रीड़ायें बर्फ में चढ़ने का यंत्र, उठने की कुर्सी, टेलीफोन, रेलवे, स्केटिंग रिंक
मनोरंजन स्थल	:	धार्मिक भवन, सैनिक एवं नागरिक भवन कला शिल्पकला, पुरातत्वकालीन अवशेष, रणभूमि संग्रहालय, पुरातत्वकालीन ग्रन्थ, स्मरण स्थल, पुस्तकालय, स्मारक, स्मारिकाएं।

बर्फ की कक्षाएं भूतल की क्रीड़ायें खेलकूद	:	गोल्फ, फुटबाल, बालीबाल, बैंडमिन्टन, टेनिस, हैन्डबाल पिग पोंग कक्ष, उबलते जल के या गर्म उद्यान पथ, सवारी करना, पशु सवारी, विद्यालयों के सवारी के पथ।
खरीददारी केन्द्र	:	कर मुक्त विक्रय स्थल, भारतीय हस्तकला, वाणिज्य केन्द्र खुले बाजार।
वित्तीय संस्थायें	:	बैंक, डाक-घर, डाक, दूरभाष, टेलेक्स, बीमा कम्पनियां, अन्य वित्तीय संस्थायें।
प्रेस एवं माध्यम	:	प्रेस, आकाशवाणी, दूरदर्शन, यात्रा मार्गदर्शक प्रकाशन आदि।

होटल तथा रिसोर्ट, किसी भी परिभ्रमण अधिसंरचना के महत्वपूर्ण अंग हैं एवं वे अपने आप में भी एक पृथक् उद्योग बन गए हैं। परिवर्तित होने वाले आर्थिक परिवेश, व्यापार में वृद्धि, मनोरंजन, पर्यटन और अवकाश का प्रजातंत्रीकरण और अधिक संख्या में व्यक्तियों द्वारा पर्यटन का इस्तेमाल करने की बढ़ती प्रवृत्ति ने पर्यटन के विकास में महत्वपूर्ण अंशदान दिया है। होटल की परिकल्पना मुख्यतः पश्चिमी देशों की है। भरत में होटल एवं रिसॉर्ट का विकास कमजोरियों से भरा हुआ है। होटलों के अनियोजित, अनियंत्रित निर्माण से ही पर्यावरण प्रभावित होता है। ऐसी स्थिति लाने में सैलानियों का भी हाथ है। पर्यावरण के गिरावट के प्रति संचार माध्यमों एवं गैर सरकारी संस्थाओं की बढ़ती हुई सक्रिय भूमिका के कारण इस गिरावट को रोकने हेतु जरूरत संस्थाओं की भूमिका एवं योगदान की जरूरत है।

पर्यटन का पर्यावरण पर प्रभाव

विकसित देशों में पर्यावरण काफी प्रदूषित हो चुका है। विकसित देशों की ही नकल विकासशील देश औद्योगीकरण में करने लगे हैं। अतः विकसित देशों के साथ-साथ विकासशील देशों में पर्यावरण को सुरक्षित करने की आवश्यकता है। जैसे ही पर्यटकों की संख्या में बढ़ोतरी होती है, इससे भीड़ का भय होता है, आवाज, प्रदूषण तथा लोगों की स्वयं की बातों से उस स्थान विशेष की वह शान्ति एवं निश्चलता खत्म हो जाती है, जिसकी खोज में वे निकलते हैं। विश्व की सरकारों को इनकी संरक्षण में महत्वपूर्ण अंशदान करना है जो कि प्रकृति ने एक दान के रूप में, हमारे पूर्वजों ने एक कला की महानता के रूप में हमें विरासत मुहैया की है, इसकी हमें प्रशंसा करनी है तथा भविष्य हेतु संरक्षित करना है।

सरकार पर्यटन में बहुत से कारणों से सामने आती है। पर्यटन एक क्रिया है जिसको एक मिश्रण के रूप में लाना है। यह कार्य सिर्फ ट्रेवल एजेन्टों, होटलों एवं हवाई कम्पनियों का ही नहीं है परन्तु इसमें बहुत किस्म की एजेन्सियों, सेवाओं और प्राधिकरणों के अतिरिक्त नागरिक उड्डयन प्रशासन, रेलवे, सामुद्रिक, बैंकिंग व वित्तीय संस्थाएं भी शामिल हैं जो कि विदेशी सम्बन्धों, कानून व व्यवस्था संस्कृति परिस्थिति परिवर्तनशीलता तथा सीमा सुविधाओं के अधिकारी भी संभालते है। पर्यटन सिर्फ तभी सफल हो सकता है जब पर्यटक हमारे देश की बाबत एक अमिट व साथ-साथ पर्यटन स्थलों के वातावरण व बाह्य स्थिति की सुन्दरता एवं स्वच्छता सड़क की स्थिति तथा शहरों एवं कस्बों की स्वच्छता हेतु भी हम उत्तरदायी है।

इन अन्वेषणों की दृष्टि से सरकार पर्यटन का अनियमित विस्तार रोकने के लिए अथक प्रयास कर रही है। वर्तमान समय में पर्यटन का सुख उच्चवर्गी लोगों के साथ-साथ सभी वर्ग के लोग भी लेने लगे हैं।

पर्यटक कई उद्देश्यों से यात्रा करते हैं एवं भिन्न-भिन्न के पर्यटन स्थल इन उद्देश्यों की पूर्ति में मददगार होते हैं। सभी पर्यटन स्थल की पर्यावरण संबंधी भिन्न-भिन्न विशेषताएं होती हैं, जैसे–

1. पर्वत और बीहड़ क्षेत्र
2. अन्तर्देशीय ग्रामीण क्षेत्र, नगरीय क्षेत्र और
3. छोटे-छोटे द्वीप
4. समुद्र का तटीय क्षेत्र एवं बीच
5. नौका विहार क्षेत्र एवं आर्द्र भूमि

पारिस्थितिक पर्यटक (जिनकी मुख्य रुचि प्राकृतिक पर्यावरण में होती है) प्रायः विश्व के मोहक और दूरवर्ती शांत क्षेत्रों की तरफ आकृष्ट होते जाते हैं। दूसरे देशों के ज्यादा विविधता वाले लोग सहयात्री बनकर पूर्व नियोजित पारिस्थितिक पर्यटन में सम्मिलित होकर यात्रा करते हैं, हालांकि संयुक्त राज्य से शुरू होने वाले पारिस्थितिक पर्यटन में अवकाश प्राप्त एकांतप्रिय एवं कई अकेली महिलाएं भी इसमें सम्मिलित होती हैं 30 और 40 वर्ष की उम्र के जोड़े अधिकतर स्वतंत्र पारिस्थितिक पर्यटन हेतु निकलते हैं। विद्यालयों में विद्यार्थियों का समूह एवं वैज्ञानिकों का दल भी विकासशील देशों के सैर हेतु निकलते हैं और ये जनसांख्यिकीय (जैसे आयु, आय, जन्म स्थान) विशेष रुचि पर्यटन प्राथमिकताओं के अनुसार मौके उत्पन्न किया जाता है।

पर्यावरण विदों और स्वैच्छिक संगठनों के अभियान से अपने देश भारत में भी पारिस्थितिकी एवं पर्यावरण के प्रति जागरूकता बढ़ी है। पर्यटन उद्योग रोजगार उपलब्ध कराता है, विदेशी पूंजी अर्जित करता है पूंजी निवेश को प्रेरित करता है, छोटे व्यापार के मौके उत्पन्न करता है और सार्वभौमिक, आर्थिक व राजनीतिक संयोजन को प्रोत्साहन देता है। पर्यटन तेल ओर मोटर गाड़ियों सहित तीन अंतर्राष्ट्रीय व्यापार के वर्गों में से एक है। अतएव यह कोई आश्चर्य की बात नहीं, अगर प्रति-वर्ष अधिकाधिक राष्ट्र और समुदाय पर्यटन को विकसित करने हेतु उत्सुक हैं और इस उद्योग द्वारा प्रदत्त संभावित सम्पन्नता से लाभान्वित होना चाहते हैं।

जैसा कि संवैधानिक धाराओं, पर्यावरणीय कानूनों और योजना उद्देश्यों से स्पष्ट है कि विकास और उन्नति के साथ-साथ पर्यावरणीय सुरक्षा बनाए रखने के सचेत प्रयत्न किए गए हैं। फिर भी वर्षों से पर्यावरण और प्राकृतिक संसाधनों पर बढ़ते हुए दबाव और उसे चौंका देने वाले नतीजे बढ़ते हुए अनुपात में स्पष्ट तौर पर सामने आते जा रहे हैं। यह नतीजे, विकास के लाभ को कम करके, उन गरीबों, के जीवन स्तर को जो अप्रत्यक्ष रूप से संसाधनों पर निर्भर हैं, बदतर बना रहे हैं।

पर्यावरण ह्रास में कई कारक सहायक होते हैं। कई कारक पर्यटन के विकास के साथ-साथ जमा होते चले जाते हैं। हर कारक द्वारा पहुंचाई गई हानि को पृथ्वी की वहन क्षमता की सीमा पार कर गया है, अतएव इस वहन क्षमता को बढ़ाने हेतु जरूरी कार्रवाई करनी होनी और ज्यादा से ज्यादा समर्थन प्राप्त करने होंगे।

भिन्न-भिन्न प्रकार के पर्यटन प्राकृतिक और बने-बनाए पर्यावरण के बीच एक जटिल अन्तःसंबंध है। कई अध्ययनों से यह साबित हो चुका है कि भौतिक पर्यावरण पर पर्यटन का गहरा प्रभाव पड़ता है और पारिस्थितिकी पर होने वाले प्रहारों को नियंत्रित करने उनमें सुधार करने का बहुत कम प्रयत्न किया गया है।

यह कथ्य इस कारण और भी गंभीर हो जाता है कि पर्यटन अधिकांशतः प्रकृति पर ही आश्रित है : पहाड़ समुद्र तट, मरु भूमि, जंगल, वन्य जीवन, जल-प्रदेश आदि पर्यटन हो पर्यटन को नष्ट कर रहे हैं। योजना बनाते समय नियोजक एवं विकास एजेन्सियां इस पर कम ही विचार करती हैं।

विविध प्रकार के परिभ्रमण का पर्यावरण पर भिन्न-भिन्न तरीके से असर पड़ता है। इस संदर्भ में पर्यटकों हेतु राष्ट्रीय उद्यानों और वन क्षेत्रों के विकास के अनुभव का अध्ययन करना लाभकारी होगा।

अभयारण्य, राष्ट्रीय उद्यान के आरक्षित स्थलों में पर्यटन से वन्य जीवन पर

गंभीर प्रभाव पड़ता है जिससे वन्य प्राणियों का जीवन बाधित होने के साथ-साथ, इस प्रकार के स्थलों के संरक्षण को काफी बल मिलता है। हालांकि जैसा पूर्व में बताया जा चुका है अनियोजित पर्यटन से उस क्षेत्र की वहन क्षमता पर अत्यधिक दबाव पड़ता है जिससे वन्य जीवन भी बुरी तरह प्रभावित होता है। पर्यटन संरक्षण में सहायता भी पहुंचा सकता है क्योंकि जब आम आदमी वन्य जीवन को समझने एवं अनुभव करने लगता है तो वह प्रकृति की सुरक्षा में प्रमुख भूमिका अदा करने लगता है।

पर्यटन, संरक्षित क्षेत्रों का सक्रिय प्रवर्तक है। पर्यटन की आमदनी अर्जन की क्षमता के कारण इसे इन इलाकों में प्रशासित किया जाता है। परंतु यह बात साफ नहीं है कि इनसे प्राप्त आमदनी को वानिकों, वन्य जीवन के संरक्षण उद्यान रख-रखाव आदि में पुनर्निवेशित किया जाता है अथवा नहीं।

सामान्यतः अभयारण्यों को परिभ्रमण आकर्षण का केंद्र बनाने से इसके संरक्षण में सहायता मिलती है। हालांकि कारबेट राष्ट्रीय उद्यान एक ऐसा उदाहरण है जहां पर्यटकों की भीड़-भाड़ आवश्यकता से अधिक है। पर्यटकों की बढ़ती संख्याओं के अनुपात में सड़कों की संख्या में वृद्धि नहीं हुई है। पर्यटकों को एक खास स्थान तक जाने की ही छूट है। चूंकि पर्यटकों की जरूरत के अनुरूप उद्यान परिवर्तन संभव नहीं है, सड़कों एवं अन्य अधिसंरचात्मक साधन उपलब्ध कराना मुश्किल है अतः भीड़-भाड़ कम करने एवं मनुष्य-पशु टकराव को कम करने हेतु पर्यटन पद्धति परिवर्तित करनी पड़ेगी।

दिन-रात तीव-गति से चलती गाड़ियों के कारण वन्य जीवन अस्त-व्यस्त हो गया है। वनों में बने आवासीय स्थलों और कैंप स्थलों के आस-पास अनियंत्रित और अनियोजित ढंग से पानी बहाने और खाने-पीने का सामान फेंकने से पशु इसकी तरफ आकृष्ट होते हैं एवं उनकी जीवन पद्धति बाधित होती है। इन स्थलों पर सिगरेट के पैकेट, शराब की बोतल, कार्टून, पोलिथिन बैग और दूसरे प्रकार से कूड़ा-करकट वन्य जीवन पर दुष्प्रभाव डालते हैं।

जंगली जीवों से बनी वस्तुओं की मांग बढ़ने से व्यापार हेतु पशुओं को पकड़ने एवं मारने का सिलसिला बढ़ गया है। कलाकृतियों की मुख्य दुकानों में खुले आम निर्लज्जता से हाथीदांत, जेबरा की खाल, हिरण के सींग, और सिर, शेर के पंजे का हार, बंदर की खाल का पायदान, शुतुरमुर्ग के पैर का लैंप, चिंकारा के खुर की चाभी का छल्ला, घड़ियाल की चमड़ी और कई पशु-पक्षियों की खालें प्रदर्शित की जाती हैं, जो वन्य जीवन का समापन है।

पर्यटन एक ओर अमानवीय प्रथा को जन्म दे रहा है और वह है चिपांजी, बाघ, शेर, तेंदुए के बच्चों के साथ फोटो खिंचवाना। इसके कारण कई जानवरों की मृत्यु हो जाती है। पेड़-पौधों और पशु-पक्षियों के अतिरिक्त अन्य जीवन पर्यन्त से जंगलों में रहन वाले व्यक्तियों का अस्तित्त्व भी खतरे में पड़ जाता है। पर्यटन को प्रसारित करने वाली परियोजना में आदिवासियों के बारे में अधिक नहीं सोचा जाता। पर्यटन और वन विभाग के अधिकारी सिर्फ मुनाफा कमाना ही जानते हैं तथा वन-संतुलन, पशु-मनुष्य संतुलन और पेड़-पौधों की सुरक्षा का ख्याल नहीं रखते।

समुद्र तटीय पर्यटन को तूफान से खतरा

21वीं सदी में पर्यटन उद्योग का अन्य उद्योगों की तुलना में अधिक तीव्रता से विकास की संभावना बलवती हुई है। अब पर्यटन के क्षेत्र में हेल्थ टूरिज्म और इकोटूरिज्म जैसे क्षेत्र भी शामिल हो गये हैं। मुख्यतः उद्योग का तटीय परिभ्रमण काफी विकसित हुआ है। परन्तु सूनामी जैसी बड़ी एवं तेज गति की लहरें तटवर्ती भागों को उथल-पुथल कर देती हैं। जिस कारण पूर्वी एशियाई देशों के तटीय भागों में पर्यटन उद्योग को काफी खतरा है। 26 दिसम्बर, 2004 का दिन इस बात का प्रमाण है कि भविष्य में सूनामी से पर्यटन को मुख्यतः तटीय भागों का काफी खतरा उत्पन्न हो सकता है तथा पर्यटक भी तटीय भागों पर कम जाना पसन्द करेंगे।

भारतीय अर्थव्यवस्था विकसित अर्थव्यवस्था नहीं है। अतः भारतीय अर्थव्यवस्था को पर्यटन उद्योग का विकास करके गतिमान बनाया जा सकता है। भारत की भौतिक भू आकृति में ज्यादातर दक्षिण में अरब सागर एवं बंगाल की खाड़ी पड़ती है, जहाँ पर भविष्य में सूनामी के आने की सम्भावनायें हैं। सूनामी शब्द जापान देश में अत्यधिक लोकप्रिय है, क्योंकि इस देश के आस-पास इस तरह की लहरें पैदा होती रहती हैं। लेकिन बड़े आकार को सूनामी लहरें 26 दिसम्बर, 2004 तथा हाल ही में भारतीय तटों पर तबाही मचाकार चली गयीं। जो कि पर्यटन को सीधा खतरा है। यदि हमें तटीय पर्यटन को विकसित तथा बचाए रखना है तो भारत सरकार को प्राकृतिक आपदाओं से बचने एवं नियंत्रण पाने हेतु तैयार रहना पड़ेगा। उच्च तकनीक के विकास की भरपूर सहायता लेनी होगी। अण्डमान-निकोबार द्वीप जो कि देश तथा विदेशी पर्यटकों हेतु मुख्य आकर्षण केन्द्र है जहां पर सागरीय भूकम्प के द्वारा पैदा सूनामी लहरें काफी स्थानों को तबाह कर गईं।

स्थानीय लोगों को आपदाओं की जानकारी तथा सुरक्षा का उपाय का ज्ञान होना चाहिए। जिसे सरकार को विभिन्न साधनों द्वारा देनी चाहिए। तटीय हिस्सों पर

निर्मित बहुमंजिली होटलों, रेस्टोरेंटों की संरचना में भी बदलावा करने की जरूरत है। जिससे यहां का पर्यटन जीवित रह सके।

पर्यटन के कारण विश्व के सभी पर्यावरणीय विशेषज्ञों को चिन्तित कर रखा है। पर्यटक भिन्न-भिन्न स्थानों पर अपनी अवधि को ध्यान में रखकर अवकाश और मनोरंजन हेतु भ्रमण करते हैं और बुनियादी तौर पर वह उत्तम समय व्यतीत करने आते हैं, उनका यह व्यवहार अनुचित नहीं है। ये उस समय अप्रिय हो जाता है जब वे ऐसे स्तर की सुविधाएं लेने हेतु आग्रह करते हैं जो स्थानीय संसाधनों को क्षतिग्रस्त करती हैं और वह ये आग्रह इस तरह करते हैं कि या तो स्थानीय लोग उदासीन होकर दूर हो जाते हैं अथवा इस हद तक पूरा करते हैं कि फलस्वरूप स्थानीय सांस्कृतिक प्रारूप रूपान्तरित अथवा विकृत हो जाता है। ये बात विशेष तौर पर जनजातीय देशों में अथवा ऐसे क्षेत्रों में जहां के स्थानीय समुदाय भाषाई सांस्कृतिक दृष्टि से बहुत अल्प संख्या में हैं।

पर्यटन भूगोल में भूगोलिक एवं वातावरणीय विशेषज्ञ इस बात का पता लगाने की कोशिश करते हैं कि पर्यटन का विकास पर्यावरण को प्रभावित कर रहा है। लेकिन इन पर्यावरणीय मुश्किलों को समझने से पूर्व पर्यटन के सकारात्मक तथा नकारात्मक प्रभाव को समझना जरूरी है।

पर्यावरण संबंधी समस्याएं

सम्पूर्ण विश्व पर्यावरण संबंधित संकटों को झेल रहा है। जिसका कारण यह पद्धति है जिसके अनुसार विश्व में औद्योगिक एवं प्रौद्योगिक विकास हुआ है। लेकिन प्रश्न है कि मानवीय उर्वरता असीम है जबकि मानवीय जीवन का भरण-पोषण करने वाली धरती के संसाधन सीमित हैं। संबद्ध समस्या यहाँ मनोवृत्ति की है। जहां जरूरतें जीवन शैली को अपेक्षा बहुत अधिक हैं। संसाधनों में अधिक जरूरतों की इच्छा पर्यावरण हेतु समस्या कर सकती है, अगर मनुष्यों की आबादी हो और अपने पूर्वजों की अपेक्षा अधिक उच्चतर स्तर पर जीवन निर्वाह करने की अभिलाषा रखती हो।

इस स्थिति में प्रौद्योगिकी आधारित विकास को वर्तमान सभ्यता की इस चुनौती का सामना करना पड़ेगा कि समाज हेतु उपलब्ध अपार शक्ति का उपयोग कैसे किया जाए। इसके लिए एक अथवा कई निर्णय करने पड़ेंगे। प्रौद्योगिक विकास को रचनात्मक सामाजिक लक्ष्यों की दृष्टि से उपयोग करने हेतु व्यवस्थित करना आज अतीत की तुलना में अधिक जरूरी है जिससे लक्ष्यों को व्याख्यायित किया जा सके

और प्रौद्योगिकी पर आधारित पर्यावरण तथा विकास के बीच वर्तमान संबंधों को संशोधित किया जा सके।

इन समस्याओं और इनसे जुड़े सामाजिक लक्ष्यों का निम्नलिखित तीन प्रत्यक्ष शीर्षकों के अन्तर्गत अध्ययन किया जा सकता है–

1. जनसंख्या–अगर आने वाली शताब्दी में इस पृथ्वी पर जीवन को संतोषजनक बनाना है तो विश्व को इस सदी के अंत तक जनसंख्या को विकराल समस्या से पाने हेतु सभी संभव उपाय करने चाहियें। इस समस्या से दो तरह से निपटा जा सकता है। दोनों ही विधियां वर्तमान प्रौद्योगिक संसाधनों पर ही आधारित हैं। एक ओर तो बढ़ोतरी दर को सीमित करने का प्रयास किया जाना चाहिए। यहाँ भी प्रौद्योगिकी एक ऐसा साधन है जो अपने ही प्रयोग के संदर्भ में नैतिक मुद्दों के प्रति निष्पक्ष है। जनसंख्या समस्या से संबंधित दूसरी विधि यह है कि विश्व के खाद्यान्न उत्पादन को बढ़ाने का व्यापक रूप से प्रयत्न करना चाहिए। प्रौद्योगिकी को दोनों ही विधियों में सक्रिय भूमिका निभानी पड़ेगी। चाहे सुलभ खाद्यान्नों के संसाधनों की आपूर्ति को बड़े पैमाने पर बढ़ाना हो अथवा विश्व की जनन क्षमता को नियंत्रित करना अथवा घटाना हो। हमारी प्रौद्योगिकी दोनों हेतु समर्थ है।

2. पारिस्थितिक समस्याएं–समाज में वर्तमान प्रौद्योगिकी विकास की तीसरी सबसे प्रमुख समस्या पर्यावरणीय संतुलन को सुरक्षित रखने की पारिस्थिति कठिनाई है। हालांकि मानव ने शताब्दियों से प्राकृतिक संसाधनों का प्रयोग किया है किंतु औद्योगिक युग के प्रारंभ से पहले पर्यावरण को कोई खतरा नहीं था।

साम्राज्यवाद, उपनिवेशवाद, आधिपत्य संघर्ष, बाजारी अर्थव्यवस्था, लाभ के लिए संघर्ष लाभ के लिए पागलपन की दौड़, विश्वयुद्ध आदि ने अपने ढंग से पर्यावरण को खतरे में डाला है। आज फिर वर्तमान प्रौद्योगिकी की मदद से बड़े पैमाने पर औद्योगिक उत्पादन हेतु प्रकृति के शोषण ने संपूर्ण विश्व में पर्यावरणीय संकट उत्पन्न कर दिया है। हालांकि कई दशकों से ऐसे संरक्षात्मक उपाय किए जा रहे हैं, यथा प्राकृतिक वनों और वन्य प्राणियों हेतु सुरक्षित वनों की स्थापना की जा रही है किन्तु पैदा की अत्यधिक बढ़ोतरी और औद्योकीकरण के स्तर में विकास ने सार्वजनिक संकट पैदा कर दिया है। विकसित राष्ट्रों में प्रदूषण की समस्या अत्यधिक चिन्तन का विषय है। यह बात पूर्णतः स्पष्ट है कि इस विकास के कारण होने वालों क्षति के कुप्रभाव का उत्तरदायी स्वयं मानव है न कि उसके द्वारा उपयोग की गई प्रौद्योगिकी। मानव अपनी समझदारी के बावजूद अपने-अपने समुदायों में पर्यावरण के विषय में बगैर सोचे आचरण करता है जो अत्यंत घातक साबित हो सकता है।

अतः ये विवादास्पद है कि विकास आधारित प्रौद्योगिकी वरदान है अथवा विनाश का कारण।

3. सामाजिक कठिनाइयाँ—विकसित औद्योगिक देशों में ये कठिनाइयां स्पष्ट रूप से दिखाई देती हैं। किन्तु इसका प्रभाव दूसरे समाजों पर भी पड़ सकता है। बहुत से औद्योगिक राष्ट्रों के कई शहरी विनाश से पीड़ित हो चुके हैं। परंपरागत शहरी केंद्रों में मध्यवर्गीय आबादी है जबकि शेष भाग में सामाजिक दृष्टि से उपेक्षित एवं गरीब वर्ग पाया जाता है। एक दूसरे स्तर पर शिक्षा के दबाव के कारण प्रौद्योगिकी अव्यवस्था में बढ़ोतरी कर रही है। एक दूसरा परिणाम यह हुआ है कि महानगरों, शहरों के आसपास नगर का विस्तार हुआ जिसके कारण आस-पास के ग्रामीण क्षेत्र समाप्त होने लगे।

अतः पर्यटन का नियन्त्रण आवश्यक है, ताकि वह कोई गंभीर पर्यावरणीय या सामाजिक-सांस्कृतिक समस्या उत्पन्न न करे और उसे पर्यावरणीय एवं सांस्कृतिक संरक्षण हेतु उपयोग किया जाता रहे। पर्यटन विकास को राष्ट्र के किसी क्षेत्र विशेष के विशिष्ट अभिलक्षणों के अनुकूल होना चाहिए। इस विकास प्रक्रिया में क्षेत्रीय निवासियों की सबसे ज्यादा भागीदारी होनी चाहिए तथा उन्हें इससे होने वाला लाभ भी प्राप्त हो। पर्यटन विकास को देश की समग्र विकास योजना में जोड़ देना चाहिए एवं इसे अन्य आर्थिक क्षेत्रों से संयोजित कर देना चाहिए। इस स्थिति में ज्यादा से ज्यादा संभव संतुलित अर्थव्यवस्था की स्थापना हो सकेगी। मनोरंजन एवं परिभ्रमण के लक्ष्यों की प्राप्ति के अलावा देशीय पर्यटन का राष्ट्रीय आय के विशेषतः शहर एवं समृद्ध क्षेत्रों से ग्रामीण एवं अल्प विकसित इलाकों में पुनर्वितरण हेतु उपयोग करना चाहिए। देश में रहने वाले विभिन्न लोगों की मैत्रीपूर्ण संबंध बनाने के लिए पर्यटन एक महत्वपूर्ण कारक है।

एक ओर तो पर्यटन से ढेर सारे आर्थिक और सामाजिक लाभ प्रत्यक्ष रूप से दिखाई पड़ते हैं वहीं दूसरी ओर पर्यटन के बढ़ते चलन से उसके दुष्परिणाम भी सामने आ रहे हैं। हरिद्वार, ऋषिकेश, गंगोत्री, यमुनोत्री सहित कई पर्यटन स्थलों में कचरों के कारण प्रदूषण बढ़ता जा रहा है। पर्यटन के क्षेत्र में जिम्मेदारी का बोध उत्पन्न करके दुष्प्रभावों का स्तम्भन किया जा सकता है। हम ऐसे पर्यटन को विश्ववस्त या वैकल्पिक परिभ्रमण का नाम दे सकते हैं। वैकल्पिक पर्यटन एक ऐसा पर्यटन है जो लोगों के मध्य आपसी समझ को बढ़ाता है, पर्यावणीय एवं सांस्कृतिक ह्रास और इन से भी अधिक स्थानीय जनसंख्या के शोषण और मानवीय मूल्यों के ह्रास को रोकता है। इन्हीं विशिष्टताओं के कारण इसे उत्तरदायी पर्यटन भी कहते हैं। वैकल्पिक

पर्यटन को विश्वसनीय अनुभव का बोध भी करा सकता है किन्तु ये उसका विपरीत कार्य नहीं है। वास्तव में ये 'रोमानी' चाहने वाले और रोमांचक संस्कृति पर विपरीत प्रभाव डालने वाले पर्यटकों का आलोचक है जो अतिथेय स्थानीय परिवेश पर नकारात्मक प्रभाव डाल सकते हैं।

इस प्रकार वैकल्पिक पर्यटन उत्तरदायी पर्यटन का पर्याय है। यह तर्क प्रस्तुत किया जाता है कि वैकल्पिक पर्यटन की मदद से हम पर्यटन उद्योग द्वारा प्रस्तुत समस्याओं को नियन्त्रित कर सकते हैं। उत्तरदायी पर्यटन की परिभाषा ऐसे व्यापक शब्द के रूप में की जा सकती है जो सभी पक्षों का ज्यादा ध्यान रखने वाले और जागरूक प्रकार के पर्यटन को अपने अंदर शामिल रखता है। इसके उपसर्गों में वैकल्पिक, उपयुक्त, टिकाऊ, कोमल, हरित आदि आते हैं। उत्तरदायी पर्यटन में स्थानीय समुदाय शामिल पर्यावरण के विषय में निर्णय लेने में और पर्यटन विकास में असरदार भूमिका निभाता है। स्थानीय समुदाय विकास की गति को भी नियन्त्रित करते हैं जो आवश्यक है। अपनी मंजिल तक पहुंचने से पूर्व ही पर्यटक की जागरूकता बढ़ाना और उन्हें स्थानीय पर्यावरण के प्रति संवेदनशील बनाना अत्यन्त महत्वपूर्ण है। अतएव इस तरह के पर्यटन में शिक्षा मुख्य भूमिका निभाती है।

इस तरह के पर्यटन में उन लोगों के अलावा जो केवल पर्यटन सेवाएं उपलब्ध करवाने में लगे हैं अन्य व्यक्तियों से भी मिलने और लेन-देन करने का अवसर ठीक वैसे ही मिलेगा जैसे—परम्परागत पर्यटन में होता है। ऐसे पर्यटन में विकास कार्यकर्ता, विश्वविद्यालय, बुद्धिजीवी, पर्यावरण विशेषज्ञों और प्रकृति, प्रेमी आदि होते हैं। स्थानीय लोगों को भी बाहर से आए मित्रों से मिलने का मौका मिलता है जो सामाजिक बाधाओं को दूर करने की इच्छा व्यक्त करते हैं एवं पर्यटन के परम्परागत ढांचे से भी आगे निकल जाना चाहते हैं।

पर्यटन के द्वारा विभिन्न लोगों के मध्य जानकारियों का आदान-प्रदान होता है। इस तरह वैकल्पिक पर्यटन पर्यावरण के समीप होने का काफी अवसर प्रदान करता है।

ये विविध वर्गों की मूलभूत सांस्कृतिक मान्यताओं को भी सुरक्षित रखने में सहायक हैं। जहां इस तरह की यात्राएं होती हैं वहीं ये सहयोग संभव है। पर्यटन वैश्विक एवं राष्ट्रीय भ्रातृभाव, शांतिपूर्ण सहअस्तित्त्व और सद्भावपूर्ण वास्तविक साधन की तरह काम करता है।

इसी प्रकार पर्यटक अतिथियों और मेजबानों के मध्य विचारों, भावनाओं का परस्पर आदान-प्रदान और प्रत्यक्ष अनुभव नकारात्मक सामाजिक, सांस्कृतिक प्रभावों

की संभावनाओं को अल्प नहीं करता। स्थानीय समुदायों के देशों के लोग पर्यटकों का स्वागत करते हैं एवं इस प्रक्रिया के दौरान मूल बातों में पश्चिमी तौर-तरीकों को अपनाते हैं।

रॉबिन्सन ने कहा है कि पर्यटन से सम्बद्ध क्षेत्र ऐसी पर्यावरणीय समस्याएं प्रस्तुत करते हैं जिनमें वनों का विनाश, भंगुर धरातल पर भूमि उपयोग को लेकर प्रतिस्पर्धा और मलबे का निपटारा सम्मिलित है। आर्थिक प्रवर्धक प्रभाव ने स्थानीय लोगों को अमीर बनाया है। वे स्वयं ही संसाधनों का शोषण कर रहे हैं, जैसे—जंगल में नई कुटीरों अथवा धनी परिवारों हेतु बड़े घरों के निर्माण के लिए जंगल काटना, पैदल यात्रा पर कूड़ा-कचरा फेंकना, इधर-उधर मल-मूल का विसर्जन आदि गन्तव्य के लिए खतरा पैदा करते हैं और ये समस्त पर्यावरणीय विनाश एक ऐसे गन्तव्य में हो रहा है जिसे वैकल्पिक पर्यटन हेतु प्रोत्साहित किया जाता है और जो ऐसे ही पर्यटन के लिए जाना-पहचाना जाता है।

वैकल्पिक पर्यटन का सिद्धांत परम्परागत पर्यटन से असहमत है। वह इसके स्थान पर सम्पूर्ण रूप से विकसित विकल्प हेतु संघर्ष करता है। इस कारण यह पर्यटक संस्थाओं एवं सामूहिक पर्यटन के लिए इसके अन्दर के सुधार के लिए किसी प्रयत्न में पर्यटन उद्योग के हिस्से के तौर पर सम्मिलित नहीं हो पाता है। वर्षों से पर्यटन उद्योग पर्यटन लॉबी के समर्थकों ने योजना की नीतियों का स्वागत किया है। किन्तु विडम्बना ये है कि स्वयं उत्तरदायी पर्यटन की निष्फलता एक ऐसे उद्योग द्वारा सार्वभौम पर्यटन नीति की प्रत्यक्ष स्वीकृति देखने की संभावना है जो एक बेहतर प्रतिरूप तथा अभिनव स्वरूप में देखे जाने के लिए उत्सुक हैं। दूसरे उद्योगों की भांति पर्यटन उद्योग स्पष्ट रूप से स्वच्छ पर्यावरण के निर्माण में अधिक लाभ देख सकता है।

उत्तरदायी पर्यटन के विचार को सफल बनाने के संबंध में सरकार पर भी भारी उत्तरदायित्व है। इस तरह पर्यटन उद्योग की समस्याओं को घटाने में सरकारी नीतियों की महत्वपूर्ण भूमिका है। इसके अलावा पर्यावरणीय समस्या का हल भी इन्हीं राजकीय नीतियों से निकलेगा। राजकीय नीतियों के बिना कोई पर्यावरण को बचा नहीं सकता क्योंकि सरकार के पास ही विस्तृत अधिकार एवं नियमों को लागू करने का तंत्र होता है।

1. अपराधियों को कठोर सजा मिलनी चाहिए और कानून तथा नियमों की अवज्ञा हेतु कोई राजनीतिक दबाव नहीं होना चाहिए, बल्कि कानूनों को लागू करने वाले व्यक्ति और संस्थाओं को इस तरह का अधिकार

होना चाहिए कि वह अपना कर्तव्य अर्थपूर्ण ढंग से निभा सके। पर्यावरण जागरूकता पैदा करने के लिए हर तरह के प्रचार माध्यमों का उपयोग करना चाहिए। पर्यटन में विश्व बहुत तीव्रगति से अग्रसर होता है। ये संदेश एक बार जैसे ही उद्योगों एवं पर्यटकों को स्पष्ट रूप में समझ में आ जाएगा कि सरकार अथवा स्थानीय अधिकारी जहां तक पर्यावरणीय सुरक्षा का सम्बन्ध है गंभीर हैं और विधि या कानून औपचारिकता मात्र नहीं हैं इन्हें कठोरता से लागू किया जाता है तो परिणाम जरूर ही सामने आएंगे।

2. प्रत्येक गन्तव्य की निर्वहन क्षमता को व्याख्यायित करना चाहिए और इस संदर्भ में विशिष्ट प्रयास करना पड़ेगा।
3. यह सुनिश्चित कर लेना चाहिए कि गन्तव्य पर पर्यटन हेतु भूमि उपयोग योजना का अभिन्न हिस्सा समझा जाए और वहां पर्यावरण निर्माण कार्यों हेतु दिशा निर्देश पर्यावरण के हितों को देखते हुए बनाए जाएं।

पर्यटन के प्रभावों का विश्लेषण—अनियोजित या अनुकूल तौर पर आयोजित पर्यटन से उत्पन्न होने वाली कुछ समस्याओं का वर्णन संक्षिप्त रूप में निम्नवत् किया गया है—

1. भूमि अपरदन एवं तटीय अपरदन
2. भूमि अपकर्ष, जल प्रदूषण एवं कूड़ा-कचरा।
3. झुग्गी-झोंपड़ियों का विकास
4. देश के अत्यन्त निर्धन क्षेत्रों में सामाजिक सम्बन्धों की समस्या
5. सड़क निर्माण तथा बस्तियों और भूमि उपयोग के बदलावों का प्रभाव कम संख्या वाले निर्धन किसानों के जनसमूहों को स्थानान्तरण और बाहरी एजेन्सियों का आगमन।
6. नगरीकरण एवं पानी-बिजली ढांचागत सुविधा सुलभ कराने को सहवरी समस्या।
7. निवर्तनीकरण।
8. कुछ स्पीशीज पर विशेष ध्यान और कई स्पीशीज का ह्रास।
9. ईंधन एवं जलाऊ लकड़ी हेतु प्राकृतिक संसाधनों का ह्रास।

वैकल्पिक पर्यटन एक बहुत जटिल पर्यटन है किन्तु इसके साथ ही यह अपनी कार्य योजना के प्रतिपादन के विषय में बहुत से प्रश्न उठाता है जो सैद्धान्तिक एवं

व्यावहारिक स्तरों पर भिन्न-भिन्न निष्कर्ष निकालता है। सरकार, पर्यटन उद्योग और स्थानीय लोगों के बीच विचारों के आदान-प्रदान और क्रियाओं के द्वारा किए गए प्रयत्नों से ही उत्तरदायी पर्यटन को सफलता मिल सकती है, जिससे पर्यटन की पर्यावरणीय समस्याएं समाप्त हो सकती हैं।

पर्यटन की भौगोलिक मापक के रूप में भूमिका

पर्यटन भूगोल में उन सभी तत्वों पर प्रकाश डालते हैं, जो धरातल पर अपनी एक पहचान बनाकर देश एवं विदेश के लोगों को अपनी ओर आकर्षित करते हैं। इस क्षेत्र पर पाये जाने वाले वे सभी भौगोलिक दृश्य एवं वहां की जलवायु उस क्षेत्र के विकास तथा पर्यटन को काफी प्रभावित करती है। सामान्यतः भौगोलिक मापक का अर्थ किसी एक पहलू पर निर्भर न होकर अलग-अलग कारकों को जोड़ना है जिसमें भौतिक, सांस्कृतिक, आर्थिक, राजनैतिक एवं स्वास्थ्य के क्षेत्रों को शामिल किया जाता है। अतः भूगोल के अंदर किसी एक क्षेत्र पर पाये जाने वाले पृथक्-पृथक् मापकों के अध्ययन को भौगोलिक मापक कहते हैं।

पर्यटक आकर्षण तथा भौगोलिक मापक

भू-दृश्य, पारिस्थितिक, ऐतिहासिक स्मारक और महत्व के अन्य स्थानों के रूप में हर स्थान की अपनी आंचलिक सम्पदा होती है। विश्व पर्यटन रिपोर्ट अलग-अलग तरह के पारिस्थितिक तंत्रों की विभिन्न संपदाओं पर प्रकाश डालती है—

1. रेतीले समुद्र तट (बीच), समुद्री क्षेत्र तथा नम भूमि सहित तटीय क्षेत्र—पूर्ण विकसित रेतीले तटों में प्रचुर पर्यटन हेतु आकर्षण और वहन क्षमता है। समुद्री उद्यान और नम भूमि अपने भांगुर पारिस्थितिकी तंत्र सहित साहसिक कार्यों और विशेष अभिरुचि के पर्यटन हेतु बेहतर और उपयुक्त हैं।

2. पर्वत और बीहड़ क्षेत्र—ऊँचे पर्वतों, वनों, बंजर भूमि, मरुस्थलों, झीलों और नदियों तक वे पर्यटक जाते हैं जो पर्वतारोहण, लंबी पैदल यात्रा आदि में दिलचस्पी रखते हैं।

3. अन्तःदेशीय ग्रामीण क्षेत्र—कृषि भूमि, वन, झीलों के तट और नदी तट विशेष रुचि के पर्यटन जैसे—फॉर्म अथवा ग्रामीण परिवेश, शरण आदि हेतु उचित माहौल प्रदान करते हैं।

4. शहरी क्षेत्र—संस्कृति, स्मारक, प्रायोजित उत्सव और सम्मेलन एवं प्रदर्शनियां बड़ी संख्या में पर्यटकों को आकर्षित कर सकती है।

5. छोटे द्वीप—छोटे क्षेत्र के तटीय तथा बीहड़ क्षेत्र के साथ मूंगा चट्टानों, समुद्री घास के तटों और वनों जैसे प्राकृतिक संसाधन द्वीप को विशेष आकर्षण का गंतव्य क्षेत्र बना सकते हैं।

हमारे आसपास वातावरण में प्रकृति ने जिन तत्वों, कारकों और धरातलीय सौन्दर्यपूर्ण दृश्यावली की रचना की है वह समस्त प्राकृतिक पर्यावरण, प्राकृतिक भू-दृश्य के अंतर्गत आता है। पृथक् धरातलीय स्वरूप जैसे-पर्वत, पठार, मैदान, झीलें, हिमनद, समुद्र एवं वनस्पति और जीव-जन्तु सभी मिलकर प्राकृतिक भू-दृश्य की रचना करते हैं।

पर्यटन के भौगोलिक तत्व

1. प्राकृतिक भू-दृश्य—(क) पर्वत, पठार, मैदान, द्वीप आदि।
   (ख) नदियां, झीलें, झरने, सागर, द्वीप आदि।
   (ग) हिमनद (ग्लेशियर)
   (च) पक्षी विहार, चिड़ियाघर अभयारण्य, मछलीघर आदि।
   (छ) वनस्पति-पार्क, वनस्पति उद्यान आदि।
2. पर्यटन स्थल का क्षेत्र और वहां का सुहावना मौसम।
3. पर्यटन स्थल पर पहुंचने की सुगमता तथा स्थिति।

पर्यटन के विभिन्न अंग

पर्यटन विभिन्न अंगों से मिलकर बना है। एक यात्रा हजारों किलोमीटर की हो सकती है एवं इसके तहत एक अथवा अधिक तरह के परिवहन के साधन शामिल हो सकते हैं। इसमें बहुत दिनों व महीनों तक ठहरना भी शामिल है जिसमें आवास, मनोरंजन, खान-पान हेतु कई प्रकार की सुविधाओं तथा सेवाओं की आवश्यकता होती है। पर्यटन की सफलता इन्हीं समस्त तत्वों पर निर्भर करती है। पर्यटन व्यापार में सफलता हेतु इनके मध्य साम्यावस्था का पैदा होना जरूरी है।

अध्ययन करने की दृष्टि से इन सुविधाओं को निम्न वर्गों में वर्गीकृत किया जा सकता है—

1. उच्च संरचना सम्बन्धी सुविधाएं।
2. सरकार सम्बन्धी संसाधन तथा सुविधाएं।
3. पर्यटन के आकर्षण तथा मनोरंजन सम्बन्धी आवश्यकताएं।

4. प्राकृतिक संसाधन।
5. पर्यटन आधारित संरचना सम्बन्धी सुविधाएं।

पर्यटन के प्रमुख अंग

पर्यटन के प्रमुख अंग अग्रलिखित हैं–

1. पुलिस सीमा शुल्क
2. परिवहन तथा परिवहन तंत्र
3. आधारिक संरचना
4. शिष्टाचार स्रोत
5. यात्रा मार्गदर्शक
6. हवाई अड्डों की इमारतें
7. यात्री यातायात टर्मिनल
8. खरीदारी के केन्द्र
9. वित्त संस्थाएं
10. प्रकाशन तथा माध्यम
11. प्राकृतिक स्रोत
12 उच्च संरचना
13. क्रीड़ा तथा खेलकूद।

भौगोलिक मापक के प्रकार

1. भौतिक मापक–जलवायु, जलप्रपात, नदियां, झीलें, हिमनद, मरुस्थल, तटीय क्षेत्र, समुद्री तट, डेल्टा, पर्वत, वन घाटी, जीव-जंतु आदि।

2. सांस्कृतिक-सामाजिक मापक–धर्म, त्योहार, पर्व, मेले, गुफाएं, मंदिर, मस्जिद, गुरुद्वारा, गिर्जाघर, लोकनृत्य, लोकसंगीत, हस्तकरघा, शिल्पकला, मूर्तिकला, चित्रकला, आदिवासी क्षेत्र आदि।

3. आर्थिक मापक–प्रति व्यक्ति आय, विदेशी मुद्रा, रोजगार, सरकारी नीति, क्षेत्र का विकास, यातायात सुविधाएं, मानव, संसाधन।

4. राजनैतिक मापक–दो भौगोलिक क्षेत्रों का पारस्परिक संबंध, स्थानीय जनता के बीच मालिक-दास का संबंध, बाहरी सहायता, निवेश और आयात को प्राथमिकता, मजदूरों की सुरक्षा का अभाव, वीजा प्रणाली को आसान बनाना, खेल आयोजन को प्राथमिकता, बजट में शिक्षा, स्वास्थ्य, मल निकास और अन्य आधारभूत

आवश्यकताओं के स्थान पर पर्यटन को प्राथमिकता देना, भू-राजनीति (Geo-politics) आदि।

5. स्वास्थ्य मापक—ऋतु तथा जलवायु बदलाव के कारण प्राकृतिक आपदा आना, जिसके परिणामस्वरूप विभिन्न तरह के रोगों का पैदा होना। प्रदूषण रहित क्षेत्र। जल-मल निकास की व्यवस्था का होना।

भौगोलिक मापक के प्रमुख कारकों का संक्षिप्त विवरण इस तरह किया जा सकता है—

जलवायु—ठण्डे शीत ऋतु क्षेत्रों के अधिकांश पर्यटक हल्के गर्म, सुनहरी धूप और शुष्क मौसम प्रदेशों को विशिष्ट रूप से वांछनीय मौसम पर्यटन के विकास हेतु लाभप्रद होगा क्योंकि इस तरह ढांचागत सुविधा में किया गया निवेश उच्चतम सीमा तक बढ़ जाएगा।

प्राकृतिक सौन्दर्य—किसी क्षेत्र की प्राकृतिक सुन्दरता उस क्षेत्र में सैर की दृष्टि से जाने हेतु एक प्रमुख कारण हो सकता है। दूरस्थ मनोरम क्षेत्र प्राकृतिक अथवा साहसिक क्रीड़ा के शौकीन पर्यटकों हेतु अवसर प्रदान कर सकते हैं, जैसे—ट्रैकिंग।

समुद्री बालू तट और समुद्री क्षेत्र तथा Beaches—विश्व के बहुत से स्थानों पर समुद्री बालू-तट और सम्बद्ध समुद्री क्षेत्रों में सूर्यस्नान, तैराकी, नौकायन, बिण्ड और बोर्ड सर्फिंग, जन स्कीइंग, पैशनेसिंग के अतिरिक्त क्रीड़ा मत्स्यन और अन्य जल सम्बन्धी मनोरंजन यह पर्यटन क्षेत्रों के मुख्य आकर्षण का केन्द्र है।

वनस्पति तथा प्राणी—प्राणी विहार, जलजीव शालाएं और वनस्पति उद्यान भी विशेष आकर्षण के केंद्र हैं। अगर पर्यटन उद्योग को प्रोत्साहन देना है तो उनके संरक्षण हेतु विचार करना आवश्यक है। चूंकि वन्य जीवन एक आकर्षण का विषय है, वन्य जीवन संरक्षण में पर्यटन का विशेष योगदान है।

वन्य प्राणी तथा राष्ट्रीय पार्कों को निम्नवत् वर्णित किया जा सकता है—

पहाड़ी क्षेत्र—पर्वत एक महत्वपूर्ण भौतिक क्षेत्र है जिसमें नदियां, हिमनद, पहाड़ी क्षेत्र आते हैं। यहां की जलवायु पर्यटकों को आकर्षित करती हैं क्योंकि गर्मी के दिनों में पर्यटकों को यहां का ठण्डा वातावरण तथा मनमोहक घाटियां आकर्षित करती हैं।

धार्मिक तथा सांस्कृतिक स्थल—भारत विभिन्न धार्मिक तथा सांस्कृतिक लोगों का देश है फलतः यहां विभिन्न तरह के धर्मस्थल पर्यटकों को आकर्षित करते हैं। जैसे, प्राचीन बौद्ध धर्म के केंद्र होने के कारण बोधगया (बिहार) में जापान, चीन,

द. कोरिया, थाइलैण्ड आदि देशों के पर्यटक समय-समय पर धार्मिक ध्यान तथा शांति हेतु भारत का भ्रमण करते हैं। इसी तरह के सिख धर्म के यात्री अमृतसर के स्वर्णमंदिर का भ्रमण करते हैं। घरेलू पर्यटक भी मुस्लिम-धर्म एवं ईसाई धर्म के पूजा-स्थलों का भ्रमण करते हैं।

भारत एक सांस्कृतिक धरोहर का उदाहरण है, जिससे आकर्षित होकर पर्यटक यहां के विभिन्न तरह के धार्मिक मेलों, पर्वों, लोक गीतों तथा नृत्यों को देखने हेतु एक जगह से दूसरे क्षेत्र का भ्रमण करते हैं।

आर्थिक मापक—विकासशील देश की आर्थिक विकास रणनीति में पर्यटन एक विशेष यंत्र की भांति कार्यरत है। पर्यटन को ठीक से समझकर और सुनियोजित ढंग से नीति निर्माण कर इसका उपयोग आर्थिक विकास और उत्थान हेतु किया जा सकता है। नये रोजगार और आय के अवसर प्रदान कर विदेशी मुद्रा अर्जन, पिछड़े क्षेत्रों में ज्यादा संरचनात्मक विकास, प्रतिबंधित क्षेत्रों को कुछ हद हक अंतर्राष्ट्रीय पर्यटकों हेतु खोलकर अर्थव्यव्था को एक नई ऊंचाई दी जा सकती है। अतः जब पर्यटन को एक हाशिए पर खड़े विलासितापूर्ण क्रियाकलाप के रूप में नहीं देखा जा सकता। निर्यात और उद्योग के समान यह भी आर्थिक विकास का एक महत्वपूर्ण औजार है तथापि, विकास की प्रक्रिया में मेज़बान जनता के हितों को याद अवश्य रखा जाना चाहिए। इसी तरह विविध प्रकार के पर्यटन प्राकृतिक और बने बनाये पर्यावरण को कई रूपों में प्रभावित करते हैं। अतः पर्यटन और पर्यावरण के बीच एक जटिल अन्तःसंबंध है।

राजनैतिक मापक—मंझधार में लटकी अपनी सत्ता और निष्क्रिय नौकरशाही की छवि को सुधारने हेतु राजनीतिज्ञ, पर्यटन उद्योग द्वारा पश्चिमी सरकारों, विज्ञापन संस्थानों और निवेशकों को अपना गहरा दोस्त बनाते हैं। पर्यटन के माध्यम से कुल आय को मोटे अक्षरों में रेखांकित करते हैं। पर्यटन कार्यकर्ताओं की यह आम शिकायत होती है कि उन्हें तंग किया जाता है, धमकी दी जाती है और यहां तक कि उन्हें मारा-पीटा भी जाता है। यह एक दुखद सत्य है कि पर्यटन निर्णयों में जनता की भागीदारी अक्सर आंदोलनों, अभियानों, कानूनी और अन्य तरह के जनतांत्रिक हिस्सेदारी का मुद्दा आज प्रमुख है। पर्यटन कार्यकर्त्ताओं का मानना है कि उनकी आवाज को सुनना और उन पर विचार करवाना उनका अधिकार है क्योंकि पर्यटन के विकास से उनकी अर्थव्यवस्था, पारिस्थितिकी, सांस्कृति और रोज़मर्रा के जीवन पर सीधा असर पड़ता है।

अतः सरकारों और उद्योग को यह महसूस करना चाहिए कि आर्थिक और

सामाजिक प्रक्रिया में व्यापक राजनैतिक हिस्सेदारी आज के वक्त की मांग है। पर्यटन इसी का एक हिस्सा है। इसे नज़रअंदाज करने पर असंतोष फैलेगा, आंदोलन और प्रदर्शन होगा, यहां तक कि उद्योग और पर्यटकों पर आक्रमण भी हो सकता है।

स्वास्थ्य मापक—प्राकृतिक आपदा के कारण अथवा अन्य देशों में बाढ़ सूखा, चक्रवात आदि आते रहते हैं। फलतः तरह-तरह की बीमारियों से गुज़रना पड़ता है, जैसे—लू लगना, हैजा, डेंगू, कालाजार आदि। इन सभी बीमारियों का मुख्य कारण भौगोलिक मौसम में बदलाव होना है। अतः विशेष क्षेत्रों में इन बीमारियों का ध्यान रखते हुए पर्यटक उसी क्षेत्र का भ्रमण करते हैं ताकि उन्हें स्वास्थ्य संबंधी हानि न उठानी पड़े। भौगोलिक मापक के माध्यम से इन क्षेत्रों पर विशेष ध्यान दिया जाता है कि इन प्राकृतिक रोगों का बचाव किया जा सके। अतः सर्वप्रथम पर्यटक के स्वास्थ्य लाभ पर विशेष ध्यान दिया जाए जिससे पर्यटन उद्योग का विकास किया जा सके।

पर्यटक आकर्षण के प्राकृतिक स्रोत

जलवायु—इसके अंतर्गत निम्न आते हैं—

1. तापमान
2. वर्षा
3. बर्फ
4. सूर्य देदीप्तमान के दिन

प्राकृतिक सौन्दर्य—इसमें निम्न शामिल हैं—

1. भूखण्ड का आकार
2. पर्वत
3. चट्टानें तथा चोटियां
4. तंग घाटियां
5. भू-खण्ड

जल—इसके तहत निम्न आते हैं—

1. झीलें
2. ताल
3. नदियां
4. पानी के झरने
5. चश्में

वन्य-प्राणी तथा वनस्पति—इस वर्ग में निम्न शामिल हैं—

1. आखेट
2. मछली पकड़ना
3. राष्ट्रीय उद्यान।

वन्य जीवन—इसके तहत निम्न आते हैं—

1. चिड़ियाघर
2. समुद्रतट
3. रक्षित स्थान
4. स्वास्थ्यवर्धक खनिज जल-स्थान
5. शिकार
6. यात्रा सामग्री (उपकरण)
7. आकर्षक दृश्य।

पर्यटक क्षेत्र में भौगोलिक मापक का महत्व

1. इसके माध्यम से आर्थिक क्षेत्रों की विशद जानकारी प्रदान की जाती है ताकि मेज़बान तथा मेहमान पर्यटकों में पारस्परिक आर्थिक संबंध स्थापित हो सके।
2. इसके माध्यम से राजनैतिक प्रभाव के बारे में जानकारी प्रदान की जाती है ताकि स्थानीय अथवा केंद्रीय स्तर पर पर्यटकों को आक्रमण संघर्षों का सामना न करना पड़े। यह पर्यटकों को सुरक्षा प्रदान करवाता है।
3. इसके माध्यम से प्राकृतिक आपदा का सामना करते हुए पर्यटकों को स्वास्थ्य लाभ कराया जा सकता है। इसके माध्यम से यह जानकारी प्राप्त होती है कि किन क्षेत्रों का भ्रमण करने से खतरनाक आकस्मिक रोगों से बचाव किया जा सकता है।
4. इसके माध्यम से भौतिक परिदृश्य के बारे में जानकारी प्रदान की जाती है, ताकि पर्यटक उस क्षेत्र के भौतिक वातावरण के बारे में जानकारी प्राप्त कर सकें।
5. इसके पश्चात् पर्यटक स्थलों की धार्मिक-सांस्कृतिक तथा सामाजिक विषय के बारे में जानकारी प्रदान की जाती है।
6. इसके माध्यम से पर्यावरण लाभ-हानि के बारे में जानकारी प्रदान की जाती है ताकि पर्यटक इससे फायदा उठा सकें।

निष्कर्षतः यह कहा जा सकता है कि पर्यटन के क्षेत्र में भौगोलिक मापक का बड़ा महत्व है क्योंकि उपर्युक्त क्षेत्रों की जानकारी प्राप्त करके पर्यटक सुविधाजनक रूप से अपने मनोरंजन हेतु निःसंकोच तथा सुरक्षापूर्वक किसी भी क्षेत्र का भ्रमण कर सकता है। इसके माध्यम से पर्यटन उद्योग को विकसित किया जा सकता है जिससे किसी भी देश की अर्थव्यवस्था ठीक हो सकती है।

भौगोलिक पर्यटन के आकर्षण

सुहावना मौसम

पर्यटक अपने अवकाश का समय किसी ऐसे स्थान पर व्यतीत करना चाहेंगे जहां का मौसम बहुत सुहावना हो, जहां वह अपने अनुभवों को एकत्र कर सके। करोड़ों सैलानी अपने देशों से समुद्र के किनारे सुहावने मौसम एवं सूर्य की किरणों का आनन्द लेने आते हैं। समुद्र के किनारे की सूर्य की किरणें एवं शीतल मंद समीर सैलानियों को एक लम्बे समय से आकर्षित करती चली आ रही है।

रिसॉर्ट के विकास में अच्छे मौसम और सूर्य की किरणों का ही हाथ है। उदाहरणतः स्पेन, इटली और ग्रीस जैसे यूरोपीय देशों में सुन्दर Beach Resorts का विकास किया गया है। इटली ने अपने दक्षिणी हिस्से केलेब्रीया सिसली एवं सरडिनिया आदि नगरों को भूमध्यसागरीय किनारों पर चमकती हुई सूर्य की किरणों का आनंद लेने हेतु Resorts बनाए हैं। संयुक्त राज्य अमेरिका में मैक्सिकन Resort पेसिफिक एवं कैलिफोर्निया फ्लोरिडा एवं हवाई द्वीप का उदाहरण लिया जा सकता हैः जहां सैलानियों को आकर्षित करने हेतु Resorts बनाए हैं। भारत, श्रीलंका, थाइलैण्ड, इन्डोनेशिया, आस्ट्रेलिया एवं दूसरे देशों में भी सुहावने मौसम के लिए कतिपय कार्य किये गये हैं। यह सभी देश अच्छे मौसम के कारण पर्यटकों को आकर्षित करते हैं।

शरद ऋतु का वातावरण, गर्म हवाएं और सूर्य की किरणें, सैलानियों को आकर्षित करने मे मुख्य स्थान रखती है। बहुत से क्षेत्र शरद ऋतु में सैलानियों को आकर्षित करते हैं। इसका उदाहरण भारत में शिमला का है।

आकर्षक एवं रमणीक दृश्य

सुहावने मौसम की ही भांति नयनाभिराम दृश्यों का आकर्षण भी पर्यटकों को अपन ही तरफ आकर्षित करता है। पर्वत, झील, हिमखण्ड, झरने, वन, रेगिस्तान

आदि के दृश्य पर्यटक आकर्षित करने में अपना विशेष महत्व रखते हैं। आस्ट्रेलिया और स्विट्ज़रलैंड में आल्पस पर्वत की उतरी शृंखला इटली में दक्षिणी शृंखला एवं भारत एवं नेपाल में हिमालय पर्वतों की शृंखला सैलानियों को प्रथम दृष्टि में ही आकर्षित करती है। महान् प्राकृतिक आश्चर्य जैसे—अमेरिका में विशाल सुरंग, उत्तरी आयरलैंड की विशाल ऊंची सड़कें, नाइजीरिया के झरने, आइसलैंड के गर्म स्रोत, आल्पस पर्वत के हिमखंड, अफ्रीका के जंगल, विशाल नदियां, झीलें, एवं रेगिस्तान सैलानियों को आकर्षित करने और पर्यटन उद्योग को विकसित करने में अपना विशेष महत्व रखते हैं।

ऐतिहासिक एवं सांस्कृतिक महत्व

ऐतिहासिक और सांस्कृतिक महत्व के स्थान पर्यटकों को आकर्षित करने में अपना विशेष महत्व रखते हैं। भारत में आगरा अपने ताजमहल, इटली में पीसा अपनी झुकी मीनार के कारण ही पर्यटकों को आकर्षित करते हैं। हजारों अमेरिकन कनेडियन यूरोप की पुरानी ऐतिहासिक धरोहर एवं मूल देश से जुड़ी भावुकताओं के कारण यूरोप आते हैं। इंगलैड आने वाला कोई भी विदेशी सैलानी लंदन को, राजधानी एवं देश के बड़े शहर होने के नाते ही नहीं अपितु उसके ऐतिहासिक, महत्व, परम्पराएं और बहुत से सांस्कृतिक आकर्षणों के कारण देखने आते हैं। इसी प्रकार बहुत से देश अपने पर्यटन उद्योग को विकसित करने हेतु अपनी ऐतिहासिक धरोहरों का प्रयोग कर रहे हैं। ये गुफाएं 2000 वर्ष पूर्व मानव द्वारा निर्मित राके पर्वत में छुपी हुई भारत की प्राचीनतम धार्मिक वास्तुकला एवं पेंटिंग का उत्कृष्ट उदाहरण हैं।

सुगमता

सुगमता, जैसा कि सैलानी नाम से स्पष्ट है कि पर्यटन स्थल तक सैलानी का आसानी से पहुंचना सैलानी को आकर्षित करने में अपना विशेष महत्व रखता है। जिस स्थान पर आवागमन की सुविधा नहीं है उसे विशेष महत्व नहीं देते हैं। जिस स्थान तक पहुंचने हेतु यातायात का मार्ग सुलभ है तथा यह सही मार्ग पर स्थित है तो यह स्थान पर्यटक को बहुत बड़ी संख्या में अपनी तरफ आकर्षित कर सकता है। दूरी का कारण भी सैलानियों की इच्छा को प्रभावित करता है। ज्यादा दूरी की तुलना में नजदीक का सैरगाह यात्रियों को अधिक प्रभावित करता है। विश्व के पर्यटक बाजार जैसे– United States, Europe, Canada, Japan & Australia से दूर पर्यटन स्थल होने पर सैलानियों की संख्या प्रभावित होती है। इन देशों से भारत

में आने पर एक पर्याप्त राशि व्यय करनी पड़ेगी। सुगमता के ही कारण यूरोप और उत्तरी अमेरिका से निरंतर पर्यटक विश्व के देशों में आते हैं तथा सबसे ज्यादा पर्यटक इन देशों को देखने आते हैं। एक ही क्षेत्र के देशों के सैलानियों (The intraregional tourist) की संख्या भी इन देशों की ज्यादा है। यूरोप एवं उत्तरी अमेरिका में आने वाले लोगों में 80% पर्यटक हैं। अतः पर्यटक स्थल पहुंचने की सुगमता पर्यटन की बढ़ोतरी और विकास में अपना विशेष महत्व रखती है।

सुविधाएं

पर्यटन केन्द्र पर मनोरंजन के विभिन्न साधनों का होना बहुत जरूरी है तथा साथ-साथ अन्य सुविधा जैसे—समुद्री किनारों पर नाव की सुविधा आदि का होना भी जरूरी है। सुविधा दो तरह की हो सकती है—एक प्राकृतिक यथा-समुद्र का किनारा, समुद्र में नहाना, मछली मारने की सम्भावनाएं, चढ़ाई के अवसर, दृश्यों का अवलोकन आदि। दूसरी मानव द्वारा निर्मित यथा विभिन्न तरह के मनोरंजन के साधन और सुविधाएं, ताड़ एवं नारियल के वृक्षों के नीचे शरण स्थल तथा नहाने की सुन्दर व्यवस्था आदि पर्यटकों को सरलतापूर्वक आकृष्ट कर लेते हैं।

आवास

आवास किसी भी पर्यटक की द्वितीय आवश्यकता है। गृह स्थल से दूर पर्यटकों हेतु आवास में सभी सुविधाएं सुलभ होनी चाहिएं। आवास में ठहरने के साथ-साथ खान-पान की व्यवस्था भी होनी चाहिए। विगत 25 वर्षों से इसमें कुछ सुधार शुरू किया गया है। कुछ बोर्डिंग हाउस एवं छोटे निजी होटलों के उपयोग में गिरावट आई है। बड़े होटल उपनगरों (Metropolitan areas) अथवा प्रसिद्ध पर्यटक स्थलों पर ही बनाए गए हैं। वर्तमान समय में होटलों में रहने के साथ-साथ अन्य आवश्यकताओं को ध्यान में रखकर सुविधा मुहैया करायी जाने लगी है। नए तरह के आवास विशेषतः holiday villages, apartment house तरह पर्यटक झोंपड़ी (tourist cottage) आदि बहुत लोकप्रिय हो रहे हैं। यह व्यवस्था पर्यटकों को बहुत लुभाती है।

पर्यटन स्थल पर ठहरने से पहले लोग वहां की व्यवस्था की जानकारी लेते हैं। कतिपय देश यथा स्विट्जरलैंड, हालैंड, आस्ट्रेलिया एवं नीदरलैंड अपने होटलों में उत्तम सुविधाएं, आरामदायक एवं स्वच्छता प्रदान करने के कारण ही अपना स्थान बनाए हुए हैं। दूसरे देशों में भी बनाए गए Resorts खाने-पीने एवं स्वच्छता अच्छी व्यवस्था है।

इनके अलावा कुछ अन्य तत्व भी पर्यटकों को प्रभावित करते हैं। जैसे, अतिथि सत्कार, आने वाले देशवासियों से दोस्ती एवं प्रेम का व्यवहार रखने पर ही दूसरे सैलानियों को आकर्षित कर सकता है। ये संतुष्ट पर्यटक ही अपने देश जाकर स्थिति का वर्णन करेंगे। फ्रेंच सरकार ने अपने देशवासियों को सैलानियों से होने वाले लाभ से अवगत कराने के लिए एक अभियान चलाया था। भारत सरकार ने भी एक योजना तैयार की है जिसमें पर्यटक के स्वागत का महत्व बताया और विविध तरह के नारे जैसे—सफाई रखिए, दर्शकों का स्वागत करिये। इस तरह सैलानियों से मित्रतापूर्ण व्यवहार रखने से पर्यटन को बढ़ावा मिलता है।

प्रमुख भारतीय पर्यटन स्थल एवं मौसम

अक्सर लोगों को यह बोलते और सुनते देखा जा सकता है कि अरे यह तो परिभ्रमण का समय है। इसका आशय क्या है? असल में सारी दुनिया में पर्यटक बिखरे पड़े हैं और तदनुसार उनकी गतिविधियां और सेवाएं चलती रहती हैं। आपने किसी होटल के मालिक को यह कहते सुना होगा कि इस बार का मौसम खराब था। यहां वह जलवायु के बारे में नहीं अपितु अपने व्यापार के बारे में बात कर रहा है कि एक निर्धारित अवधि में उसे आशा के अनुरूप मुनाफा नहीं हुआ। इस इकाई में हमने पर्यटन के विद्यार्थियों को यह बताने की कोशिश की है कि पर्यटन में मौसम मौसमीयता का क्या मतलब है? शुरुआत में जलवायु और मौसम सम्बन्धी परिस्थितियों का जिक्र करते हुए बताया गया है कि इससे लोगों का एक स्थान से दूसरी स्थान जाना किस हद तक प्रभावित होता है। इसके पश्चात् इसे विभिन्न प्रकार की मौसमीयता, इसके माप और स्थल पर पड़ने वाले प्रभाव की चर्चा की गई है। पर्यटन स्थल की कतिपय विशेषताओं का भी उल्लेख किया गया है। इस प्रकार की सूचनाओं से युक्त पर्यटन पेशेवर अपने ग्राहकों की शंकाओं का समाधान कर सकते हैं। आम जागरूकता कतिपय करने में मदद कर सकते हैं।

भारत की विभिन्न ऋतुएं एवं पर्यटन स्थल की जलवायु

उत्तरी अक्षांश में मौसम के अनुसार एक वर्ष को चार मुख्य समयावधि में विभाजित किया जा सकता है।

बसन्त (21 मार्च से 20 जून)
ग्रीष्म (21 जून से 22 सितम्बर)
शरद् (23 सितम्बर से 21 दिसम्बर)

शीत (22 दिसम्बर से 20 माची)।

किसी भी स्थान की जलवायु जब परिवर्तित होती है तो वहां का मौसम भी परिवर्तित होता है जो मानव जीवन को प्रभावित करता है। किसी क्षेत्र में विगत वर्षों से जो मौसम बना होता है। वही उस क्षेत्र की जलवायु होती है। क्षेत्र की जलवायु निम्न कारकों पर आधारित होती है–

तापमान

हवा की आर्द्रता

घटा का आकार और प्रकार

बरसात का आकार और प्रकार

वायुमंडलीय दबाव

हवा की गति और दिशा।

इनके मापन के आधार पर वहां की जलवायु का अथवा मौसम की जानकारी प्राप्त की जा सकती है। कालखंड एवं स्थान के बदलाव से मौसम का निर्धारण में परिवर्तन होता रहता हैं। परन्तु सामान्य रूप में एक स्थान वर्षों तक समान मौसम बना रहता है। विगत वर्षों के औसत मौसम को ही उस स्थल विशेष की जलवायु की संज्ञा दी जा सकती है।

पृथ्वी अपनी धुरी पर घुमने के साथ-साथ सूर्य की भी परिक्रमा करती है और 23. 27. पर झुकी है भूमध्य रेखा का झुकाव भी इस तरफ है। अतः मौसम पर इन तत्वों के अतिरिक्त अन्य तत्वों पर भी प्रभाव पड़ता है।

सौर ऊर्जा

पृथ्वी सूर्य विकिरण से बहुत प्रभावित होती है–

धरातल की भौगोलिक विशेषताएं एवं प्राकृतिक भू-प्रकार

जैसे-पहाड़ घाटी, समुद्र हिमावरण, रेगिस्तान, झील, नदी आदि।

यह अवस्थाएं भी जलवायु के निर्धारण में सहायक होती हैं। भारत की जलवायु मानसून से परिचालित होती है एवं यहां मुख्य रूप से चार तरह के मौसम होते हैं। ये हैं :

ठंडा–मौसम दिसम्बर से फरवरी

गर्मी–मार्च से मई

दक्षिण-पश्चित मानसून का मौसम जून से सितम्बर

उत्तर-पूर्व मानसून का मौसम अक्टूबर-नवम्बर।

यहां आपको यह स्मरण रखना चाहिए कि हर पर्यटन पेशेवरों को सभी तरह

की मौसम सम्बन्धी जानकारियां होनी चाहिएं। किसी भी स्थान के बारे में सबसे पहले आपसे प्रश्न पूछा जाएगा क्या घूमने के दौरान बरसात की संभावना होगी? घूमने हेतु सबसे अच्छा मौसम कौन-सा है, आदि।

इन सब कारणों से पर्यटन में मौसम सम्बन्धी पूर्वानुमान एवं सूचनाओं का महत्व बढ़ जाता है। आपको ज्ञात होना चाहिए इस दिशा में संचार माध्यम मुख्य भूमिका निभाते हैं। रेडियो एवं टेलीविजन द्वारा प्रतिदिन मौसम समाचार प्रसारित किए जाते हैं। समाचार-पत्र में भी मौसम सम्बन्धी समाचार छपते हैं। इसके द्वारा विभिन्न रिपोर्टों और चार्टों आदि के द्वारा आप विश्व भर के मौसम की जानकारी प्राप्त कर सकते हैं।

मौसम का पर्यटन पर प्रभाव

जलवायु में मौसम परिवर्तन की यात्रा द्वारा पर्यटन पर काफी प्रभाव पड़ता है। इसका स्पष्ट परिणाम यह हुआ कि जलवायु परिवर्तन के कारण मौसम की उत्पत्ति होती है। गर्मियों के मौसम में लोग समुद्रतट और इलाकों की तरफ आते-जाते हैं एवं जाड़े के दिनों में गर्म स्थलों की तरफ रवाना होते हैं। इसी कारण से भारत में हिल स्टेशनों का विकास हुआ। गर्मी के दिनों में जब भारत के मैदानी क्षेत्रों में तापमान बढ़ जाता है तब पहाड़ियों पर ठंड होती है एवं आनन्ददायक मौसम होता है। इसी ब्रिटिश शासन के दौरान शासकों ने अपने आराम हेतु हिल स्टेशनों का निर्माण और विकास किया। गर्मी से बचने के लिए वे हिल स्टेशनों की शरण लेते थे। भारत के मुख्य हिल स्टेशनों में सम्मिलित हैं : श्रीनगर, गुलमर्ग, पहलगाम, शिमला, कुल्लू, मनाली, मसूरी, शिलांग, माउट आबू, कोडइकनाल और ऊटी। गर्मी के मौसम में लाखों अंतर्राष्ट्रीय एवं घरेलू पर्यटक इन पहाड़ियों झीलों पर जाते हैं। वस्तुतः यहां गर्मी से राहत मिलती है इसमें से कतिपय स्थान जाड़े के दिनों में शीतकालीन खेल खेलने के लिए भी लोकप्रिय हैं।

भारत में 5,700 कि. मी. लम्बा समुद्रतट है जो गर्मी के दिनों में तुलनात्मक ठंडा और जाड़े के दिनों में अपेक्षाकृत गर्म रहता है। गोवा, कोवलम, मसल्लपुरम, पुरी कोणार्क, गोपालपुर, समुद्रतट आदि बीच अंतर्राष्ट्रीय स्तर के हैं और इन बीचों के विकास से सामुद्रिक परिभ्रमण को काफी प्रोत्साहन मिला है। भारत की जलवायु में विभिन्नता होने के कारण यहां समुद्रतटीय और पहाड़ पर्यटन अत्यधिक विकसित है।

विश्व में जलवायु की भिन्नता पर्यटकों को पूर्णतः प्रभावित करती है। पर्यटक अच्छे मौसम में घूमना पसन्द करते हैं। जैसे, पर्यटन की दृष्टि से गर्मी का मौसम

पहाड़ी क्षेत्रों हेतु सर्वश्रेष्ठ मौसम होता है। ग्रीष्म ऋतु में लाखों पर्यटन यूरोप में भूमध्य सागर पर बने तटों एवं संयुक्त राज्य के पश्चिमी तटों की ओर भागते हैं। शरद ऋतु में सैलानी ग्रीष्म प्रदेशों की ओर भ्रमण के लिए जाते हैं। इनमें भारत भी शामिल है। भारत में ग्रीष्म ऋतु में अतिशय गर्मी पड़ती है और शरद ऋतु में अत्यधिक ठंड। अतः लोग ठण्ड में गर्म स्थानों पर तथा गर्मी में पहाड़ी क्षेत्रों में भ्रमण हेतु जाते हैं।

भारत के विभिन्न पर्यटन स्थलों के विभिन्न मौसम

भारत के भिन्न-भिन्न प्रांतों में भिन्न-भिन्न प्रकार की फसलें उपजाई जाती हैं और उनके कटने का समय भी पृथक् होता है। यह सब कुछ जलवायु और मौसम पर निर्भर करता है। खेती के पश्चात् कृषक आराम करते हैं। वह विभिन्न पर्वों को हर्ष-उल्लास के साथ मनाते हैं। जैसे, तमिलनाडू का पोंगल, शान्ति निकेतन का पौष मेला, मेघालय का नोंमकेम तथा केरल का ओणम पर्व ऐसे ही कुछ पर्व हैं। इसके अतिरिक्त देश के विविध हिस्सों में ऐतिहासिक और धार्मिक महत्व के कई पर्व भी मनाए जाते हैं। वस्तुतः भारत मेलों तथा पर्वों का देश है जहां श्रद्धा, उत्साह और आनन्द के साथ प्रत्येक वर्ष अनेकों उत्सव मनाए जाते हैं। यह पर्व एकता तथा भारतय संस्कृति की सौन्दर्यता को बखान करते हैं। ये पर्व पर्यटकों को भी अत्यधिक आकर्षित करते हैं। इनमें से कुछ पर्व पूरे अथवा देश के अधिकांश भाग में और कुछ देश के खास हिस्सों में मनाए जाते हैं। उदाहरणार्थ होली देश के विभिन्न हिस्सों में मनाई जाती है, पर मथुरा और वृंदावन की होली का अपना रंग है और परिभ्रमण भी इसी होली की तरफ आकृष्ट होते हैं। इसी तरह मैसूर या कुल्लू का दशहरा प्रसिद्ध है।

भारत का मौसम

भारत में सभी वर्ग के अनुयायी नये साल की शुरुआत अति उल्लास के साथ करते है। इसी महीने में तमिलनाडु, कर्नाटक और आंध्र प्रदेश में सफल कटाई का त्योहार पोंगल, मनाया जाता है। इस दिन नूतन धान का भात बनाकर सूर्य भगवान को भोग लगाया जाता है। शान्ति निकेतन में पशुओं को सजाकर पशु मेले में ले जाया जाता है। उत्तर भारत में इसी महीने की 14 तारीख को मकर संक्रान्ति मनाई जाती है। अहमदाबाद की पतंगबाजी काफी प्रसिद्ध है और इस दिन सारा आकाश रंग-बिरगी पतंगों से भर जाता है। इस त्योहार के दौरान पतंगबाजी होती है, सांस्कृतिक कार्यक्रम आयोजित किए जाते हैं, भू जनोत्सव होता है एवं खूबसूरत, कलाकृतियों की प्रदर्शनी लगाई जाती है।

भारतीय समाज में पर्व-त्योहार का विशिष्ट स्थान है। इनमें लोक-कलाओं का सहज प्रदर्शन दिखाई देता है। बहुत से लोकनृत्यों का आयोजन विशेष पर्वों तथा मेलों में होता है। उतराखंड के लोग बड़ी कुशलता से पर्व-त्योहार की प्रतीक्षा करते हैं। जीवन की समस्याओं और चुनौतियों को वे हंसकर झेलते हैं। उत्तराखंड प्रकृति की अनुपम सौगात है। उस पर मेले, पर्व त्योहारों का आयोजन इसे स्वर्ग बना देता है। जहां तक पर्वों की बात है उतराखंड में सभी त्यौहार विधिपूर्वक मनाये जाते हैं। हम कह सकते हैं कि उतराखंड के पर्वों, मेलों में यहां के लोक जीवन की प्राचीन आत्मा के दर्शन होते हैं। ये मेले हमारी सभ्यता, संस्कृति तथा धार्मिक भावनाओं, के प्रेरणास्रोत हैं तथा इससे सामाजिक सौहार्द बढ़ता है।

26 जनवरी 1950 ई. को भारत गणतांत्रिक देश घोषित हुआ इसलिए इस दिन को राष्ट्रीय पर्व के रूप में मनाते हैं। इस दिन हर राज्य की राजधानियों में राष्ट्रीय ध्वज फहराया जाता है और परेड आयोजित किए जाते हैं। दिल्ली में भव्य आयोजन होता है। यहां सभी राज्यों के प्रतिनिधि अपनी कला का प्रदर्शन करते हैं। जनवरी के महीने में हाथियों का जुलूस सैलानियों के आकर्षण का मुख्य केन्द्र है। इस दिन त्रिचुर में 100 से भी ज्यादा हाथियों को सजाकर उनकी दौड़ आयोजित की जाती है।

जनवरी के अन्त एवं फरवरी के प्रारंभ में पश्चिम बंगाल में गंगा के मुहाने पर गंगा सागर नामक मेला लगता है। जहां लाखों तीर्थयात्री स्नान करने आते हैं।

फरवरी का महीना भी पर्वों तथा त्योहारों के रंग से रंगा हुआ है। हर वर्ष फरवरी-मार्च के महीने में थार मरुस्थल में स्थित नागौर में एक अनूठा पशु मेला लगता है। इस मेले में हजारों घोड़े, ऊंट एवं अन्य जानवर लाये और खरीदे-बेचे जाते हैं। आगंतुकों के आमोद-प्रमोद के लिए इस मेले में लोकसंगीत, नृत्य और सांस्कृतिक कार्यक्रमों का आयोजन किया जाता है। इसी महीने में जैसलमेर का मरुभूमि मेला और कोटा का हाड़ौती उत्सव राजस्थान मेला लगता है, जहां गांव के माहौल में देश से आए हस्तशिल्पों की प्रदर्शनी लगाई जाती है। यहां ग्रामीण भारत की झलक दिखाई पड़ती है और इसी से जुड़े सांस्कृतिक कार्यक्रम आयोजित किए जाते हैं तथा विविध तरह के खाद्य पदार्थों की दुकानें लगाई जाती हैं। यहां सूरजकांड में ग्रामीण भारत की छटा दिखाई पड़ती है और वहीं खजुराहो के मंदिरों में सप्ताह भर का नृत्य समारोह आयोजित किया जाता है।

यहां देश भर के शास्त्रीय नृत्य का आयोजन होता है। इस उत्सव के समय शास्त्रीय नृत्य एवं मंदिर के गहरे सम्बन्ध को प्रदर्शित किया जाता है। दक्षिण के प्रत्येक राज्यों को छोड़कर सम्पूर्ण भारत में रंगों का त्योहार होली मनाई जाती है। प्रत्येक उम्र के लोग रंग के इस त्योहार में हिस्सा लेते हैं और एक-दूसरे पर रंग, अबीर

उंड़लते हैं। इस पर्व के ठीक पूर्व बसंत पंचमी का त्योहार आता है जिस दिन विद्या की देवी सरस्वती की पूजा अर्चना की जाती है।

मार्च का महीना भी कम रंगीला नही होता है। शिवरात्रि के दिन परमपिता शिव की पूजा की जाती है। इस दिन मंदिर में भक्तों की भीड़ लग जाती है एवं पूरे दिन और रात लोग शिवरात्रि का त्योहार मनाते हैं।

अप्रैल के महीने में बैशाखी का त्योहार आता है। पूरे भारत में हिन्दुओं के नववर्ष का आरम्भ इसी दिन से माना जाता है और इसी उपलक्ष्य में यह पर्व मनाया जाता है। पंजाब में यह पर्व पूरे जोश-खरोश एवं उत्साह के साथ मनाया जाता है। और हर ग्राम में लोग भांगड़ा नृत्य करते हैं।

जयपुर में एक महीने का उत्सव मनाया जाता है जिसमें उत्सव के अन्तिम दिन गौरी देवी की पूजा अर्चना की जाती है, एवं रथ यात्रा निकाली जाती है। इसमें नृत्य, संगीत के साथ-साथ सजे हुए ऊंटों, घोड़ों तथा हाथियों पर गौरी देवी की मूर्ति रखकर पूरे शहर में शोभायात्रा घुमायी जाती है।

दक्षिण भारत के मदुरई में प्रत्येक वर्ष चित्रई पर्व मनाया जाता है। इस पर्व के अन्त में रथों पर देवी-देवताओं की एक शोभायात्रा निकाली जाती है। इस तरह केरल के त्रिचूर में पुरम नाम से एक ऐसा ही मंदिर उत्सव मनाया जाता है और हाथियों पर देवी-देवताओं की शोभा यात्रा निकाली जाती है और मंदिर के ढोल बजाए जाते हैं।

मुस्लिम समुदाय चांद के हिसाब से प्रत्येक वर्ष ईद-उल-फितर मनाते हैं। रमजान, उपवास के महीने के अन्तिम दिन नमाज अदा की जाती है, परिवार के लोग एक-दूसरे से गले मिलते हैं और विभिन्न व्यंजनों का लुत्फ उठाते हैं। सूफी संत ख्वाजा मोइनुदीन चिश्ती के ईश्वर से प्रतीकात्मक मिलन के उपलक्ष्य में राजस्थान में अजमेर की दरगाह पर उर्स मनाया जाता है। इस माह में गंगटोक में आयोजित किया जाने वाला अंतर्राष्ट्रीय फूल मेला अपने आप में अनुपम है। इसमें 500 से अधिक फूलों के किस्मों की प्रदर्शनी लगाई जाती है।

भारत में जून महीने में लेह में हेमिस पर्व महोत्सव मनाया जाता है। इस दिन हेमिस मठ के आंगान में मुखौटा नाच पेश किया जाता है।

जगन्नाथपुरी (उड़ीसा) में जून-जुलाई के महीने में 14 मीटर ऊँचे प्राचीन एवं विशाल रथ भगवान की शोभा यात्रा निकाली जाती है। इसके अलावा इस शोभा यात्रा में और भी कई रथ सम्मिलित होते हैं। इन सभी रथों को भक्तगण खींचते हैं और भगवान जगन्नाथ के प्रति अपनी आस्था व विश्वास व्यक्त करते हैं।

भारत में मुस्लिम समुदाय जुलाई के महीने में बकरीद पर्व मनाता है। इसी दिन

अल्लाह के आदेश का पालन करते हुए पैगम्बर इब्राहिम ने अपने पुत्र की बलि चढ़ाई थी। इसी की याद में यह पर्व मनाया जाता है।

15 अगस्त, 1947 को भारत अंग्रेजों की पराधीनता से मुक्त हुआ था इसलिए प्रत्येक साल 15 अगस्त को भारत में स्वतंत्रता दिवस मनाया जाता है। इसकी स्मृति में हम इसे स्मरण करते हैं। ध्वजारोहण, परेड, सांस्कृतिक कार्यक्रम इस दिन के मुख्य आकर्षण होते हैं। इस दिन प्रधानमंत्री राष्ट्रीय ध्वज तिरंगे को फहराते हैं तथा लालकिले की प्राचीर से देश संबोधित करते हैं।

अगस्त-सितम्बर के माह में भगवान कृष्ण के जन्म की खुशी में पूरे भारतवर्ष में जन्माष्टमी का त्योहार मनाया जाता है। इस दिन कृष्ण लीलाएं होती हैं एवं मंदिरों में पूजा अर्चना की जाती है। माणिपुर में 'रास-लीला' नृत्य का आयोजन किया जाता है। मथुरा और वृंदावन, जहां कृष्ण ने अपना बालपन और जवानी बिताई थी, में यह उत्सव अत्यधिक धूमधाम के साथ मनाया जाता है।

केरल में फसल कटाई का त्योहार ओणम उत्सव एवं उमंग से भरा पर्व है। इस छोटे से राज्य के सभी लोग आयु, लिंग, जाति और धर्म, का भेदभाव भूलकर प्रिय राजा महाबलि की वापसी का स्वागत करते हैं तथा इस उपलक्ष्य में अपने घरों को साफ-सुथरा कर खूब सजाते हैं। एल्लेच्पे और अरनमुला में आयोजित होने वाली नेहरू नौका दौड़ इस उत्सव का प्रधान आकर्षण होती है।

महाराष्ट्र तमिलनाडु, आंध्र प्रदेश एवं कर्नाटक में सितम्बर महीने में गणेश चतुर्थी मनाई जाती है। सात दिनों तक गणेश भगवान की पूजा अर्चना की जाती है। और फिर इसकी शोभायात्रा निकाल समुद्र, नदी अथवा झील में इन्हें विसर्जित किया जाता है। शोभायात्रा के दौरान लोग गीत गाते एवं झूमते नजर आते हैं।

2 अक्टूबर को राष्ट्रपिता महात्मा गांधी का जन्म दिन है। इसे गांधी जयंती के रूप में मनाया जाता है। इस दिन पूरे देश में प्रार्थना सभाएं आयोजित की जाती हैं।

दीपावली भारत का एक प्रमुख त्योहार है। इस दिन सम्पूर्ण देश दीपों से जगमगा उठता है। लोग एक-दूसरे को मिठाइयां खिलाते हैं।

ईसाई धर्म के मुख्य त्योहार क्रिसमस के साथ साल का समापन होता है। हर वर्ष यह 25 दिसम्बर को आयोजित किया जाता है। इस दिन गिरजाघरों में पूजा अर्चना की जाती है और सांताक्लॉज बच्चों को खाद्य सामग्रियां बांटते हैं।

5

पारिस्थितिकीय पर्यटन

पर्यटन का भ्रमण करना यह प्रत्येक जीवधारी का जन्मजात गुण होता है। आदिकाल से मानव पर्यटन सम्बन्धी जानकारियां उपलब्ध हैं, परन्तु वर्तमान समय में इसका रूप बदल गया है और इसने उद्योग का स्थान ले लिया है। प्राकृतिक क्षेत्रों में पर्यटन स्थानीय लोगों के लिये रोजगार देने में भी अग्रणी भूमिका निभाता है। इसको सुचारु रूप से चलाने के लिये संवैधानिक प्रावधान भी जरूरी हैं।

आर्थिक-पर्यटन को सिर्फ प्रकृति-पर्यटन नहीं समझा जाए। आज पर्यटन क्षेत्र बहुत ही व्यापक हो गया है यह समाज को सुधारने तथा दूसरे देशों की सभ्यता या संस्कृति से अपने में सुधार लाने का प्रयास करता है। इसे एक धुआं रहित उद्योग के रूप में काम करना चाहिए और इसका पारिस्थितिकीय प्रभाव इतना नरम होना चाहिए कि उसका प्रारम्भिक विरूपण इस धरती द्वारा समय से निष्प्रभावी कर दिया जाए।

भारत को पर्यटन की अन्तर्राष्ट्रीय प्रतिस्पर्धा में अपना स्थान निश्चित करना है तो उसे इसके लिए प्रयास करने होंगे। विश्व पर्यटन संगठन के अनुमानों के अनुसार अंतर्राष्ट्रीय पर्यटकों की संख्या वर्तमान 700 मिलियन 70 करोड़ से बढ़कर सन् 2020 तक डेढ़ अरब पार कर जाएगी और यह कारोबार वर्तमान 476 अरब डालर से बढ़कर 2000 अरब डालर का हो जाएगा। साथ ही कुप्रबंध एवं अदूरदर्शी पर्यटन से होने वाले गंभीर नुकसानों के प्रति भी सचेत रहना

चाहिये, जो साधारणतः राष्ट्र को जैव विविधता तथा उसके प्राकृतिक एवं ऐतिहासिक स्थानों और स्थानीय समुदायों को नुकसान पहुंचा सकते हैं। पर्यटन व्यापार और उद्योग को नियंत्रित करने के लिए पर्यटकों की सुरक्षा और स्वास्थ्य की देखभाल के लिए भारतीय सरकार को कानून बनाने चाहिएं। पर्यटकों की संरक्षण की पूरी व्यवस्था करनी चाहिए। सरकार और निजी क्षेत्र, दोनों को ही स्थायित्व की सुरक्षा करनी होगी और स्थानीय समुदाय के सामाजिक तथा आर्थिक विकास को बढ़ावा देना होगा।

वर्तमान समय में मानव कार्य-कलापों में से पर्यटन महत्वपूर्ण होता जा रहा है। यहाँ तक कि आज राष्ट्रीय और अंतर्राष्ट्रीय स्तर पर पर्यटन उद्योग काफी तेजी के साथ एक प्रमुख आर्थिक शक्ति के रूप में उभर रहा है। पर्यटन एक ऐसा शब्द है जो कुछ विशिष्ट उद्देश्यों को लेकर लोकजन यात्रा और देश एवं विदेश के विविध हिस्सों से जुड़े सभी संबंधी और प्रक्रमों को निरूपित करता है। पर्यटन में दो घटक सम्मिलित हैं—पर्यटक और पर्यावरण। पर्यटक का मकसद चाहे जितना भी सौम्य क्यों न हो फिर भी स्थानीय पर्यावरण पर उसका कुछ न कुछ असर जरूर ही पड़ता है। जैसे आप किसी ऐसे छोटे समूह की कल्पना कीजिए जो किसी क्षेत्र में जाकर भू-दृश्य और वन्य जीवों के अवलोकन से आनन्दित होने के सामान्य लक्ष्य से कुछ दिनों के लिए ठहर जाते हैं। ऐसे पर्यटकों की न्यूनतम आधारभूत जैसे-आवास के लिए उपयुक्त सुविधाएं परिवहन सुगमता और सम्पूर्ण आपूर्ति में सम्बन्धी आधारभूत की उचित व्यवस्था होनी आवश्यक है। पर्यटकों के व्यवहार सहित ये सारी क्रियाएं पर्यावरण पर निश्चित रूप से किसी-न-किसी प्रकार का दबाव डालती हैं। अतः प्रयास यह होना चाहिए कि सैलानियों के लौटने के बाद जल्द ही पूर्व मूल स्थिति में आ सके। देखना यह है कि यह सब प्रयत्न दर्शन के स्तर तक ही सीमित नहीं रह जाए बल्कि भीतर से हम सब में पर्यावरण के प्रति उत्तरदायित्व का अहसास जागृत हो। पर्यावरण संरक्षण और उसमें संतुलन बनाने के लिए पर्यटन तथा पर्यावरण के बीच के संबंध की पूरी जानकारी होनी अति आवश्यक है।

वातावरण एवं पर्यटन के मध्य संबंध

1. पर्यटकों द्वारा प्राकृतिक क्षेत्रों पर पर्यटन हेतु जाने पर गंदगी छोड़ ही जाती है। जिससे स्वास्थ्य संबंधी अनेक समस्याएं उत्पन्न हो जाती हैं। जिस कारण उस क्षेत्र को काफी नुकसान तथा खतरा पहुंचता है।

2. महासागरों में सैलानियों के आवासों से निकलने वाला संसाधित विषाक्त महासागरों में गिराया जाता है जो जलीय पौधों, जीवों, तटीय क्षेत्रों तथा आसपास के क्षेत्रों में निवास करने वाले जीवों के समुदायों पर विपरीत प्रभाव डालता है।

3. सैलानियों द्वारा जंगली जीवों का अवलोकन जन्तुओं तथा पक्षियों के चारण और प्रजनन को नुकसान पहुंचाता है। संवेदनशील परिस्थितिक तंत्र जैसे कि टिब्बी में सड़कों पर वाहनों का उपयोग।

4. भ्रमण एवं लापरवाही से आयोजित शैक्षिक यात्राओं के कुछ विपरीत असर हैं। दुर्लभ अथवा महत्वपूर्ण पौधों का पर्यटकों के हाथों उखाड़ा जाना और वनस्पति का पैरों तले रौंदा जाना। इस प्रकार की गतिविधियों से जैव विविधताओं को अपरिहार्य क्षति पहुंचती है।

वर्तमान समय में पर्यटन एक व्यापार बन गया है और आने वाले समय में इसका रूप बहुत ही व्यापक हो जायेगा लेकिन इसका पर्यावरण पर प्रतिकूल प्रभाव पड़ेगा। पारिस्थितिकीय तौर पर एक उचित और विश्वस्त योजना तथा प्रबन्ध की जरूरत है जो ऐसे मामलों का निपटारा कर सके। पर्यटन उद्योग से संबंधित व्यक्ति को सुग्राहित बनाकर पर्यटन उद्योग के हर चरण पर समाविष्ट करना कार्यविधि का महत्वपूर्ण विषय होगा। अगर अब पर्यटक, और पर्यटन अधिकारी इस बात स्वीकार करें कि इससे पर्यावरण को नुकसान पहुँचेगा तो इसकी रोकथाम के उपाय स्वतः ही शुरू हो जायेंगे। इस दिशा में कोई भी शुरुआत चाहे वह कितना ही छोटा क्यों न हो, व्याप्त होकर सारे विश्व में फैल जाएगा।

इधर आर्थिक पर्यटन आज दुनियाभर में पर्यटकों का विशेषतः निजी क्षेत्रों के निवेशकों की रुचि के अत्यंत महत्वपूर्ण क्षेत्र के तौर पर उभरकर सामने आ रहा है। चूंकि यह एक ऐसा क्षेत्र है जिसमें भारत की स्थिति स्वाभाविक रूप से सशक्त है। पर्यटन के क्षेत्र में उत्पन्न विषम परिस्थिति को खत्म करना चाहिए तथा पर्यटन क्षेत्रों के संरक्षण हेतु उचित कदम उठाने चाहिएं। भारत के प्राकृतिक संसाधनों और समृद्ध सांस्कृतिक विरासत को स्मरण रखते हुए यहाँ पर्यटन आर्थिक विकास और रोजगार उपलब्ध कराने वाले महत्वपूर्ण साधन के रूप में उभर कर सामने आ सकता है। असल में वर्ल्ड ट्रैवल एण्ड टूरिज्म काउन्सिल की रिपोर्ट के अनुसार भारत 2012 तक पर्यटन क्षेत्र में रोजगार के 2.5 करोड़ अलावा अवसर उत्पन्न कर सकता है। जहाँ

तक पूरी दुनिया का सवाल है विश्व में हर बारहवें में से एक रोजगार यात्रा और पर्यटन से पैदा होने वाली गतिविधियों से जुड़ा है और 2011 तक इसे और बढ़ाकर हर ग्यारहवें में से एक मौके को पर्यटन से जोड़ा जा सकता है। यह अनुमान निजी और व्यावसायिक उपभोग, सरकारी व्यय, पर्यटन में पूंजीगत निवेश, यात्रा एवं पर्यटन हेतु कुल मांग और सकल घरेलू उत्पाद में इसके तहत गणनाओं आदि पर आधारित है।

समृद्ध प्राकृतिक संसाधनों और जैव एवं सांस्कृतिक विभिन्नता के अलावा भारत को पर्यटन से 1.8 अरब अमरीकी डॉलर के लगभग आमदनी होती है जबकि छोटे से देश सिंगापुर को इससे 3.4 अरब डॉलर एवं थाईलैण्ड को 6.8 अरब डॉलर की आय होती है। इस तरह मुख्यतः विकास, पासपोर्ट माने जाने वाले पर्यटन उद्योग को हमारे देश में बढ़ावा देने की बहुत आवश्यकता है। ज्यों-ज्यों आमदनी बढ़ेगी और परिवहन प्रणाली में सुधार होगा, अंतर्राष्ट्रीय एवं राष्ट्रीय पर्यटन में संख्या की दृष्टि से वृद्धि होना एक तरह से तय है। आज अधिकतर पर्यटक समुद्र तटवर्ती सैरगाहों या पर्यटन स्थल के रूप में विख्यात शहरों की सैर करने की बजाय आकर्षक प्राकृतिक वातावरण में अथवा संरक्षण को ध्यान में रखकर हिफाजत में रखे गये स्थानों की यात्रा पर जाना अधिक पसंद करते हैं। इस प्रकार का पर्यटन एक तरह का वैकल्पिक पर्यटन है जिसे प्राकृतिक पर्यटन या इको टूरिज्म, पारिस्थितिकीय पर्यटन, के नाम से भी जाना जाता है।

प्राकृतिक पर्यटन में विशेष प्राकृतिक स्थान की यात्रा की जाती है एवं इसका लक्ष्य के रूप में सैर संपाटा आर्थिक पर्यटन मनोरंजन होता है। इको टूरिज्म सोसाइटी द्वारा की परिभाषा जिम्मेदारी की भावना से प्राकृतिक स्थानों की यात्रा जिससे पर्यावरण का संरक्षण हो एवं स्थानीय लोगों के कल्याण को सबसे बड़े आर्थिक क्षेत्र का निर्माण होता है। विश्व पर्यटन संगठन के आंकड़ों को देखें तो पता चलता है कि सकल घरेलू उत्पाद में पर्यटन का 4% योगदान है और विश्व के सकल घरेलू उत्पाद में इनका प्रत्यक्ष एवं अप्रत्यक्ष योगदान संयुक्त रूप से 11 फीसदी से अधिक है। वर्तमान समय में पर्यटन से 20 करोड़ लोगों को रोजगार प्राप्त हो रहे हैं। पर्यटन के क्षेत्र में रोजगार के सम्मिलित केवल होटलों, विमान सेवाओं आदि से संबधित नौकरियां ही आपूर्ति नहीं है, जबकि खाद्य पदार्थो संबधी समूची उत्पादन और वितरण प्रणाली, हस्तशिल्प उत्पादों की आपूर्ति एवं उनका विपणन, मनोरंजन, खेल-कूद, पर्यटन से सम्बद्ध खान-पान संबधी गतिविधियाँ एवं अर्थव्यवस्था के राजमार्ग निर्माण, हवाई अड्डों में निवेश जैसे क्षेत्र भी इसमें शामिल हैं। इस तरह आज पर्यटन को देश की नियोजन संबंधी प्राथमिकताओं को प्रोत्साहन मिल रहा है।

वर्तमान समय में पर्यटन आर्थिक विकास का साधन बन गया है। मानवीय प्रतिनिधित्व भी उभर कर सामने आया है। मानवीय गतिविधियों का शायद ही कोई ऐसा क्षेत्र होगा जिससे इतने अधिक लाभ हो। रोजगार के मौके सुलभ कराने हों एवं विदेशी मुद्रा अर्जित करने, पर्यावरण में सुधार, संस्कृति-आर्थिक पर्यटन परम्पराओं के संरक्षण और इसी प्रकार की अन्य गतिविधियों के द्वारा सारी वित्तीय व्यवस्था को गति प्रदान करने का कार्य पर्यटन कर रहा है। इसके अलावा पर्यटन वर्तमान समय में एक विकसित उद्योग के रूप में उभर रहा है। और आर्थिक पर्यटन तो विकासमान अंतर्राष्ट्रीय पर्यटन उद्योग का सबसे तेजी से विकसित होने वाला क्षेत्र है। सन् 2001 के अंत के कुछ महीनों की अस्थिरता पैदा करने वाली कुछ घटनाओं के परिणामस्वरूप उत्पन्न अनिश्चितता के बावजूद विश्व पर्यटन संगठन को अनुमान है कि न सिर्फ अंतर्राष्ट्रीय पर्यटकों की संख्या में जिसके 2010 तक 1 अरब को पार कर जाने की संभावना है, बल्कि इको टूरिज्म गतिविधियों में भाग लेने वाले सैलानियों के प्रतिशत में भी भारी बढ़ोतरी होगी। इको टूरिज्म को आर्थिक दृष्टिकोण से और ज्यादा महत्वपूर्ण और स्थाई बनाने हेतु पर्यटन उद्योग, सरकारी विभागों, स्थानीय लोगों और खुद पर्यटकों के बीच सहयोग और सामंजस्य की जरूरत होती है। सन् 2000 में दुनियाभर में अंतर्राष्ट्रीय मध्य की संख्या 69.9 करोड़ रही थी जो कि इससे पहले के वर्ष की तुलना में 7.4 प्रतिशत अधिक है। अंतराष्ट्रीय पर्यटकों से होने वाली आय 476 अरब अमरीकी डॉलर के लगभग पहुंच गयी जो कि 1999 की तुलना में 4. 5 करीब अधिक है। आज विकासशील देशों को इस क्षेत्र में आर्थिक लाभ बहुत अधिक हो रहा है क्योंकि विदेशी पर्यटन काफी मात्रा में इन देशों का भ्रमण करने आ रहे हैं। यह स्थिति निरंतर विकासित हो रही है।

विश्व पर्यटन संगठन ने आकलन लगाया कि प्राकृतिक पर्यटन से 1997 में अंतर्राष्ट्रीय स्तर के खर्च के रूप में 7 फीसदी की आमदनी हुई। वर्ल्ड रिसोर्सेज इंस्टीट्यूट विश्व संसाधन संस्थान के अनुसार 1990 के दशक के शुरुआती वर्षो में पर्यटन में विस्तृत रूप में 4 % वृद्धि और प्राकृतिक पर्यटन में 10-30 प्रतिशत की दर से वृद्धि हो रही थी। 1997 में एशिया प्रशांत क्षेत्र में टूर-ऑपरेटरों के सर्वेक्षण से भी इन आंकड़ों की पुष्टि हो जाती है। इस क्षेत्र के राष्ट्रों में 10-25 फीसदी की वर्णित विकास दर देखी गयी है। इसके अलावा विश्व पर्यटन संगठन के अनुमानों से पता चलता है कि दुनिया में इको टूरिज्म पर होने वाला व्यय 20 प्रतिशत वार्षिक की दर से बढ़ रहा है जो कि पर्यटन उद्योग की समग्र औसत विकास देर के पांच गुने के समतुल्य है।

भूमण्डलीकरण ग्लोबलाइजेशन के दौर में आर्थिक विविधीकरण और प्रौद्योगिकी में सुधार से पर्यटन के विकास हेतु अनुकूल वातावरण बना है। पर्यटन क्षेत्र में आर्थिक विकास तथा अन्य अनेक लाभकारी कारणों के कारण भारत तथा अन्य विकासशील देशों ने इस क्षेत्र को विकसित करने का बोझ उठा लिया है। भारत का भौगोलिक क्षेत्र काफी विस्तृत है और यहाँ की सांस्कृतिक और ऐतिहासिक विरासत भी बहुत महान है। यह पर्यटन क्षेत्र के विकास हेतु आदर्श स्थिति है।

वित्तीय पक्ष

आर्थिक पर्यटन से पर्यटन को इस प्रकार से विकसित करने में सहायता मिलती है जिससे उसके नकारात्मक असर कम होते हैं एवं यह पर्यावरण में खराबी को रोकने के साथ-साथ स्थानीय लोगों के साथ इसके आर्थिक लाभों का मिल बांट कर उपयोग करने में मदद करता है पिछले दो दशकों में ऐसे सैलानियों की संख्या में बड़ी तीव्रता से वृद्धि हुई है जो निजी रूप से या छोटे से दल में अपेक्षाकृत अछूते इलाकों की यात्रा करना पसंद करते हैं। ये लोग ऐसे क्षेत्रों में जाकर प्राकृतिक वातावरण का आनंद लेते हैं और समाज पर अच्छा असर पड़ता है लेकिन यदि इसे ठीक से व्यवस्थित नहीं किया गया तो वृहद् पैमाने पर पर्यटन के रूप में इसका बुरा प्रभाव भी पड़ता है।

पर्यटक में वे व्यक्ति आते हैं, जो सामान्यतः 10-12 महीने अपने निजी निवास से दूर रहकर खूब सैर-सपाटा करते हैं। चूंकि इस तरह की यात्राएं प्रकृति के काफी निकट लेकर जाती हैं इसलिए इनमें उसके जड़ एवं चेतन दोनों ही तरह के विभिन्न रूपों का आनंद उठाने का अवसर मिलता है। इससे पारिस्थितिकीय प्रणाली को नुकसान पहुंचाए बिना पर्यावरण हेतु बेहद अनुकूल तरीके से पर्यटन का विकास होता है अतः इसे इको टूरिज्म कहा जाता है।

इको टूरिज्म को परिभाषित करते हुए विश्व पर्यटन संगठन ने कहा कि 'यह ऐसा पर्यटन है जिसमें जीव-जन्तुओं, वनस्पतियों को देखने अथवा सांस्कृतिक सभ्यता से जुड़े पहलुओं को देखने के लिये उस स्थान की यात्रा करते हैं।' प्राकृतिक स्थान की यात्रा हेतु पर्यटन इको टूरिज्म किसी पर्यटन स्थल पर सैर-सपाटे के लिए वृहत् पैमाने पर जाने वाले पर्यटन या रिसॉर्ट टूरिज्म से भिन्न है क्योंकि इसका पर्यावरण पर कम प्रभाव पड़ता है एवं इसके लिए बुनियादी ढांचे के विकास की भी अधिक जरूरत नहीं पड़ती। इसके कई लाभ हैं—

1. स्थानीय मालिकाना के साथ-साथ स्थानीय लोगों विशेष रूप से ग्रामीणों हेतु व्यापार के अवसरों पर बल दिया जाता है। इसमें पर्यटन के नकारात्मक पर्यावरणीय एवं सामाजिक सांस्कृतिक असर को कम से कम करने हेतु पर्यटक और स्थानीय लोग मिलकर कार्य करने के लिए उत्तरदायी हैं।
2. स्थानीय लोगों के कल्याण को मदद मिलती है, और जैव विविधता के संरक्षण में सहायता मिलती है।
3. प्रकृति पर आधारित पर्यटक सामान्यतः यहां पर प्राकृतिक स्थानों की प्रकृति एवं परपंरागत संस्कृति को देखने और आनंद लेने के लिए आते हैं।

इको टूरिज्म में ज्यादा संसाधनों की आवश्यकता नहीं होती है। जैसे पर्यटन करने वालों का समूह 25 से अधिक का नहीं होता, होटल 100 कमरों से अधिक के नहीं होते। इसका संचालन भी छोटी अथवा मंझोली कम्पनियों के माध्यम से किया जाता है। जो प्राकृतिक स्थानों पर छोटे समूहों को किराये पर आवासीय सुविधा सुलभ कराने में माहिर होती है। ये कम्पनियां स्थानीय लोगों में से ही गाइड का भी इंतजाम करती हैं जो सैलानियों को पारिस्थितिकीय प्रणाली, स्थानीय संस्कृति और लोगों के पर्यावरण के साथ रिश्ते एवं पर्यावरण के स्थायित्व जैसे मुद्दों पर विस्तृत सूचना दे सकते हैं।

इको टूरिज्म की सबसे आवश्यक बात यह है कि इसमें प्राकृतिक पर्यावरण आकर्षण का केंद्र बिन्दु होता है। इस तरह के पर्यटन में सम्मिलित लोग पर्यावरण की संवेदनशीलता के बारे में जागरूक होते हैं और उनकी संख्या सीमित पर्यावरण की दृष्टि से अनूकूल होती है एवं उनसे पारिस्थितिकीय प्रणाली पर कोई नुकसान नहीं होता अपितु स्थानीय लोगों के साथ पारिस्थितिकीय संतुलन को बनाए रखने में मुख्य भूमिका अदा करते हैं।

इको टूरिज्म के कई रूप एवं कई आयाम हो सकते हैं। उदाहरणार्थ, भीड़-भाड़ से दूर किसी सुंदर जंगल अथवा प्राकृतिक स्थान में जाकर रहना, वन्य पशु, पक्षियों और वनस्पतियों को देखना, मूंगे की चट्टानों और समुद्री जीवों का आनंद लेना। ट्रैकिंग, नौकायन, रैफ्टिंग करना, रेत के ढूहों में भटकना आदि इको-टूरिज्म के बड़े सामान्य उदाहरण हैं। हालांकि इको टूरिज्म की अवधारणा हाल ही में विकसित हुई है, लेकिन जहां तक भारत का सवाल है यहां काफी समय पूर्व से ही 'इको टूरिज्म' का विभिन्न रूपों में प्रचलन रहा है।

हिमालय क्षेत्र सामान्यतः गढ़वाल हिमालय प्रकृति प्रेमियों, ट्रेकिंग करने वालों, पर्वतारोहियों और साधु-संतों हेतु प्राचीन काल से ही स्वर्ग माना जाता है। उत्तराखंड

में नंदादेवी संरक्षित जीवमण्डल ऐसे ही अद्वितीय क्षेत्रों में से एक है। पारिस्थितिकी की दृष्टि से इसका बड़ा ही महत्व है और जैव-विविधता की दृष्टि से इसका विशेष महत्व है और जैव-विविधता की दृष्टि से भी यह काफी समृद्ध है। यह नैसंर्गिक सौन्दर्य वाला क्षेत्र है। यहाँ ऊँचे-ऊँचे पहाड़ एवं निचली घाटियाँ, हिमाच्छादित चोटियां, सुंदर प्राकृतिक वन, ऊँचाई वाले सदाबहार चरागाह, अद्वितीय पेड़-पौधे एवं जीव-जंतु सांस्कृतिक विभिन्नता और जलवायु संबंधी भिन्नताएं पायी जाती हैं जिसके कारण प्रकृति प्रेमी अथवा इको टूरिस्ट यहाँ खिंचे चले आते हैं। लेकिन 1982 में जब से जहाँ राष्ट्रीय उद्यान की स्थापना हुई है एवं 1988 में इसे यूनेस्को के मानव और जीवमण्डल कार्यक्रम के अन्तर्गत संरक्षित जीव मंडल घोषित किया गया है, यहाँ ट्रैकिंग करने एवं पर्वतारोहण अभियान चलाने, आम व्यक्तियों पर नंदादेवी संरक्षित जीवमण्डल के भीतरी क्षेत्रों में इस तरह की गतिविधियों पर मनाही हो गयी है। ये पर्वतारोहण और ट्रेकिंग अभियान स्थानीय अर्थव्यवस्था हेतु महत्वपूर्ण थे। नंदादेवी संरक्षित जीवमण्डल अपनी ऊँची-ऊँची पर्वत शृंखलाओं, तथा ट्रेकिंग वाले रास्तों के लिये जाना जाता है। पर्वतारोहण अभियानों पर प्रतिबंध से स्थानीय अर्थव्यवस्था पर पड़ने वाले प्रभाव की अनदेखी कर दी गई। स्थानीय लोगों एवं संरक्षित क्षेत्र के अधिकारियों के बीच संघर्ष की स्थिति उत्पन्न हो गयी। इसे देखते हुए ऐसी गतिविधियों को जारी करने की जरूरत है जिससे अर्थव्यवस्था में विविधता लाने, स्थानीय लोगों को आजीविका के वैकल्पिक अवसर उपलब्ध कराने, पारिस्थितिकीय संरक्षण को बढ़ावा देने एवं जीवमण्डल की समस्याओं का भी हल किया जाए। ये समस्याएं हैं : लोगों के साथ टकराव तथा जैव-विविधता का ह्रास। जीव मण्डल के समीपवर्ती क्षेत्रों में इको-टूरिज्म एक ऐसी क्रिया है जिसमें अपार संभावनाएं व्यक्त की जा रही हैं। अतः निम्नलिखित तथ्यों को समझने का प्रयास किया जाना चाहिए–

1. अभियान एवं स्थानीय अर्थव्यवस्था पर संरक्षण सबंधी नीतियों का प्रभाव।
2. इको ट्रैकिंग या इको एक्सपीडिशन पर संरक्षण नीतियों का प्रभाव।
3. टकराव अन्त करने एवं स्थानीय अर्थव्यवस्था में सुधार हेतु टिकाऊ इको टूरिज्म को उत्साहित करने वाले उपयुक्त नीति अथवा कार्य योजना का निर्माण।

संभावनाएँ

इको टूरिज्म का व्यवसाय केंद्र एवं राज्य सरकारें, स्थानीय निकाय, विकास

और संचालन से जुड़े व्यक्ति, पर्यटक और स्थानीय समुदाय पर आधारित है। इनमें से सभी को पर्यावरण और स्थानीय परम्पराओं को ध्यान में रखते हुये पर्यटन का सफल निर्देशन जरूरी होगा। इसके बावजूद गैर-सरकारी संगठनों तथा वैज्ञानिक अनुसंधान को भी इको टूरिज्म के विकास में प्रमुख भूमिका निभानी होगी।

आधुनिक समय में पर्यटन के सम्बन्ध में बाहरी और स्थानीय लोगों में मतभेद हैं। विशेष तौर पर बाजारों और अन्य स्थलों पर घूमते विदेशियों को देखकर हम कह बैठते हैं विदेशी किसी का दोस्त नहीं होता, वे हमारी सेवा तो बड़े मजे से स्वीकार कर लेते हैं पर अपने डॉलर के प्रति बड़े सख्त होते हैं। कई बार सैलानी भावना के प्रतीकों की अवमानना करते हैं और स्थानीय सेवाओं के स्तर की आलोचना करते हैं। सैलानी यह सोचता है कि उसे ठगा जा रहा है। क्योंकि वे बाजार में चल रहे मोल-तोल से अनभिज्ञ होते हैं। पर्यटन क्षेत्र में सैलानियों और स्थानीय जनता की आकांक्षाओं का संतुलन निम्नांकित बातों पर निर्भर करता है–

1. सैलानियों और स्थानीय नागरिकों के मध्य सहयोग, और आदान-प्रदान।
2. सामग्रियों और स्थानीय व्यक्तियों की आवश्यकताओं से संबंधित उत्पादों के बीच उत्पादों के मध्य संतुलन और दोनों उत्पादों तक दोनों पक्षों की पहुंच।

सुनियोजित पर्यटन व्यवस्था के लिए स्थानीय क्षमता की एक समझ होना बहुत जरूरी है जिससे कि सैलानियों में स्थानीय स्रोतों के उपभोग की होड़ न उत्पन्न हो और इन स्रोतों के समाप्त हो जाने का खतरा न बने। लेकिन इसके साथ आने वाले सैलानियों की उचित देखभाल भी की जा सके। अतः व्यवस्था का अच्छी तरह से संचालन जरूरी है।

इको टूरिज्म को बढ़ावा देने हेतु सरकार अपनी ओर से निम्नांकित सुझावों पर विचार कर सकती है :

1. पर्यटन संबंधी गतिविधियों के कुप्रभाव की हरसम्भव निगरानी सुनिश्चित की जानी चाहिए और इसकी रोकथाम हेतु उपयुक्त कदम उठाये जाने चाहिए।
2. पर्यटन स्थल के अनुसार वहां आने वाले सभी पर्यटकों के लिए एक सुविचारित आचार संहिता तैयार करना चाहिए। पर्यटन प्रशासन से जुड़े लोगों नियोजकों, ऑपरेटरों एवं सर्वसाधारण के लिए आर्थिक पयर्टन के बारे में प्रशिक्षण कार्यक्रम संचालित किये जाने चाहिएं।

3. पर्यटकों के लिए पर्यटन स्थलों पर निम्नलिखित सूचनाएं उपलब्ध करानी चाहिएं। क्या देखें? कैसे देखें? लोगों से किस प्रकार व्यवहार करें? इस संबंध में पर्चे, पुस्तिकाएं, विशेष गाइड पुस्तकें, पर्यटक सूचना केंद्र आदि की व्यवस्था की जा जानी चाहिए।
4. विकास संबधी गतिविधियों की सीमा तय करने के लिए पर्यावरण संबधी भौतिक और सामाजिक क्षमताओं का निर्धारण होना चाहिए।
5. इको टूरिज्म के क्षेत्र में उत्तम कार्य करने वाले की पहचान की जानी चाहिए तथा पुरस्कार स्वरूप गुणवता चिन्ह दिये जाने चाहिएं।
6. ऐसे ढाँचे जिनसे कलात्मक मानदण्डों से रहित संरचनाओं तथा मेल न खाने वाले वास्तुशिल्प पर पाबंदी लगायी जानी चाहिए और स्थानीय भवन निर्माण सामग्री पर आधारित ऐसी अस्थायी संरचनाओं को बढ़ावा दिया जाना चाहिए जिससे स्थानीय पर्यावरण को लाभ हो।
7. भवन निर्माण संबंधी नियम एवं कायदे-कानून बनाए जाने चाहिएं।
8. इको टूरिज्म केंद्रों हेतु वास्तुशिल्प संबंधी योजना को नियंत्रित करने वाले केंद्रों एवं कक्षों, सड़कों, निर्देशित प्राकृतिक यात्रा, पक्षी, यातायात संबंधी विकल्पों, निर्देशन केंद्रो, मार्गदर्शक चिन्हों, प्रेक्षण, टावरों, खाने और ठहरने की समुचित सुविधा, कूड़े-कर्कट के निपटाने की सुविधा और इसी प्रकार की अनिवार्य सुविधाओं को शामिल किया जाना चाहिए। यदि आवश्यकता पड़े तो परियोजना कर्मियों के लिए उपयुक्त रिहायशी मकान और सुविधाएं भी सुलभ करायी जानी चाहिएं।
9. पर्यावरण एवं भौगोलिक अस्थिरता वाले क्षेत्रों में विकास कार्यों पर रोक लगायी जानी चाहिए और समुचित मूल्यांकन करने के बाद विकास और बफर क्षेत्रों का निर्धारण किया जाना चाहिए।
10. पेशेवर लैण्डस्केप आर्किटैक्ट और शहरी नियोजन करने वाले समुदायों एवं प्रत्यक्ष रूप से जुड़े अन्य लोगों के साथ-साथ मशविरा करके प्रत्येक क्षेत्र के लिए प्रबंधन योजना बनाएं।
11. एक ही क्षेत्र के अंदर और विभिन्न क्षेत्रों के टकराव रोकने हेतु समन्वित नियोजन अपनाया जाना चाहिए।

पर्यटन स्रोत—परिवेश के मद्देनजर एक पर्यटन व्यवस्था में निम्नांकित मुद्दे सामने आते हैं—

1. **सीमित धन एवं समय**—धन और समय के अवसर निर्धारित होते हैं और ये असीमित नहीं होते।
2. **कार्यकलाप**—समय और धन का उपयोग करते समय विवेक का प्रयोग किया जाना चाहिए है और ये असीमित नहीं होते।
3. **लाभान्वित लोग**—इससे पयर्टन एवं स्थानीय लोग दोनों को ही लाभ होता है क्योंकि पर्यटन में दोनों पक्षों के सहयोग की आवश्यकता होती है। अतः नियंत्रित सैरगाहों और समारोहों की सफलता हेतु इनका आपसी सहयोग बहुत जरूरी है। इनमें से प्रत्येक सवाल कुछ न कुछ समस्याएं पैदा करता है, जिसको कि सुलझाना बहुत ही आवश्यक है।
4. **परिणाम**—इस जीवन में संसार और परिभ्रमण जैसी क्रियाओं के सहारे हम सुख की ही खोज करते हैं।
5. **सहजीकरण**—यह भी विवेक द्वारा पेश की गई सम्भावनाओं के बीच ही सम्पन्न होता है।

निष्कर्ष :- इको टूरिज्म को सिर्फ प्रकृति एवं पर्यटन ही नहीं समझ लेना चाहिये अपितु यह एक बड़ा विषय है इसे गरीबी दूर करने, बेरोजगारी कम करने, नया कौशल निर्माण करने, महिलाओं की स्थिति सुधारने के साथ-साथ वहां के वातावरण में सुधार लाना आदि शामिल किया जाता है। 27 सितम्बर का दिन पूरी दुनिया में विश्व पर्यटन दिवस के रूप में मनाया जाता है एवं वर्ष 2004 में विश्व पर्यटन संगठन ने मलेशिया को विश्व पर्यटन दिवस मनाने के लिए चुना।

भारत में हिमालय की क्षेत्रीय स्थिति

हिमालय के लोग वहाँ की प्रकृति द्वारा प्राप्त विरासत में जुड़े होते हैं। प्रकृति तथा वहाँ के लोग एक-दूसरे पर आधरित हैं, लेकिन पर्यटन के कारण जब लोगों की संख्या बढ़ जाती है तब अनेक समस्याएं भी असंतुलन पैदा होने के कारण उत्पन्न हो जाती हैं। सामान्यतः यहां पर लोगों को आवास की, ईंधन और चारा प्राप्त करने में समस्याएं आने लगी हैं। आज हमारे पर्वतों के संसाधनों का टिकाऊ प्रयोग एवं इको टूरिज्म को प्रोत्साहन देना ही पहाड़ों की समस्याओं का एकमात्र हल है।

उत्तराखंड 29.5 उत्तरी अक्षांश से 77.45-81 पूर्वी देशातंर के बीच स्थित है। इसका भौगोलिक क्षेत्रफल 52,458 वर्ग किलोमीटर है। टेम्स नदी उत्तराखंड को उत्तर पश्चिम में हिमाचल प्रदेश से अलग करती है और काली नदी पूर्व में इसे नेपाल से अलग करती है।

हिमालय क्षेत्र दुनिया के सबसे ज्यादा नाजुक और संवेदनशील क्षेत्रों में गिना जाता है। हिमालय भारत के ताज की तरह है एवं प्रकृति की महानता का बेजोड़ उदाहरण है। लेकिन समय के साथ-साथ आबादी के दबाव, सकल क्षेत्रीय उत्पाद में बढ़ते हुए अंतर, लोगों की उम्मीदों, घरेलू, आधुनिकीकरण की विश्वव्यापी प्रक्रिया के कारण हिमालय का वैभव क्षीण होता जा रहा है। हिमालयी समाज को घरेलू संसाधनों के भण्डार के खत्म होने एवं प्रति व्यक्ति खर्च में वृद्धि के कारण प्रति व्यक्ति आय में गिरावट की समस्या का सामना करना पड़ रहा है। इसके अलावा उत्तराखंड क्षेत्र बेमौसमी सब्जियों, शीतोष्ण जलवायु के फलों, वन उपज, एवं मानव संसाधन सहित कई अन्य संसाधन उपलब्ध कराने में प्रमुख भूमिका अदा करता आया है। इसके प्राकृतिक जल स्रोतों, जैसे झरनों और बारहमासी नदियों आदि के पानी का उपयोग पनबिजली के उत्पादन एवं सिंचाई तथा पेयजल उपलब्ध कराने में किया जाता है। जहाँ तक खनिज संसाधनों का प्रश्न है, यह क्षेत्र चूना, मैग्नेसाइट, जिप्सम, बलुआ पत्थर, रॉक फास्फेट, एस्बेस्टस, ग्रेफाइट, तांबा और सीसा सुलभ कराता है। केदारनाथ, बद्रीनाथ, गंगोत्री, यमुनोत्री जैसे कई धार्मिक स्थल हैं जहाँ धार्मिक पर्यटन के साथ-साथ साहसिक पर्यटन को प्रोत्साहित करने के लिये पर्याप्त अवसर हैं। हिमालय पर अनेक धार्मिक स्थान होने के कारण पर्यटकों को अपनी ओर आकर्षित करता है तथा इससे आधारित उद्योगों को प्रोत्साहन दिया जा रहा है। इन स्थलों पर राष्ट्रीय जनसंख्या वृद्धि के औसत के बराबर भी इनकी जनसंख्या बढ़ रही है। यहाँ प्रौद्योगिकी और बुनियादी ढांचे के विकास की रफ्तार तेज कर आवश्यक संसाधनों का उत्पादन बढ़ाया जा सकता है। यह क्षेत्र अभी भी आधुनिक सुविधाओं के अभाव से जूझ रहा है। इस क्षेत्र में भी अंतर्राष्ट्रीय सीमा से लगे जिले आधुनिक सुविधाओं एवं शिक्षा की दृष्टि से सबसे अधिक पिछड़े हुए हैं।

मध्य हिमालय में स्थित उत्तराखंड की विशेषता वहाँ के बीहड़ पर्वतों वाला क्षेत्र है। यहाँ की ऊँचाई 300 मीटर से 7817 मीटर नंदा देवी चोटी के बीच घटती-बढ़ती रहती है। ऊँचाई में अचानक होने वाले इस उतार-चढाव से यहाँ भू-आकृति, मौसम विज्ञान, पेड़-पौधों एवं वनस्पतियों संबधी बड़ी जटिल और दिलचस्प विविधता दिखाई देती है। भारत की दो महान नदियों का उद्‌गम मध्य हिमालय में हुआ है अतः यह साधु-संतों, ऋषियों-मुनियों की क्रीड़ा स्थली रही है। इस क्षेत्र में विभिन्न संस्कृति एवं सभ्यताओं के नमूने देखने को मिलते हैं। और यहाँ तीर्थों की स्थापना की जिससे कि श्रद्धालु उनमें जाकर अपने देवी-देवताओं की आराधना कर सकें। अध्ययनों से पता चलता है कि हिमालय क्षेत्र के आधे से अधिक क्षेत्र में रिक्टर पैमाने पर 7-8

अंक से अधिक क्षमता वाले भूकम्प आने का संकट है। यह पूर्वानुमान लगाना तो सम्भव नहीं है कि यह भूकम्प कब और कहाँ आयेगा, लेकिन इसके लिये पश्चिमी नेपाल, कुमाऊँ एवं पश्चिमी भूटान क्षेत्रों को चिह्नित किया गया है। इसका कारण यह है कि भारतीय प्लेट यूरेशिया प्लेट को बल दे रही है जिससे तनाव उत्पन्न हो रहा है। यह तनाव भूकम्प के रूप में समय-समय बाहर आता रहता है।

इंडियन इंस्टीट्यूट ऑफ एस्ट्रोफिजिक्स द्वारा किये गये जीपीएस भौगोलिक स्थिति का आंकलन करने वाले सर्वेक्षण से पता चला है कि हिमालय के कम से कम आधे क्षेत्र में इतना दबाव पैदा हो गया है कि इससे आठ अंक तक की तीव्रता का भूकंप आ सकता है। यह क्षेत्र हिमालय से तुलनात्मक रूप में कम पुराना इलाका है जिस कारण यहाँ की पारिस्थितिकीय प्रणाली अत्यधिक संवेदनशील और नाजुक है। यदि यहाँ की प्रकृति के साथ थोड़ी-सी भी छेड़छाड़ की गयी और बिना समुचित योजना बनाकर कार्रवाई नहीं की गयी तो इसके घातक परिणाम सामने आ सकते हैं।

हिमालय बहुत विशाल पर्वतीय क्षेत्र है। इसका विस्तार दक्षिण एशिया के आठ विकासशील देशों अफगानिस्तान, बांग्लादेश, भूटान, चीन, भारत, म्यांमार, बर्मा, नेपाल और पाकिस्तान तक है। भारत की गिनती विस्तृत जैव विविधता वाले दुनिया के 12 क्षेत्रों में होती है। इस विभिन्नता का मुख्य कारण हिमालय ही है। हालांकि देश का केवल 18 प्रतिशत भौगोलिक क्षेत्र हिमालय के अंतर्गत आता है लेकिन देश के कुल वनाच्छादित क्षेत्र का 50 प्रतिशत से अधिक इसके अन्तर्गत आता है। भारतीय उपमहाद्वीप में पायी जाने वाली करीब 40 प्रतिशत वनस्पति प्रजातियां हिमालय क्षेत्र के वनों में पायी जाती हैं। वनाच्छादित क्षेत्र एवं जैव-विविधता का नष्ट होना, कृषि संबंधी उत्पादकता में कमी तथा पारिस्थितिकी प्रणाली संबंधी सेवाओं में गिरावट जैसी समस्याएं इस क्षेत्र की मुख्य समस्याएं हैं और ये आपस में जुड़ी हुई हैं। इनकी कारण से पर्वतीय क्षेत्रों के 1.15 करोड़ व्यक्तियों की स्थायी, आजीविका हेतु तो खतरा पैदा हुआ ही है, हिमालय से लगे सिंधु-गंगा मैदान में रहने वाली काफी बड़ी जनसंख्या भी सकंट में पड़ी हुई है।

1970 के दशक तक पर्यावरण, खाद्य-सुरक्षा एवं ग्रामीण क्षेत्रों के आर्थिक विकास के कार्य को अनुसंधान और विकास का काफी हद तक स्वतंत्र क्षेत्र माना जाता था। इन क्षेत्रों से संबंधित समस्याओं पर ध्यान देना आवश्यक हो गया तथा विषम परिस्थिति दूर करने हेतु अनेक कदम भी उठाए गये। इस नीति में आमतौर पर प्राकृतिक संसाधनों पर अनुसंधान या उनके प्रबंधन या विकास पर बल दिया गया

है। इसमें मूलतः परम्परा से चले आ रहे विज्ञान के पारिस्थितिकीय और सामाजिक-आर्थिक अनुसंधान के साथ-साथ इसके कारकों तथा लाभार्थियों को जोड़ने पर ध्यान भी दिया जा रहा है। इसमें पर्यावरण के आर्थिक विकास के लिए दीर्घकालीन से लेकर अल्पकालीन और स्थानीय से लेकर विश्वस्तरीय सभी तरह के तथ्यों को ध्यान में रखकर विचार-विमर्श करना चाहिए। भारतीय हिमालय के 40 फीसदी क्षेत्र की जमीन खराब हो चुकी है। इसको ठीक करने हेतु स्थानीय समुदायों को प्राकृतिक संसाधनों के संरक्षण के कार्य से जोड़ना तथा उनके सामाजिक विकास एवं पुनर्वास की व्यवस्था करने में मदद देनी चाहिए। इस बड़े इलाके की जमीन को फिर से हरा-भरा करने, जल वैज्ञानिक संतुलन कायम करने एवं मृदा संरक्षण का लाभ स्थानीय लोगों को हो नहीं, अपितु विश्व समुदाय को मिलेगा। अगर इस ओर ध्यान दिया गया तथा कार्य किए गए तो बाढ़ का खतरा तो कम होगा, साथ ही जैव विविधता के संरक्षण पदार्थों पर लगाम लगाने में सहायता मिलेगी।

हिमालय पर्वतीय क्षेत्र की प्रमुख समस्या वहां की मृदा में उर्वरा-शक्ति में गिरावट आ गयी है। भारतीय हिमालय के तहत 590 लाख हेक्टेयर क्षेत्र आता है जिसमें से 220 हेक्टेयर क्षेत्र खराब हो चुका है। खराब पड़ चुकी भूमि में वृक्षारोपण से कुछ महत्वपूर्ण ठोस नतीजों जैसे खाद्य पदार्थों, जलावन लकड़ी चारे, इमारती लकड़ी और अन्य उत्पादों के उत्पादन में सुधार के साथ-साथ अप्रत्यक्ष लाभ जैसे, कार्बन नियंत्रण, जल वैज्ञानिक संतुलन भूमि की उर्वराशक्ति में वृद्धि और ढलानों का स्थिरीकरण प्राप्त हो सकते हैं जिनसे स्थानीय व्यक्तियों को लाभ ही होगा। विश्व समुदाय भी इससे लाभान्वित होगा। हालांकि पेड़-पौधों की बहुउद्देशीय प्रजातियां हिमालय के सीढ़ीनुमा ढलान में बसे इलाकों की विशेषता है, परन्तु इनके महत्व पर विशेष ध्यान नहीं दिया जाता है।

1998 तक भारत में 521 से ज्यादा संरक्षित क्षेत्र थे। जिनमें अभ्यारण्य, राष्ट्रीय पार्क और संरक्षित जीवमण्डल शामिल थे। ये संरक्षित क्षेत्र 1.48 लाख वर्ग किलोमीटर में फैले हैं एवं वन क्षेत्र का 12 प्रतिशत तथा देश के कुल भू-भाग को 4.5 प्रतिशत है। लेकिन हिमालय में संरक्षित क्षेत्र के तहत आने वाले इलाके में तीन जीवमण्डल संरक्षित क्षेत्र, 18 राष्ट्रीय पार्क और 71 वन्य जीव अभयारण सम्मिलित हैं जो भारतीय हिमालय के 9.2 प्रतिशत भाग पर फैले हुए हैं किसी क्षेत्र को संरक्षित करने के लिए कानूनी अधिसूचना दी जाती है तथा उस पर प्रवर्तन की प्रक्रिया शुरू हो जाती है। जिससे वहां संसाधनों के प्रयोग तथा पर्यटन संबंधी कुछ नियमों का पालन करना पड़ता है। इसका असर स्थानीय समुदायों की सामाजिक-सांस्कृतिक मूल्य प्रणाली पर

भी पड़ता है जिससे लोगों तथा संरक्षित क्षेत्र के मध्य संघर्ष उत्पन्न हो जाता है। इस तरह के विवाद विकासशील देश में जैव विविधता के संरक्षण में सबसे बड़ी रुकावट है और इनकी वजह से सरंक्षण संबंधी योजना बनाने और प्रबंधन में बदलाव जरूरी हो जाता है।

हिमालय क्षेत्र सामान्यतः गढ़वाल हिमालय प्रकृति प्रेमियो, ट्रैकिंग करने वालों, पर्वतारोहियों और साधु-संतों हेतु प्राचीन काल से ही स्वर्ग माना जाता है। उत्तराखंड में नंदादेवी संरक्षित जीवमण्डल ऐसे ही अद्वितीय क्षेत्रों में से एक है। पारिस्थितिकी की दृष्टि से इसका बड़ा हो महत्व है और जैव-विविधता की दृष्टि से इसका खास महत्व है और जैव-विविधता की दृष्टि से भी यह काफी समृद्ध है। यह नैसर्गिक सौन्दर्य वाला क्षेत्र है। यहाँ ऊँचे-ऊँचे पहाड़ एवं निचली घाटियाँ, हिमाच्छादित चोटियां, सुंदर प्राकृतिक वन, ऊँचाई वाले सदाबहार चरागाह, अद्वितीय पेड़-पौधे एवं जीव-जंतु, सांस्कृतिक विभिन्नता और जलवायु संबंधी भिन्नताएं पायी जाती हैं जिसके कारण प्रकृति प्रेमी अथवा इको टूरिस्ट यहाँ खिंचे चले आते हैं।

1982 में जब से जहाँ राष्ट्रीय उद्यान की स्थापना हुई है एवं 1988 में इसे यूनेस्को के मानव और जीवमण्डल कार्यक्रम के अन्तर्गत संरक्षित जीव मंडल घोषित किया गया है। यहाँ ट्रैकिंग करने एवं पर्वतारोहण अभियान चलाने, आम लोगों पर नंदादेवी संरक्षित जीवमण्डल के भीतरी क्षेत्रों में इस तरह की गतिविधियों पर मनाही हो गयी है। ये पर्वतारोहण और ट्रैकिंग अभियान स्थानीय अर्थव्यवस्था हेतु महत्वपूर्ण थे। नंदादेवी संरक्षित जीवमण्डल अपनी ऊँची-ऊँची पर्वत शृंखलाओं, उतुंग चोटियों और बड़ी संख्या में ट्रैकिंग वाले रास्तों के लिए प्रसिद्ध है। पर्वतारोहण पर प्रतिबंध के कारण यहाँ की अर्थव्यवस्था पर गहरा प्रभाव पड़ा है जिस कारण स्थानीय लोगों तथा अधिकारियों के बीच टकराव की स्थिति पैदा हो गई है। इसे देखते हुए ऐसी गतिविधियों को जारी करने की जरूरत है जिससे अर्थव्यवस्था में विविधता लाने, स्थानीय लोगों को आजीविका के वैकल्पिक अवसर उपलब्ध कराने, पारिस्थितिकीय संरक्षण को बढ़ावा देने एवं जीवमण्डल की दो समस्याओं पर एक साथ ध्यान देने में बल मिले। ये समस्याएं हैंः लोगों के साथ टकराव तथा जैव-विविधता का ह्रास। जीव मण्डल के समीपवर्ती क्षेत्रों में इको-टूरिज्म एक ऐसी गतिविधि है पर जिसमें व्यापक संभावनाएं हैं। अतएव निम्नांकित पर विचार किया जाना चाहिए–

1. टकराव का अन्त करने एवं स्थानीय अर्थव्यवस्था में सुधार हेतु टिकाऊ इको टूरिज्म को उत्साहित करने वाले उपयुक्त नीति अथवा कार्य योजना का निर्माण।

2. अभियान एवं स्थानीय अर्थव्यवस्था पर सरंक्षण सबंधी नीतियों का प्रभाव।
3. इको ट्रैकिंग या इको एक्सपीडिशन पर सरंक्षण नीतियों का प्रभाव।

वन्य जीव एवं पर्यटन

भारत में कुल भूमि के 30 प्रतिशत हिस्सों में वन फैला हुआ है। इनमें से 90,000 वर्ग किमी. क्षेत्र वन्य जीवों की विलुप्त होती जा रही प्रजातियों के लिये सुरक्षित रखा गया है। ये क्षेत्र पर्यटकों के लिए आकर्षण का केन्द्र हैं। विभिन्न वन्य जीवों को देखने के लिये बड़ी संख्या में सैलानी इस ओर आते हैं। भारत में छोटे बड़े तकरीबन 53 राष्ट्रीय पार्क तथा 247 वन्य जीव सेन्चुरी हैं। इनमें से कई प्रोजेक्ट टाइगर के अन्तर्गत आते हैं। इन राष्ट्रीय पार्कों तथा वन्य जीव सेन्चुरी के अंतर्गत 350 से अधिक जानवर तथा लगभग 1,200 किस्म के पक्षी हैं। भारत वर्ष में लगभग 65000 प्रकार के जानवर, 13,000 तरह के पौधे तथा 2,000 तरह की मछलियां पायी जाती हैं।

भारत का विदेशों से आने वाले पर्यटकों को इस बात का सन्देश जरूरी है, कि वह अफ्रीका से पूर्णतः अलग हैं। अगर हम इसमें असफल रहे और इसके प्रतिकूल यदि हम अपने वन्य जीवों पर भारी प्रवेश शुल्क लगाकर यह कहकर आकर्षित करें कि हमारे यहाँ भी अफ्रीका के समान अपितु कहीं अधिक सुन्दर वन्य जीव आकर्षण है, तो निश्चित तौर पर हमें गर्म हवा के गुब्बारों की सैर, शैम्पेनयुक्त, नाश्ते, वातानुकूलित लेण्ड रोवर्स तथा अत्याधुनिक पाश्चात्य शैली के प्रसाधनों से युक्त तम्बुओं की सुविधायें प्रदान करनी होगी। और यह सब सुलभ कराना हमारी क्षमता में है परन्तु सिर्फ कुछ लोगों के लिये यह सुविधा उपलब्ध कराना वन्य जीवन के लिये हानिकारक है। इसकी जगह यदि हम पूर्णरूपेण समर्पित हो पर्यटकों को उनके द्वारा खर्च किये जाने वाले धन की पूरी कीमत अदा करने वाला तथा अर्थपूर्ण पर्यटन की सुविधायें सुलभ करायें और एक भारतीय होने का अनुभव विदेशी पर्यटकों को करा सकें तो हमारे यहां पर्यटक लम्बे समय तक ठहर सकते हैं। अगर हम अपने आपको अफ्रीका के समतुल्य रखने का कोशिश करेंगे तो हिंसक वन्य पशुओं के अनुभव में हमारा उदाहरणार्थ अपनी शक्तिशाली दूरबीन से वन के परिवेश में 2 कि॰ मी॰ पर खड़े सिंहों की टोली, जंगली जानवरों के झुण्ड अथवा जिराफों को देख सकता है एवं फिर पांच मिनट से भी कम समय में ही उत्सुक रोमांचित पर्यटक उन वन्य

जीवों के समीप भी पहुंच सकता है, परन्तु हमारे देश में आप शेर को 10 फीट की दूरी पर भी देख सकते हैं अथवा कभी सभी संरक्षित वन क्षेत्र में आपको एक भी जानवर देखने को न मिले।

भारतीय वन्य जीवन में उपस्थित रंग-बिरंगी प्राकृतिक छटा को हम बिल्कुल अलग और आकर्षक ढंग से पर्यटकों के लिए उपलब्ध करा सकते हैं। परन्तु इसके लिये बेचने वालों को वन्य जीवन के प्रति जागरूकता और कल्पना शक्ति की पर्याप्त जानकारी होनी चाहिये। इसी तरह ऐसे व्यक्ति जिन्हें वन्य जीवन का पर्याप्त ज्ञान है, उन्हें सैलानियों को दिग्दर्शिता व शिक्षित करने के कार्यक्रम में अधिकाधिक हिस्सेदारी व प्रतिनिधित्व देना चाहिये। निःसंदेह रूडयार्ड किपलिंग की चाहत के अनुसार पेड़ से सजे हुए वातावरण तथा हमारे देश के व्यक्तियों का मित्रतापूर्ण सौहार्द ही इन स्थानों को लोकप्रिय बनाने के व्यक्तियों के अवयव हैं। यथार्थतः किसी भी स्थिति में भारतीय वन कहीं अधिक सघन हैं और इसी कारण वन्य जीव का इन जंगलों में दर्शन अफ्रीका की अपेक्षा कहीं ज्यादा दुष्कर है। ऐसे व्यक्ति जो शेर व हाथी दिखाने का पूरा यकीन दिलाते हैं, वे निश्चित तौर पर अपने ग्राहकों को संतुष्ट करने हेतु बने बनाये नियमों को तोड़े बिना ऐसा नहीं कर पायेंगे या फिर अपने ऐसे ग्राहकों से हमेशा के लिये हाथ धो बैठेंगे। सर्वमान्य नीति तो यह होगी कि वे सैलानियों को सही रूप से वर्तमान सच्चाई से अभिप्रेरित करें या उन्हें सब्ज बाग दिखाने के मिथ्या वायदे या उन अति विलासितापूर्ण सुविधाओं को सैलानियों के वायदे से दूर रखें जो प्रदान नहीं की जा सकती हैं।

ईमानदारी का सम्मान करते हैं और जब वे इन वनस्थ अंचलों की यात्रा करके अपने घरों को लौटते हैं तो वे अपने साथ सुन्दर वनों के शाश्वत वातावरण की अूमल्य निधि लेकर वापस लौटते हैं न कि टाइल्स एवं बाथरूम की रंगीनियों अथवा टेलीविजन पर दिखाये जाने वाले बहुरंगी कार्यक्रम की यादें। यदि पर्यटन का विकास करना है तो हमें पर्यावरण को ध्यान में रखकर कार्यक्रम बनाने होंगे और वैसी संस्थाओं से सुझाव लेने होंगे जो पर्यावरण के ऊपर काम करती रही हैं।

पर्यटकों की सोच में भारतीय वनों के प्रति सम्मान एवं जागरूकता पैदा करने के लिये यह आवश्यक है कि इस तरह की यात्रायें नियोजित करने वाले टूर आपरेटर्स में भी वन के प्रति श्रद्धा एव सम्मान हो। जब प्रथम वर्षा जंगल की विशाल फैली हरीतिमा पर उतरती है तो उदाहरण के लिये, वर्षा की ये बूदें वन क्षेत्र के धरातल तक पहुंचने में कई घण्टे का समय ले सकती हैं। छातों की कई सतहों जैसी फैली हुई वनस्पतियां सबसे पहले वर्षा की बूंदों को अपनी कैद में करती हैं, उसे संभालती

हैं, उसका आनन्द उठाती हैं और फिर तब कहीं जाकर उसे नीचे जाने देती हैं। तब कहीं जाकर उनको भूमि का स्पर्श होता है और उसी में समा जाती हैं, जो हमारी झीलों एवं नदियों का जल स्तर बढ़ाती हैं। हर कदम पर पानी अद्भुत विभिन्नता लिये जीवन के शामिल आयामों को एक नयी स्फूर्ति प्रदान करती है, जिसमें शामिल हैं कीट-पतंगे, पानी में रहने वाले जीव, रेंगने वाले जीव, पक्षी एवं स्तनधारी प्राणी जगत इन पौधों को सुरक्षित रखते हैं और उनकी हरीतिमा को बनाये रखते है। पानी और वन के मध्य यह सम्बन्ध हमारे पूर्वजों को अच्छी तरह से मालूम था। परन्तु वर्तमान समय में मनुष्य का सारा ज्ञान वनस्पतियों तथा उनके संरक्षण से अलग हट गया है। अब हम हिमालय की तराई में फैले हुये इतने व्यापक स्तर पर जंगलों को पुनस्थपित करने में, यहाँ तक कि राजस्थान में सूखी कंटीली झाड़ियों तक को स्थापित करने में सबल नहीं हैं।

पर्यटकों को विविध प्रकार की प्राकृतिक क्रियाओं के प्रति जागरूक करके पर्यटन विकास पर्यावरण को ध्यान में रखते हुए करना चाहियें। ताकि ये प्रकृति के महत्व को समझें। आइये देखें किस तरह यह प्रचुर वन सम्पदा आयी? इन राष्ट्रीय उद्यानों तथा अभ्यारणों में आने वाले वन्य प्रेमी सैलानियों को ज्ञान देने हेतु एक छोटा सा वीडियो कार्यक्रम बनाया जा सकता है जिसके द्वारा उन्हें समझाया जा सकता है कि आज से 4 करोड़ 35 लाख वर्ष पहले समुद्र में जीवों की उत्पति हुई थी एवं भारी उथल-पुथल व बदलाव के बाद यही पानी में रहने वाले जीव पृथ्वी पर खिसक आये। पृथ्वी पर सबसे पहले जब वनस्पतियाँ उगनी शुरू हुई सम्भवतः तब पहाड़, भूमि, आकाश और पानी के अलावा पृथ्वी पर चारों तरफ सिर्फ एक ही रंग था हरा। शुरुआत में अचानक ही अव्यवस्थित रूप से बीजों के जहाँ-तहाँ गिरने से पेड़-पौधे पनपने लगे। इन पेड़-पौधों, फल, नल्लरियों को बहुगुणित करना बहुत कठिन तथा मूल्यवान था। उस वक्त धरती पर कोई फूल नहीं खिलता था।

ऐसा विश्वास है कि सबसे पहले जलीय पौधों का विकास हुआ फिर कालान्तर में स्थलीय जीवों की उत्पत्ति हुई। जैविकीय विकास की दैविक इच्छाओं ने ही स्थल जाति को पहली बार यह ज्ञान कराया कि यह उड़ने वाले पक्षी एक स्थल से दूसरे स्थल तक बीजों को लाने, ले जाने के अच्छे माध्यम हो सकते हैं। पौधों ने अचानक तलाश की कि पानी एवं हवा के द्वारा, हजारों-लाखों बीजों को छितराने की क्या आवश्यकता है जिसमें सफलता के अवसर बहुत कम हैं। उसकी जगह अगर उड़ने वाले कीट-पतंगों को दूसरे स्थानों पर स्थित पौधों पर सुव्यवस्थित रूप से बीजारोपण हेतु उत्प्रेरित किया जा सके। कीट-पतंगों की इस उड़ान के कारण ही पोलीनेशन की प्रकृति

में अभूतपूर्व वृद्धि हुई और पृथ्वी करोड़ों रंगों से इन्द्रधनुषी हो उठी। जीव विज्ञान की कक्षाओं से कहीं ज्यादा ये मधुमक्ख्यिां और फूल हमें उत्तरदायित्व तथा विकासीय प्रक्रियाओं का व्यावहारिक पाठ पढ़ाते हैं। जरा सोचिये हमारी इस धरती की हालत क्या होगी अगर मधुमक्खियों द्वारा फूलों का रस पीने के एक सप्ताह की अवधि में वह फूल भूमि पर झड़कर गिर जायें। संयोगवश ये पतंगे उड़ने वाले सूक्ष्म जीव वह विनाशीय कार्य करने में असमर्थ हैं। उनके पास पृथ्वी के संसाधन के आधार को बर्बाद करने की तकनीक नहीं है केवल मानव जाति के पास ही यह घातक अस्त्र है।

राष्ट्रीय

भारत आने वाले पर्यटकों को पक्षी एवं विविध रंग-बिरंगी जंगली तितलियों का दर्शन सम्भवतः जल्दी मिल सकता है। किन्तु बड़े जंगली जीवों को देखने के लिए उन्हें इंतजार करना पड़ सकता है। अगर सैलानियों को प्रकृति के अद्भुत संसार में मुग्ध होकर अपने आपको खो देने, एकरूप होने हेतु अभिप्रेरित किया जाये तो कम अवधि में ही प्रत्येक सैलानियों को समग्र रूप से अनोखा अनुभव दिया जा सकता है। एक क्षण के लिये जरा विचार करें कि छोटा सा सूक्ष्म कीड़ा जिस पर अधिकांश लोग ध्यान ही नहीं देते हैं, परन्तु वह प्रकृति की अद्भुत देन हैं। इस प्रजाति के कीड़े नर व मादा, एक दूसरे को तकरीबन 2 कि. मी. की दूरी से एक दूसरे की विशेष गंध से तलाश कर लेते हैं। इसका रहस्य एक प्राकृतिक रासायनिक प्रक्रिया में निहित है जिसके कारण यह विशेष कीड़ा अपने साथी द्वारा निकाली जाने वाली गंध को तुरन्त पहचान कर लेता है। अगर मानव जाति यह विशेष प्रक्रिया कर सकने में समर्थ हो तो इसे हम उस व्यक्ति विशेष में प्रकृति द्वारा दिये गए विशेष गुण ही मानेंगे। प्रकृति ने हर प्राणी को जीवित रखने हेतु विशेष गुण व उपहार प्रदान किये हैं। हमने अभी प्रकृति के इन विभिन्न जीवों में प्राकृतिक रूप से उपलब्ध विशेष गुणों के सम्बन्ध में ज्ञान प्राप्त करना शुरू भी नहीं किया है कि हमने इन प्रजातियों के विनाश की प्रक्रिया शुरू कर दी है। मधुमक्खियों की तरह पतंगे भी पराग स्थानांतरित करते हैं परन्तु वे यह कार्य रात में करना ज्यादा पसन्द करते हैं।

सैलानियों को जंगली जानवरों की पहचान करना इतना सरल नहीं है क्योंकि प्राकृतिक छटा में विविध प्रकार के रंग की वनस्पतियाँ हैं जो उनको अपने में छिपा लेती हैं। सैलानी प्रकृति के इन अनेकानेक जीवों के सूक्ष्म प्रकारों को देखने, समझने एवं जानने हेतु इन अद्भुत यात्राओं का मजा ले सकते हैं। जीव विज्ञान के विद्यार्थी

अच्छी तरह जानते हैं कि ग्रास हॉपर एक बड़ी प्राकृतिक व्यवस्था का महत्वपूर्ण हिस्सा है। पेड़-पौधे अपनी वस्तुओं को बनाने हेतु सूर्य से ऊर्जा प्राप्त करते हैं। ग्रास हॉपर जैसे छोटे जीव अपने शरीर की कोशिकाओं को बनाने हेतु पेड़-पौधों का उपयोग करते हैं। वही ग्रास हॉपर कई छोटे जीव जन्तुओं यथा छिपकली, मेढक, जंगली बिल्ली एवं जब-तब पर्यटकों की इन्तजार कर रही है। जबकि उनके साजो-सामान में प्रकृति के अद्‌भुत रहस्यों को जानने की इच्छा लगातार कायम है।

भारत में प्रमुख राष्ट्रीय पार्क

1.	बांदीपुर सैन्चुरी	*तमिलनाडु*
2.	मद्रास नेशनल पार्क	*तमिलनाडु*
3.	पेरिया टाइगर रिजर्व	*तमिलनाडु*
4.	सरिस्का टाइगर रिजर्व	*राजस्थान*
5.	रणथम्भौर टाइगर रिजर्व	*राजस्थान*
6.	घाना वर्ड सैन्चुरी	*राजस्थान*
7.	जिम कार्बेट नेशनल पार्क	*उत्तराखंड*
8.	नन्दा देवी नेशनल पार्क	*उत्तराखंड*
9.	राजाजी नेशनल पार्क	*उत्तराखंड*
10.	कान्हा नेशनल पार्क	*मध्य प्रदेश*
11.	दुधवा नेशनल पार्क	*उत्तर प्रदेश*
12.	सुन्दरवन टाइगर रिजर्व	*पश्चिम बंगाल*
13.	गिर नेशनल पार्क	*गुजरात*
14.	डचीगम सैन्चुरी	*जम्मू एण्ड कश्मीर*
15.	चिल्का सैन्चुरी	*उड़ीसा*
16.	काजीरंगा नेशनल पार्क	*असम*

जिम कार्बेट राष्ट्रीय उद्यान

वन्य जीवों खासकर बाघों की तेजी से विलुप्त हो रही प्रजातियों को संरक्षित करने के उद्देश्य से केन्द्रीय सरकार ने सन् 1935 में इस पार्क की स्थापना हेली नेशनल पार्क के नाम से की। जिम कार्बेट, नेशनल उद्यान 39.13 से 29.35 उत्तरी अक्षांश एवं 78.33 से 78.36 पूर्वी देशान्तरों के बीच उत्तराखंड हिमालय में स्थित है। कार्बेट नेशनल पार्क 520 वर्ग कि. मी. के क्षेत्र में फैला है। सन् 1948 में इस

पार्क का नाम विश्व प्रसिद्ध पर्यावरणविद् तथा शिकारी सर जिमी कार्बेट के नाम पर कार्बेट नेशनल पार्क रखा गया। भारत के बड़े एवं विख्यात वन्य जीव पार्कों में से कार्बेट नेशनल उद्यान भी एक है। सन् 1973 में इसे टाइगर पार्क घोषित कर दिया गया। वस्तुतः भारत में विलुप्त होते जा रहे शेरों की प्रजातियों को सुरक्षित रखने के ख्याल से ऐसा किया गया। विश्व प्रसिद्ध होने के कारण कार्बेट नेशनल पार्क स्वदेशी एवं विदेशी पर्यटकों हेतु दिनों-दिन आकर्षण का केन्द्र बनता जा रहा है। सन् 2000-2001 में 74,000 पर्यटक कार्बेट नेशनल पार्क आये जो विगत वर्षों की तुलना में 10 फीसदी अधिक था। कार्बेट नेशनल पार्क में वन्य जीवों को उनके प्राकृतिक परिवेश में जरूरत से अधिक विघ्न पैदा होने के उद्देश्य से तथा पार्क का पारिस्थितिकीय तंत्र प्रभावित न होने देने के उद्देश्य से पर्यटकों के प्रवाह को नियंत्रित करने का प्रयास किया गया है। पार्क के साथ लगे सोना नदी तथा सीतावनी वन्य क्षेत्रों की ओर भी सैलानियों का ध्यान आकर्षित किया जा रहा है। वन्य जीवों का प्राकृतिक स्वभाव बना रहे, मनुष्य प्राकृतिक छेड़छाड़ से वन्य जीवों पर कोई बुरा प्रभाव नहीं पड़े। पर्यावरण पर नकारात्मक प्रभाव न पड़े, सैलानियों द्वारा वन्य क्षेत्रों में प्रदूषण न फैले, स्थानीय लोगों को दी गयी सुविधाओं के बदले में प्रकृति का क्रम अव्यवस्थित न हो। इन सब उद्देश्यों की प्राप्ति के साथ-साथ घरेलू लोगों को प्राप्त होने वाले आर्थिक लाभ में व्यवधान उत्पन्न न हो, यह भी पारिस्थितिकी पर्यटन का एक मुख्य प्रयोजन है।

सी टी आर कार्बेट टाइगर रिजर्व के चतुर्दिश पारिस्थितिकीय विकास हेतु एक नीति अपनायी गयी है। इस सिलसिले में विगत 3 सालों में 40 बेरोजगार युवकों को रोजगार के अवसर उपलब्ध कराने हेतु कार्बेट टाइगर रिजर्व में इस कार्य के लिए नियुक्त किया गया है कि वे सैलानियों का मार्गदर्शन करें तथा पार्क के पारिस्थितिकीय संतुलन को सैलानियों द्वारा बिगड़ने न दें जिससे पर्यावरण को किसी प्रकार की हानि न उठानी पड़े।

6

पर्यटन तथा पर्यावरण

वर्तमान समय में पर्यटन को काफी मात्रा में प्रोत्साहन दिया जा रहा है। इसका रूप बदलकर उद्योग हो गया, क्योंकि यह आय का भी प्रमुख साधन बन गया है, इसने लोगों के लिये रोजगार के अवसर प्रदान किये हैं। जहां यह एक ओर आधारभूत सुविधाओं में सुधार लाता है वहीं प्रादेशिक विकास में सहायक होता है। यह विकसित देशों से विकासशील देशों हेतु संसाधनों का स्थानान्तरण आसान तथा उपयोगी बनाता है। इस तरह प्रादेशिक संतुलन बनाये रखने में महत्वपूर्ण भूमिका निभाता है। यह नये-नये व्यवसायों का सृजन करके रोजगार के अवसर बढ़ाता है। इन रोजगारों में वृद्धि समय के साथ-साथ परिवर्तित होती रहती है व उनमें नये-नये क्षेत्रों का उद्भव होता रहता है एवं प्रदेश के सामाजिक-आर्थिक विकास के पुनरुत्थान को बढ़ावा देता है।

पर्यटन खाली समय में मौजमस्ती का समय है, जो वह अपने निवास से दूर अथवा समीप स्थित स्थान हेतु की जाती है। समय के साथ-साथ इसने एक व्यापार का रूप ले लिया है। इसी कारण इसने महत्वपूर्ण उद्योगों में अपना स्थान बना लिया है। वास्तव में पर्यटन सरकार की आय में वृद्धि करने के साथ-साथ राष्ट्रों व प्रदेशों के बीच सांस्कृतिक सम्बन्धों का आदान-प्रदान होता है।

पर्यटन को कई तरीके से परिभाषित किया जा सकता है। यह यात्राओं के माध्यम से बनने वाले सम्बन्धों पर ध्यान देता है एवं लोगों के किसी स्थान पर मनोरंजन के उद्देश्य या खाली समय बिताने की दृष्टि से अस्थायी रूप से रुकने से होने वाली घटनाओं के बारे में दखल रखता है। पर्यटन के प्रमुख अंग आकर्षण,

परिवहन, आवास तथा सहायक सुविधाएं (खाद्य सेवाएं), मनोरंजन, विवरण पत्रिका तैयार करना तथा बिक्री, दस्तकारी वस्तुएं, विशिष्ट सामान, अद्य संरचनात्मक सुविधाएं हैं। आकर्षण ही पर्यटक को उस स्थान की यात्रा हेतु प्रेरित करता है, जिसको परिवहन सुविधाएं सफल बनाती हैं। उसे आवास एवं सहायक सेवाएं जैसे दुकानें, रेस्टोरेण्ट की सेवाओं की भी आवश्यकता पड़ती है।

आधुनिक समय में पर्यटन में श्रम तथा पूँजी दोनों का महत्व है। यह रोजगार की प्रत्यक्ष व अप्रत्यक्ष दोनों तरह से वृहद् संभावनाएं रखता है। इसके साथ-साथ यह होटल , रेस्टोरेण्ट, यात्रा, व्यापार, परिवहन तथा शापिंग की सुविधाओं के विकास की संभावनाएं बढ़ाता है। इस तरह यह सामाजिक-आर्थिक विकास को गतिशील बनाता है। यह कुटीर उद्योगों, हथकरघा, दस्तकारी वस्तुओं के उत्पादन को प्रोत्साहित करता है । यह सांस्कृतिक आदान-प्रदान का सशक्त माध्यम है। यह पर्यटन स्थल व देश के सम्मान को बढ़ाते हैं। यह स्थानीय, प्रादेशिक, राष्ट्रीय तथा अन्तर्राष्ट्रीय आदि सभी स्तरों पर लोगों में परस्पर सामंजस्य स्थापित करता है। जहां पर्यटन ने वर्तमान में सामाजिक-आर्थिक दृष्टि से प्रभावित किया है, वहीं इसके कुछ हानिकारक परिणाम भी देखने को मिलते हैं।

पर्यटन का प्राकृतिक पर्यावरण पर प्रभाव

वर्तमान समय में पर्यटन स्थलों पर पर्यटकों की संख्या में भारी वृद्धि देखने में आती है, लेकिन इन स्थलों पर पर्यटकों हेतु आवश्यक सुविधाओं में कोई उल्लेखनीय वृद्धि नहीं हुई है। इन सुविधाओं का यहां विकास तो हुआ, लेकिन पर्यटकों की बढ़ती संख्या के अनुपात में कम है। इसका सबसे बड़ा विपरीत प्रभाव प्राकृतिक पर्यावरण पर पड़ा है। यहां प्राकृतिक पर्यावरण से आशय समुद्री तट, पर्वत, वन. घाटी, मैदानी भू-भाग से है, जबकि मानव निर्मित पर्यावरण के गांव, कस्बे तथा ऐतिहासिक इमारतें, आदि को सम्मिलित किया जाता है। वह लोग, जो इन स्थानों में रहते हैं, भी पर्यावरण के अंग हैं।

इन सब अव्यवस्थाओं में पर्यटक एक अजनबी अर्थात् बाहरी व्यक्ति के रूप में प्रवेश करता है। अगर इन स्थानों पर पर्यटकों की संख्या कम रहती है, जो पर्यटन क्षेत्र पर उसका प्रभाव कम पड़ता है एवं पर्यावरण की भी कम हानि होती है। पर्यटक अधिक संख्या में आने के साथ-साथ एक लम्बी अवधि हेतु पर्यटन स्थल पर ठहरते हैं तो वह स्थानीय समाज तथा पर्यावरण को पूर्ण रूप से बदल देते हैं। उनके माध्यम से छोड़ा गया काठ, कबाड़ तथा कचरा का निष्पादन प्रभावी ढंग से न होने पर पर्यटन

स्थल की नदियों, जल प्रवाह व्यवस्था को प्रदूषित कर देती हैं। उसके माध्यम से फेंके गये प्लास्टिक के थैले तथा टिन बाक्स आसानी से नष्ट नहीं हो पाते हैं, अतः वह प्रदूषण के प्रमुख कारक बन जाते हैं। बेकार पदार्थों का विघटन इन स्थलों पर मंद गति से हो पाता है। वास्तव में पर्यटन पारिस्थितिक तंत्र के हर अवयव को प्रभावित करता है। इस तन्त्र के कुछ अवयवों को इस तरह रखा जा सकता है–

1. वन–पर्यटकों को लुभाने में वनों का महत्वपूर्ण स्थान है। वन प्रादेशिक संस्कृति के साथ-साथ धार्मिक तथा सामाजिक धरोहर के प्रतीक तथा अंग हैं। पर्यटकों की लापरवाही इन वनों को नुकसान पहुंचाती है। उनमें आग लगने का भय रहता है। कहीं-कहीं पर्यटकों हेतु सुविधाएं जुटाने के रूप में वनों को काटकर इमारतों का निर्माण किया जाता है। वनों का कटाव भूस्खलन, भूमि का अपरदन, नदी घाटियों में भारी अवसाद के कारण बाढ़ों की आवृत्ति को बढ़ावा देता है। मानसरोवर मार्ग पर पर्यटकों की आवाजाही ने वनों को इसी तरह का नुकसान पहुंचाया है।

2. वन्य जीवन–अभयारण्यों में पर्यटकों के माध्यम से पशुओं का शिकार किया जाना, फोटोग्राफी करना, उनके प्राकृतिक आवास क्षेत्रों के अतिक्रमण से वन्य जीव-जन्तुओं को नुकसान पहुंचता है। पर्यटकों में जीव-जन्तुओं के फर, खाल, हाथी दांत के आभूषण, सींग, पूँछ, चाबी के गुच्छे स्मृति चिह्न की मांग बढ़ रही है। उनकी मांग को पूरा करने हेतु इन जीवों का वध किया जा रहा है एवं कहीं-कहीं उनके मांस की जरूरत को पूरा किया जा रहा है। अतः जीवों का संरक्षण अनिवार्य है।

3. भीड़भाड़–पर्यटकों ने ऐतिहासिक नगरों की सड़कों, गलियों को जाम कर दिया जाता है। पर्वतीय स्थलों पर भीड़-भाड़ बढ़ने के कारण परिस्थितिकीय समस्याएं जन्म ले रही हैं। इन स्थलों पर कैम्पों का निर्माण (अस्थायी तम्बू) अनेक गलत प्रभाव छोड़ रहा है। पर्यटक इन कैम्पों में रहकर वहां अपशिष्ट पदार्थ छोड़कर पारिस्थितिकी व्यवस्था को प्रभावित कर देते हैं।

4. जल-प्रदूषण–यह सर्वमान्य है कि जहां पर ज्यादा आवाजाही होगी वहां पर प्रदूषण फैलेगा। यहां हम पर्यटन स्थल की नदियों, झीलों, समुद्री तटीय क्षेत्रों के प्रदूषण के बारे में जानकारी दे रहे हैं। जैसे कश्मीर की डल झील में नावों पर बने धार झील के पानी को प्रदूषित कर रहे हैं। पर्यटकों का मलमूत्र, गंदगी झील में ही रह जाती है। यह भविष्य में स्वास्थ्य हेतु खतरा बन रहा है। नैनीताल झील भी इसी तरह का एक उदाहरण है। नगर के गंदे पानी का झील में आकर गिरना, नौका परिवहन करते समय पर्यटकों के माध्यम से बेकार पदार्थों का झील में गिरना, झील के पानी को प्रदूषित कर रहा है, जो इन जल की मछलियों को भी नुकसाान पहुंचा

रहा है। यह झील नैनीताल के लोगों हेतु जल के स्त्रोत के रूप में है। इसके दूषित होने पर पर्यटकों पर भी बुरा प्रभाव पड़ेगा।

5. वायु का प्रदूषण—पर्यटन को परिवहन की सुविधा के लिये मोटर वाहनों, का बढ़ता प्रयोग वायु में विषैली गैसें छोड़ता जा रहा है। वनों की आग, लकड़ी का ईंधन के रूप में प्रयोग, कोयला, तेल व गैस का बढ़ता प्रयोग, रेल तथा सड़क यातायात कुछ न कुछ मात्रा में वायु को प्रदूषित कर रहे हैं जिससे मानव तथा उससे सम्बन्धित जीवधारी को हानि पहुँचेगी।

6. ध्वनि प्रदूषण—ऐसा देखने में आता है कि पर्यटन स्थल पर पर्यटकों की निरन्तर आवाजाही के कारण शोर प्रदूषण को बल मिलता है। उनके माध्यम से प्रयोग किये जाने वाले वाहनों के विभिन्न तरह के हॉर्न की आवाज, विभिन्न तरह की मशीनों के प्रयोग, से ध्वनि प्रदूषण होता है।

7. पर्वतीय क्षेत्रों में नई सड़कों का निर्माण—पर्वतीय क्षेत्रों में सड़कों के निर्माण से भूस्खलन बढ़ता है, साथ-साथ उनकी हरियाली को कम करता है। कभी-कभी इनसे सड़कों का कटाव भी होने लगता है। उत्तराखंड व हिमाचल प्रदेश में पर्वतीय पर्यटन स्थलों को विकसित करने हेतु नई सड़कों के निर्माण व पुरानी सड़कों में सुधार से पर्यटकों को काफी सुविधा हो गयी है, वहीं पर्वतीय पर्यावरण को हानि पहुंचाई है। पहाड़ों का टूटकर गिरना, बादलों का फटना, नदियों का भारी मात्रा में कटाव करना व अपरदित सामग्री बहाकर ले जाना, आदि घटनाएं पर्यटन में बाधा डालती हैं। अतः जरूरी है कि सड़कों के निर्माण में इस बात का ध्यान रखा जाए कि वह पर्वतीय क्षेत्रों के पर्यावरण को नुकसान न पहुंचाए एवं साथ-साथ पर्यटन स्थलों को सीधे उच्च गुणवत्ता की सड़कों से जोड़ा जाए।

8. वन क्षेत्रों का कटाव—पर्यटकों की आवश्यकताओं को पूरा करने हेतु वनों को धीरे-धीरे काटा जा रहा है। उपग्रहों से प्राप्त चित्र बताते हैं कि हमारे देश में वनों का क्षेत्र असाधारण तरीके से घट रहा है। इस तरह के वनारोपण क्षेत्र एवं वनों के काटे जाने के क्षेत्र के बीच अंतर बढ़ता जा रहा है। वनों के विनाश ने ऋतु चक्र व मौसम तत्वों को प्रभावित किया है। कहीं वर्षा की कमी तो कहीं-कहीं वर्षा का कहर, कहीं तापमान में तेजी से गिरावट तो कहीं तापमान में तीव्र वृद्धि आदि बातें पर्यटन स्थलों के मौसम में बदलाव ला रही हैं। पर्यटक जिस सुखद मौसम हेतु पर्यटन स्थल पर जाना पसंद करते हैं, वह मौसम, विपरीत बदलाव की ओर बढ़ रहा है। हाल ही में मानसरोवर तीर्थ यात्रा में प्राकृतिक प्रकोप अमरनाथ की यात्रा पर मौसम की मार ऐसे उदाहरण हैं, जो मौसमी परिवर्तनों के शिकार हैं।

9. अनियंत्रित तथा अनियोजित पर्यटन—इस प्रकार की घटनाओं ने पर्यटन क्षेत्र के परिस्थितिकी संतुलन को नष्ट कर दिया है अथवा उसे बिगाड़ दिया है। इसे रोकना आज भी प्राथमिक जरूरत है। उदाहरण के लिये पर्यटक को अगर वनों में शिकार करने देना है, तो उसकी यह जिम्मेदारी भी होनी चाहिए कि वह वन्य जीवन के संतुलन को आघात न पहुंचाए।

10. आर्थिक तथा सांस्कृतिक प्रदूषण—पर्यटक के कारण पर्यटन स्थल पर जरूरी वस्तुओं के दाम बढ़ जाते हैं एवं उनका अभाव भी हो जाता है। स्थानीय लोगों को इसमें बड़ी तकलीफ उठानी पड़ती है। इसी तरह पर्यटक लोग स्थानीय संस्कृति व सामाजिक मूल्यों को भी प्रदूषित कर देते हैं। उन्हें अपने सामाजिक रीति-रिवाजों व परम्पराओं को बनाए रखना कठिन हो जाता है। अतः जरूरी है कि यह सर्तकता बरती जाए कि स्थानीय संस्कृति अपनी पहचान बनाए रखे व उसका आर्थिक विकास मे कोई अवरुद्धता न पैदा हो।

पर्यटन एक अभिशाप अथवा वरदान

महात्मा गांधी ने कहा था कि पृथ्वी हर व्यक्ति की जरूरतों को पूरा करती है, लेकिन हर व्यक्ति की लालसा को नहीं। पर्यटन निस्संदेह किसी भी राष्ट्र के आर्थिक विकास हेतु एक वरदान है। अनेक यूरोपीय देशों ने अपनी अर्थव्यवस्था में सुधार द्वितीय विश्व युद्ध के पश्चात् पर्यटन के कारण ही किया है। इसने लाखों लोगों को रोजगार प्रदान किया हे। ठीक इसके विपरीत पर्यटन के अनियोजित विकास व अभिवृद्धि ने अनेक बाधाएं पैदा की हैं। जार्ज यंग (George Young) ने आज से काफी समय पहले कहा था कि उसने स्थानीय संस्कृति, जीवन के ढंग, समुद्री तटों, राष्ट्रीय पार्कों, पर्वतों तथा नदियों को बुरी तरह प्रभावित किया है। वर्तमाान में पर्यटकों को बर्बर की संज्ञा दी गई है, जो प्राचीन स्मारकों पर भद्दी भाषा अंकित करते हैं। वह ऐतिहासिक इमारतों को नुकसान पहुंचाते हैं। एक प्रमुख ज्योतिष शास्त्री ने कहा था कि परमाणु शक्ति के बाद अगर कोई घटना पर्यावरण को नुकसान पहुंचा सकती है, तो वह तीव्र गति वाला पर्यटन उद्योग है। आज पर्यटन स्थलों पर जो कुछ हो रहा है। वह घटनाएं हमारे उपरोक्त कथन की पुष्टि कर रही हैं। यद्यपि भारत में पर्यटन उद्योग का उतना विकास नहीं हो रहा है, फिर भी भविष्य में इसके खतरे के संकेत हैं।

औद्योगीकरण ने आर्थिक समृद्धि प्रदान की, और इस समृद्धि में पर्यटन को

घरेलू तथा अन्तर्राष्ट्रीय दोनों स्तरों पर बढ़ावा दिया। यही सब पर्यावरण को हानि पहुँचाने के लिये उत्तरदायी हैं। आज लाखों पर्यटक समुद्री बीचों, पर्वतीय क्षेत्रों, वन्य जीवों, ऐतिहासिक स्मारकों पर अपने अवकाश को बिताने हेतु भीड़ इकट्ठी कर रहे हैं तथा इनको प्रदूषित करने में लगे हैं। इसको निम्न प्रकार से समझा जा सकता है—

1. पच्चीस वर्ष पूर्व मनाली में वह पर्यटक ही जाते थे, जिन्हें प्रकृति से प्यार था। यह एक छोटा पर्यटन स्थल था, लेकिन आज यहां अनेक बहुमंजिली इमारतें होटलों के रूप में बन गई हैं। यहां तक कि व्यास नदी के तटों का अतिक्रमण होने से उसकी सुन्दरता को ग्रहण लग गया है। व्यास नदी में पर्यटकों के माध्यम से बहाये गये कचरे की मात्रा बढ़ रही है।
2. भारतीय जंगलों से बहुमूल्य वन्य जीवों-विशेष रूप से चीता, शेर, पैंथर्स की प्रजातियां शिकार या चोरी से शिकार के कारण समाप्त हो रही हैं।
3. लद्दाख क्षेत्र तक सड़क मार्ग की पहुंचनीयता के कारण यहां पर्यटकों की बढ़ती भीड़ भारी कचरा छोड़ रही है।
4. गंगा जैसी पवित्र नदी का जल प्रदूषित हो गया है।
5. पिछले 50 वर्षों में मानव के अतिक्रमण ने कश्मीर की डल झील के आकार को 50 प्रतिशत घटा दिया है। शिकारा चलाने वाले लोग इसी झील में अपना सारा कूड़ा-करकट व मल-मूत्र फेंक देते हैं। अगर समय रहते उपाय नहीं किए गए तो अगले 50 वर्षों में यह झील एक छोटा पोखर बन जाएगी, और श्रीनगर क़ी सुन्दरता पर विपरीत प्रभाव डालेगी।
6. ताजमहल की इमारतों पर पर्यटकों के माध्यम से तरह-तरह की अश्लील हरकतें इसकी दीवारों को नुकसान पहुंचा रही हैं। ऐसा सभी ऐतिहासिक इमारतों व स्मारकों के साथ हो रहा है।
7. पूर्वी एशिया और दक्षिण अमेरिका के कुछ देशों में पर्यटन से वेश्यावृत्ति को बढ़ावा मिल रहा है, जो स्वास्थ्य हेतु गंभीर खतरा है।
8. मसूरी, नैनीताल, शिमला पर्वतीय पर्यटन स्थलों को पर्यटकों की भारी भीड़ ने अनेक तरह के प्रदूषण की समस्या पैदा कर दी है।
9. गोआ के बीच पर पर्यटकों के खुले वातावरण में रहने के कारण स्थानीय लोगों के मन में अनेक शंकाए पैदा कर दी हैं।

10. अजन्ता गुफा के मंदिरों में 2000 वर्ष पुरानी चित्रकलाएं क्षीण होने लगी हैं।

पर्यटन तथा पर्यावरण का समस्वर होना

प्रश्न यह उठता है कि क्या हम पर्यटन उद्योग को बढ़ावा देने के साथ-साथ पर्यावरण को किसी नुकसान से बचा सकते हैं। यह हमारी संस्कृति को कोई आघात न पहुंचाए, क्या ऐसा सम्भव है? इस प्रश्न का उत्तर हां में दिया जा सकता है। **स्विट्जरलैण्ड** का उदाहरण हमारे सामने है। प्रारम्भ में तो पर्यटन ने यहाँ पर नुकसान पहुंचाए, वनों को काटा गया, बाढ़ों की तीव्रता व पहाड़ी ढालों पर अपरदन की मात्रा बढ़ी, जैसा कि आज हम हिमालय में देख रहे हैं। लेकिन समय रहते वहां की सरकार ने पर्यावरण की रक्षा हेतु कदम उठाए और इसके फलस्वरूप आज वहां पर्यटन उद्योग सुसंगठित, सुनियोजित है, एवं पर्यावरण के समक्ष कोई संकट उपस्थित नहीं करता है। वहां के लोग स्वयं अपनी धरोहर की रक्षा करते हैं।

हमारे देश में अगर नियोजित विकास किया जाए तो समुद्री बीच, पर्वतीय पर्यटन स्थलों, ऐतिहासिक स्थलों को पर्यावरण अवनयन से बचाया जा सकता है। इनको सही नियोजन, प्रभावी नियंत्रण तथा उचित प्रबन्धन की जरूरत है। एक ओर यह बात तर्कसंगत प्रतीत होती है कि पर्यटन ने ही अजन्ता, एलोरा की गुफाओं की कलाकृतियों, खुजराहों के मंदिरों को विश्वव्यापी लोकप्रिय बना दिया है, लेकिन इन सब स्थलों के समुचित नियोजन तथा प्रबन्धन पर सरकार के माध्यम से ध्यान दिए जाने की तत्काल जरूरत है। साथ-साथ इसमें लोगों की भागीदारी से नहीं बचा जा सकता है। लोगों को चाहिए कि वह राष्ट्र के पर्यटन संसाधनों तथा सम्पत्ति का संरक्षण करें, क्योंकि यह उनकी जीविका उपार्जन का भी एक बड़ा साधन है। अगर पर्यटन से पर्यावरण को हानि होती है, तो पर्यटन की ओर घटता आकर्षण उनके रोजगार साधनों को समाप्त कर देगा।

किसी देश के पर्यटन संसाधन के मूल आधार हैं साफ सुथरा-देहाती क्षेत्र, समुद्र तटीय रेखा, झील, नदियां, द्वीप समूह, पर्वतीय प्रदेश, वन, वन्य-जीव क्षेत्र, ऐतिहासिक नगर, किले, मंदिर, मस्जिद, गिरजाघर, स्मारक आदि और उनसे भी ऊपर वहां के लोग, उनकी सामाजिक विशेषताएं। पर्यटन के सम्बन्ध लोगों ने ऐसा अनुमान नहीं लगाया होगा कि यह जीवधारियों के लिये बहुत बड़ा खतरा बनकर सामने आ जायेगा। परिवर्तित भूदृश्य जो कंकरीट के जंगलों में तब्दील हो गया है, अनेक समस्याएं खड़ी कर देगा। हमारे देश में लोगों ने जंगली जीव-जन्तुओं का शिकार

इतनी बेरहमी से किया है कि शेर,चीता, पैंथर्स, हाथियों की प्रजातियों को बचाए रखना मुश्किल हो गया है। यही कारण है कि सरकार ने अभयारण्य तथा पार्कों का विकास करके इनको जीवित रखने का प्रयत्न किया है। कई जीव-जन्तुओं के शिकार पर रोक लगा दी है, फिर भी धन के लोभी व्यक्ति हाथी दांत, चीतों की खालों हेतु इनका बुरी तरह से शिकार कर रहे हैं।

इस समय पर्यटन के लिये आधारभूत सुविधाओं का होना आवश्यक है। इस विकास के अनेक रूप हैं—सड़कें, होटल, रेस्टोरेण्ट, कार, बस परिवहन के अन्य सभी साधन आदि। यह विकास परिस्थितिकीय संतुलन को बदल रहा है। नई सड़कों के निर्माण से वन्य क्षेत्र घटता जा रहा है। जबकि यह वन हमें हरियाली भरा पर्यावरण देते हैं एवं समय पर वर्षा प्रदान कराने में सहायक होते हैं। पहाड़ी क्षेत्रों में पर्यटन स्थलों पर होटलों का निर्माण पर्यावरण असंतुलित कर रहा है। अतः जरूरी है कि इन सबका विकास तथा निर्माण किसी व्यक्ति विशेष की इच्छा, मौज अथवा मनमर्जी की बात होनी चाहिए। इसका विकास उन व्यक्तियों के माध्यम से किया जाना चाहिए, जिन्हें पर्यावरण संतुलन का ध्यान रखकर पर्यटन को प्रोत्साहन दें। किसी क्षेत्र के विकास, नियोजन में सरकार ही कोई प्रभावी कदम उठा सकती है। भारत सरकार ने विभिन्न प्रचार माध्यमों की मदद से इस दिशा में कदम उठाए हैं। वह पर्यटन स्थल पर विभिन्न संदेशों को छपवा या प्रचारिक कराकर लोगों में पर्यावरण संरक्षण के प्रति ध्यान आकर्षित कर रही है।

भारत के वेदों, पुराणों, उपनिषदों में प्रकृति व पशु जीवन के प्रति अगाध प्यार तथा श्रद्धा के दर्शन होते हैं। कालीदास ने शाकुंतलम में, गौतम बुद्ध ने अपने प्रवचनों में वनों के प्रति अगाध श्रद्धा प्यार तथा दया भाव पर जोर दिया है। तात्कालिक प्रधानमंत्री स्वर्गीय इंदिरा गांधी ने कहा था कि यह बड़े दुख की बात है कि आज प्रत्येक देश हेतु प्रगति शब्द पर्यायवाची बन गया है, लेकिन इसका यह अर्थ कदापि नहीं कि जीवन स्तर की गुणवत्ता बनाने में लोगों को उनकी धरोहर से वंचित कर दें। हमें प्रकृति की पवित्रता, ताजगी से छेडछाड़ नहीं करनी चाहिए, जिनको बनाए रखना हमारे जीवन हेतु आवश्यक है। पर्यटन एक वरदान है, लेकिन हम इसे और बड़ा वरदान तभी बना सकते हैं, जब हम पर्यटन के विकास में प्रकृति का समन्वयन करें। अतः जरूरी है कि पर्यटन के विकास में पर्यावरण की किसी भी स्तर पर उपेक्षा न की जाए। निम्न उदाहरण के माध्यम से यह समझा जा सकता है कि किस तरह हिमालय तथा प्राचीन स्मारकों को बचाया जा सकता है—

ऐसे स्थलों को देखने वाले पर्यटकों को इस प्रकार शिक्षित किया जाए कि वह

पर्यटन स्थल को स्वच्छ, साफ-सुथरा तथा प्रदूषण मुक्त रखें। निम्न निर्देशों का पालन हमारी धरोहरों को सुरक्षित रखने में सहायक हो सकता है–

1. प्राचीन मूर्तियों की चोरी व तस्करी को रोका जाना चाहिए। पर्यटकों व स्थानीय निवासियों को इस तरह की आपराधिक घटनाओं के प्रति सचेत रहना चाहिए।
2. समुद्री बीच पर खाद्य अवशिष्ट पदार्थ व नगरों से निकला कूड़ा-करकट, मलमूत्र नदियों में नहीं बहाये जाने चाहिएं। यह न केवल जल को गंदा करते हैं, अपितु नदी के जलजीवों को नुकसान पहुंचाते हैं। हमारी गंगा नदी आज इन्हीं कारणों से प्रदूषित हो गई है। इन्हीं बातों को ध्यान में रखकर सरकार आज यमुना क्रियान्वयन योजना बना रही है, लेकिन इनसे अपेक्षित सुधार देखने में नहीं आया है।
3. प्रत्येक पर्यटन स्थल की अपनी निश्चित क्षमता होती है। इस क्षमता के भीतर ही पर्यटकों को वहां जाने की आज्ञा होनी चाहिए। अधिक संख्या में पर्यटकों की उपस्थिति पर्यटन स्थल को पूरी तरह बरबाद कर सकती है। यही कारण है कि आज हमारे पर्वतीय पर्यटन स्थलों शिमला, दार्जिलिंग, नैनीताल, मसूरी, कुल्लू मनाली में पर्यटकों की संख्या इतनी अधिक बढ़ गई है कि उनके लिए समुचित सुविधाएं जुटाना सम्भव नहीं हो रहा है। अतः जरूरी है कि इसी तरह के अन्य पर्वतीय पर्यटन स्थलों का विकास किया जाए।
4. पर्यटकों को स्मारकों पर अपने नाम लिखने अथवा अंकित नहीं करने चाहिंए। ऐसी अभद्रता स्मारकों को क्षीणता के गर्त में ढकेल देती है।
5. ध्वनि प्रदूषण भी वायु अथवा जल प्रदूषण से कम खतरनाक नहीं हैं भौंपू बजाना अथवा जोर-जोर से चिल्लाना प्रत्येक कीमत पर रोका जाना चाहिए।
6. हमें स्मारकों, मंदिरों, संग्रहालयों आदि में ऐतिहासिक और प्राचीन मूर्तियों की आकृति बिगड़ने देने से रोकना चाहिए। उनमें इस बात का अहसास करना चाहिए कि यह कलात्मक वस्तुएं हमारे गौरव व सम्मान का प्रतीक हैं। इनको बनाने में शिल्पकारों को एक लम्बा समय लगा था, जबकि हम उन्हें कुछ ही पल में अपनी बेहूदा हरकतों से नुकसान पहुंचा देते हैं।
7. सभी तरह के कूड़ा-कचरा, को इसी उद्देश्य से रखे गए डिब्बों में डालना चाहिए।

8. जो लोग पर्वतारोहण हेतु जाते हैं, उन्हें पर्वतीय क्षेत्र में कूड़ा-कचरा नहीं फेंकना चाहिए। अगर ऐसा नहीं किया गया तो कूड़े के यह ढेर उन लोगों की आंखों को खटकेंगे, जो यहां घूमने हेतु आयेंगे। हिमालय के क्षेत्र में ऐसा निरन्तर हो रहा है। एवरेस्ट पर्वत शिखर पर इस प्रकार के ढेर टनों में पाए गए हैं।

आधुनिक युग में पर्यटन का विकास करना, प्रादेशिक, सामाजिक एवं आर्थिक विकास करना महत्वपूर्ण हो गया है। इसके लिए यह आवश्यक है कि पर्यटन का सुनयोजित तथा क्रमबद्ध तरीके से विकास किया जाय क्योंकि यह देश अथवा राज्य के आर्थिक विकास की महत्वपूर्ण सीढ़ी है।

भारत में पर्यटन : मौसम और स्थल

पर्यटन का परिभ्रमण के लिये विशेष मौसम होता है जो उसके लिये प्रेरित करता है। किसी पर्यटन केन्द्र में भ्रमण के लिए शीत ऋतु उचित मौसम है तो कई पर्यटन केन्द्रों में ग्रीष्म ऋतु में जाना स्वास्थ्य तथा मौसम के अनुकूल होता है। इस इकाई में हमने पर्यटन के विद्यार्थियों को यह बताने की कोशिश की है कि पर्यटन में मौसम और मौसमीयता का क्या सम्बन्ध है? आरम्भ में जलवायु और मौसम सम्बन्धी परिस्थितियों का जिक्र करते हुए बताया गया है कि इससे लोगों का एक जगह से दूसरी जगह जाना जिस हद तक प्रभावित होता है। इसके पश्चात इसे विभिन्न तरह की मौसमीयता, इसके माप और स्थल पर पड़ने वाले प्रभाव की चर्चा की गई है। पर्यटन स्थल की कुछ विशेषताओं का भी उल्लेख किया गया है। इस तरह की सूचनाओं से युक्त पर्यटन अपने पर्यटकों के सवालों का जवाब दे सकते हैं और आम जागरूकता उत्पन्न करने में सहायता कर सकते हैं।

भारत में मौसम और जलवायु

उत्तरी अक्षांश में मौसम के अनुरूप एक वर्ष को चार मुख्य कालों में विभाजित किया जा सकता है।

वसन्त (21 मार्च से 20 जून)
ग्रीष्म (21 जून से 22 सितम्बर)
शरद (23 सितम्बर से 21 दितम्बर)
शीत (22 दिसम्बर से 20 माची)।

गर्मी के दिनों में लाखों पर्यटक यूरोप में भूमध्य सागर पर बने तटों और संयुक्त राज्य के पश्चिमी तटों की ओर भागते हैं। शीतकाल में पर्यटक गर्म प्रदेशों की ओर जाते हैं। इनमें भारत भी सम्मिलित है। हमारे देश में गर्मी की तुलना में जाड़े के दिनों में ज्यादा पर्यटक आते हैं।

अक्टूबर से लेकर मार्च का मौसम सबसे अच्छा होता है। दिसम्बर के महीने में सबसे अधिक पर्यटक घूमते हैं। अप्रैल से जून तक का मौसम पर्यटन के लिहाज से कमजोर मौसम होता है। सबसे कम आगमन मई के महीने में होता है।

भारत में मौसम की इतनी अधिक विविधता है कि लोग प्रत्येक मौसम में एक जगह से दूसरी जगह आते-जाते रहते हैं। उत्तर में आसमान में उमस है तो राजस्थान में सूखापन। इसी तरह उत्तर में पंजाब में महादेशीय मौसम है जहां गर्मी भी अधिक पड़ती है और ठंड भी, जबकि केरल में उष्णकटिबंधीय समुद्री जलवायु है जहां गर्मी होती है और हवा में नमी। जलवायु में इस विभिन्नता के कारण लाखों लोग विभिन्न मौसम में एक जगह से दूसरी आते-जाते हैं। सामान्यतया गर्मी के दिनों में उत्तर से दक्षिण की ओर उत्तर-पूर्व मानसून में दक्षिण से उत्तर की ओर पर्यटकों का प्रस्थान होता है।

त्यौहारों का मौसम

हमारे देश के विभिन्न भागों में विभिन्न तरह की फसलें होती हैं। और उनके कटने का वक्त भी अलग-अलग होता है। यह सब कुछ जलवायु और मौसम पर निर्भर करता है। खेती के पश्चात् आराम का वक्त आता है जिसे हम भारतीय उल्लास और आनन्द में बदल देते हैं। इस तरह भारतीय सामाजिक जीवन में अनेक पर्वों और मेलों का जन्म हुआ। तमिलनाडु का पोंगल, शान्ति निकेतन का पौष मेला, मेघालय का नोंमकेम और केरल का ओणम पर्व ऐसे ही कुछ पर्व हैं। इसके अतिरिक्त देश के विभिन्न हिस्सों में ऐतिहासिक और धार्मिक महत्व के कई त्योहार मनाए जाते हैं। वस्तुतः भारत मेलों और पर्वों का देश है जहां श्रद्धा, उत्साह और आनन्द के साथ प्रत्येक साल सैकड़ों पर्व मनाए जाते हैं। यह पर्व अपने आप में अनूठे हैं। उनमें रंग है, रूप है और सौन्दर्य का अपार भण्डार है।

पिछले कुछ समय में यह मेले पर्यटकों को अपनी तरफ काफी आकर्षित करने लगे हैं अतः इनमें से कई पर्व नियोजित ढंग से मनाए जाते हैं और पर्यटकों को आकर्षित करने के लिए प्रचार-प्रसार किये जाते हैं। इनमें से कुछ पर्व पूरे अथवा देश के अधिकांश भाग में और कुछ देश के खास हिस्सों में मनाए जाते हैं। उदाहरण हेतु

होली देश के विभिन्न हिस्सों में मनाई जाती है। पर मथुरा और वृंदावन की होली का अपना रंग है और पर्यटक भी इसी होली की ओर आकृष्ट होते हैं। इसी तरह मैसूर अथवा कुल्लू का दशहरा प्रसिद्ध है।

भारत के पर्व और मेले

हमारा भारतवर्ष पर्वों का धनी है। यहां पूरे वर्ष पर्वों की धूमधाम रहती है यहां तक कि नए वर्ष का पहला दिन पूरे देश में धूमधाम और उत्साह से मनाया जाता है। इसी महीने में तमिलनाडु, कर्नाटक और आंध्र प्रदेश में फसल कटाई का त्योहार, पोंगल मनाया जाता है। इस दिन नए धान का भात बनाया जाता है और इसे सूर्य भगवान को अर्पित किया जाता है। शान्ति निकेतन में पशुओं को सजाकर पशु मेले में ले जाया जाता है। उत्तर प्रदेश में इस दिन मकर संक्रांति मनाई जाती है। इस दिन लाखों लोग प्रयाग (इलाहाबाद) में गंगा स्नान करते हैं। रंग-बिरंगी पतंगों से आकाश भर जाता है। इस त्योहार के दौरान पतंगबाजी होती है, सांस्कृतिक कार्यक्रम आयोजित किए जाते हैं, भजनोत्सव होता है और खूबसूरत कलाकृतियों की प्रदर्शनी लगाई जाती है।

पर्व, त्योहार और मेले किसी भी समाज के लोकजीवन का महत्वपूर्ण भाग है। इनमें लोक-कलाओं का सहज प्रदर्शन दिखाई देता है। बहुत से लोकनृत्यों का आयोजन विशेष पर्वों व मेलों में होता है। उत्तराखंड मेलों, पर्वों और त्योहारों की धरती है। यहां के समाज को उत्सव और त्योहार प्रिय हैं। वे बड़ी आतुरता से ऐसे आयोजनों की प्रतीक्षा करते हैं। उत्तराखंड प्रकृति की अनूठी धरोहर है। उस पर मेले, पर्व और त्योहारों का आयोजन इसे स्वर्ग बना देता है। जहां तक पर्वों की बात है उत्तराखंड में सभी त्योहार विधि-विधानपूर्वक मनाए जाते हैं, जितनी आस्था से देश के सभी भागों में मनाए जाते हैं। हम कह सकते हैं कि उत्तराखंड के पर्वों व मेलों में यहां के लोक जीवन की प्राचीन आत्मा के दर्शन होते हैं। ये मेले हमारी सभ्यता, संस्कृति और भावनाओं के प्रेरणास्रोत हैं। साथ ही इनसे हमारा समाज एकसूत्र में बंधता है और भाईचारे को विस्तार मिलता है।

गणतंत्र दिवस—26 जनवरी के दिन गणतंत्र दिवस आयोजित किया जाता है। यह एक राष्ट्रीय पर्व है और सन् 1950 में भारत के गणतंत्रात्मक राष्ट्र घोषित होने के उपलक्ष्य में यह त्योहार मनाया जाता है। इस दिन सभी राज्य की राजधानियों में राष्ट्रीय ध्वज फहराया जाता है और परेड आयोजित की जाती हैं। दिल्ली में भव्य आयोजन होता

है। यहां सारे राज्य के प्रतिनिधि कलाकार अपनी कला का प्रदर्शन करते हैं। जनवरी के महीने में हाथियों का जुलूस पर्यटकों के आकर्षण का मुख्य केन्द्र है। इस दिन त्रिचूर में 100 से भी ज्यादा हाथियों को सजाकर उनकी दौड़ आयोजित की जाती, हैं। जनवरी के अन्त और फरवरी की शुरुआत में पश्चिम बंगाल में गंगा के मुहाने पर गंगा सागर नामक मेला लगता है जहां लाखों तीर्थयात्री स्नान करने आते हैं।

नागौर महोत्सव—फरवरी का महीना भी पर्वों और त्योहारों के रंग से रंगा हुआ है। हर वर्ष फरवरी-मार्च के महीने में थार मरुभूमि में स्थित नागौर में एक अनूठा पशु मेला लगता है। इस मेले में हजारों घोड़े, पशु ऊँट और अन्य जानवर लाये और खरीदे-बेचे जाते हैं। अतिथियों के मनोरंजन हेतु इस मेले में लोकनृत्य, संगीत और अन्य सांस्कृतिक कार्यक्रमों का आयोजन किया जाता है। इसी महीने में जैसलमेर का मरुभूमि मेला और कोटा का हाड़ोती उत्सव राजस्थान को विविध रंगों से भर देता है। इसी महीने में हरियाणा में सूरजकुंड हस्तशिल्प मेला लगता है। यहां गांव के माहौल में देश से आए हस्तशिल्पों की प्रदर्शनी लगाई जाती है। यहां संपूर्ण भारत की झलक दिखाई पड़ती है और इसी से सम्बद्ध सांस्कृतिक कार्यक्रम आयोजित किए जाते हैं। और विभिन्न तरह के खाद्य पदार्थों की दुकानें लगाई जाती हैं। यहां सूरजकुंड में ग्रामीण भारत की छटा दिखाई पड़ती है और वहीं खजुराहो के मंदिरों में सप्ताह भर नृत्य समारोह आयोजित किया जाता हैं। यहां देश भर के शास्त्रीय नृत्य का आयोजन होता है। इस उत्सव के अवसर पर शास्त्रीय नृत्य और मंदिर के गहरे सम्बन्ध को प्रदर्शित किया जाता है। दक्षिण के कुछ राज्यों को छोड़कर सम्पूर्ण भारत में रंगों का त्योहार होली मनाई जाती है। सभी उम्र के लोग रंग के इस त्योहार में भाग लेते हैं और एक-दूसरे पर रंग, अबीर उंड़ेलते हैं। इस पर्व के ठीक पहले बसंतपंचमी का त्योहार आता है जिस दिन विद्या की देवी सरस्वती की पूजा की जाती है।

शिवरात्रि—मार्च के महीने में भी त्योहारों का मौसम रहता है। शिवरात्रि के दिन भगवान शिव की पूजा की जाती है। इस दिन मंदिर में भक्तों की भीड़ लग जाती है और पूरे दिन और रात लोग शिवरात्रि का त्योहार मनाते हैं।

वैशाखी—अप्रैल के महीने में बैशाखी का त्योहार आता है। सम्पूर्ण भारत में हिन्दुओं के नववर्ष का आरम्भ इसी दिन से माना जाता है और इसी उपलक्ष्य में यह पर्व मनाया जाता है। पंजाब में यह पर्व पूरे जोश-खरोश और उत्साह के साथ मनाया जाता है और प्रत्येक गांव में लोग भांगड़ा नृत्य करते हैं। जयपुर में महीने भर का वसंतोत्सव मनाया जाता है। उत्सव के अन्तिम दिन गौरी देवी की पूजा की जाती

है, एवं रथ यात्रा निकाली जाती है। इसमें नृत्य संगीत के साथ-साथ सजे हुए ऊंटों, घोड़ों और हाथियों पर गौरी देवी की मूर्ति रखकर शोभायात्रा निकाली जाती है।

दक्षिण भारत के मदुराई में प्रत्येक वर्ष देवी मीनाक्षी और उनके पति सुन्दरेश्वर का ब्याह रचाया जाता है। इसे चित्रई पर्व के रूप में माना जाता है। इस पर्व के अन्त में रथों पर देवी-देवताओं की एक शोभायात्रा निकाली जाती है। इसी तरह केरल के त्रिचूर में पुरम नाम से एक ऐसा ही मंदिर उत्सव मनाया जाता है और हाथियों पर देवी-देवताओं की शोभा यात्रा निकाली जाती है एवं मंदिर में ढोल बजाए जाते हैं।

ईद-उल-फितर—मई के महीने में सम्पूर्ण भारत में मुसलमान ईद-उल-फितर का त्योहार मानते हैं। रमजान, उपवास के महीने के अन्तिम दिन नमाज अदा की जाती है, परिवार के लोग आपस में मिलते हैं और तरह-तरह के पकवान बनाये जाते हैं। सूफी संत ख्वाजा मोइनुद्दीन चिश्ती के ईश्वर से प्रतीकात्मक मिलन के उपलक्ष्य में राजस्थान में अज़मेर की दरगाह पर उर्स का पर्व मनाया जाता है। इस महीने में गंगटोक में आयोजित किया जाने वाला अंतर्राष्ट्रीय फूल मेला अपने आप में अनूठा है। इसमें 500 से ज्यादा फूलों के किस्मों की प्रदर्शनी लगाई जाती है।

हेमिस पर्व—जून के महीने में भारत के मैदानी क्षेत्रों में जब गर्म हवा चल रही होती है उस वक्त लेह में हेमिस पर्व महोत्सव मनाया जा रहा होता है। इस दिन हेमिस मठ के आंगन में मुखौटा नृत्य किया जाता है।

जून-जुलाई में पुरी में आयोजित होने वाली रथयात्रा एक महत्वपूर्ण मंदिर उत्सव है। इस दिन 14 मीटर ऊंचे प्राचीन और विशाल रथ में भगवान की शोभा यात्रा निकाली जाती है। इसके अतिरिक्त इस शोभा यात्रा में और भी कई रथ सम्मिलित होते हैं। इन सभी रथों को भक्तगण खींचते हैं और भगवान जगन्नाथ के प्रति अपनी श्रद्धा और लगाव प्रकट करते हैं।

बकरीद—जुलाई के महीने में पूरे भारत में मुसलमान ईद-उल-जुहा अथवा बकरीद का पर्व मनाते हैं। इसी दिन अल्लाह के आदेश का पालन करते हुए पैगम्बर इब्राहिम ने अपने पुत्र की बलि चढ़ाई थी। इसी की याद में यह पर्व मनाया जाता है।

स्वतंत्रता दिवस—प्रत्येक वर्ष पूरे भारत में 15 अगस्त को स्वतंत्रता दिवस के रूप में मनाया जाता है। 15 अगस्त, 1947 को भारत अंग्रेजों की गुलामी से आजाद हुआ था, इसकी स्मृति में हम इसको याद करते हैं। ध्वजारोहण करते हैं और लालकिले की प्राचीर से प्रधानमंत्री मातृभाषा में सम्पूर्ण राष्ट्र को संबोधित करते हैं।

जन्माष्टमी—अगस्त-सितम्बर के महीने में भगवान कृष्ण के जन्म की खुशी

में पूरे भारतवर्ष में जन्माष्टमी का त्योहार मनाया जाता है। इस दिन कृष्ण लीलाएं होती हैं और मंदिरों में पूजा अर्चना की जाती है। मणिपुर में 'रास-लीला' नृत्य का आयोजन किया जाता है। मथुरा और वृंदावन, जहां कृष्ण ने अपना बचपन और जवानी बिताई थी, में यह उत्सव खूब धूमधाम के साथ मनाया जाता है।

ओणम—केरल में फसल कटाई का त्योहार ओणम उत्सव और उमंग से भरा पर्व है। इस छोटे से राज्य के सभी लोग उम्र, लिंग, जाति और धर्म का भेदभाव भूलकर प्रिय राजा महाबलि की वापसी का स्वागत करते हैं और इस उपलक्ष्य में अपने घरों को साफ-सुथरा कर खूब सजाते हैं। एल्लेच्पे और अरनमुला में आयोजित होने वाली नेहरू नौका दौड़ इस उत्सव का मुख्य आकर्षण होती है।

गणेश चतुर्थी—महाराष्ट्र, तमिलनाडु, आंध्र प्रदेश और कर्नाटक में सितम्बर महीने में गणेश चतुर्थी मनाई जाती है। सात दिनों तक गणेश भगवान की पूजा की जाती है और फिर इसकी शोभायात्रा निकाल समुद्र, नदी अथवा झील में इन्हें विसर्जित किया जाता है। शोभायात्रा के दौरान लोग गीत गाते और झूमते नजर आते हैं।

गांधी जयन्ती—2 अक्टूबर को राष्ट्रपिता महात्मा गांधी का जन्म दिन है। इसे गांधी जयंती के रूप में मनाया जाता है। इस दिन पूरे भारत में प्रार्थना सभाएं आयोजित की जाती हैं और सामाजिक गतिविधियों से जुड़े कार्य किये जाते हैं। दिल्ली स्थित राजघाट पर और अहमदाबाद स्थित साबरमती आश्रम में विशेष कार्यक्रम आयोजित किये जाते हैं।

दीपावली—दीपावली भारत का एक मुख्य त्योहार है। इस दिन सारा देश दीपों से जगमगा उठता है। लोग एक-दूसरे को मिठाइयां खिलाते हैं। क्रिसमिस के साथ वर्ष का अन्त होता है। यह 25 दिसम्बर को मनाया जाता हैं। गिरजाघरों में पूजा अर्चना की जाती है और विभिन्न समुदायों के मध्य केक, टॉफी और अन्य उपहार बांटा जाता है।

7

सांस्कृतिक पर्यटन

भारतीय चित्रकला

मनुष्य के जीवन से सम्बन्धित घटनाओं का रेखांकन जो बीत चुका है और वर्तमान समय में चल रहा है उसका सजीव उदाहरण पेश करती है, उसे कला कहते हैं। जैसे—पुराणों में वर्णित कथा उस समय के भारतीय परम्परा का चित्रण है। इन पुराणों में धर्म का विस्तृत वर्णन किया गया है तथा इसमें चित्रित विभिन्न, आयाम और क्रियाकलाप बहुत ही प्रभावी हैं। इन कथाओं का वर्णन बहुत खास शैली में किया गया है। शीर्षक की सृजनशीलता का प्रभाव स्वयं देखा जा सकता है।

भारत के अलावा अन्य देशों में भी कला परम्परायें प्रचलित हैं। भारत की कला परंपरा ने प्राचीन काल से ही एशिया के देशों के लोगों को आकर्षित तथा प्रभावित किया है। भारतीय संस्कृति तथा परम्परा का प्रभाव यूरोप के देशों में भी है। भारतीय कला परम्परा की प्रशंसा विदेशों में हो रही है। अजन्ता की गुफाओं की चित्रकला को विश्व प्रसिद्ध माना जाता है। भारत की संस्कृति, परम्परा व कला अपनी वास्तविकता को लिये हुए हैं। भारतीय कला एवं परम्परा एक अथाह समुद्र की भांति है। उस पर चिन्तन करने पर आभास होता है कि यहाँ कि कला और परम्परा का स्वरूप कितना विशाल है।

किसी देश, समाज और धर्म का नाम लेते ही उसकी प्राचीन परम्पराओं के प्रति ध्यान आकर्षित होता है और जानने की इच्छा जाग्रत होती है। परम्पराओं का निर्वाह कला में हमेशा होते आया है। कुछ महत्वपूर्ण परम्पराएं हैं जो विशेष परिस्थितियों में

क्रियान्वित होते रहती हैं। कलाकार रचना सामग्री के उपयोग से परम्परा को नियंत्रित करता है। रचना सामग्री के माध्यम से उसमें नवीनता लाने का प्रयास करता है, जिनका सम्बन्ध परम्परा से है। कलाकार जिस निर्माण सामग्री का उपयोग करता है वह परम्परागत तौर पर प्रचलित होती है। शैलीबद्ध ढंग से रचित कलाकृति विशेष परम्परा की प्रतीक होती है। इस प्रकार की परम्परा किसी भी अनुकृति को साधन नहीं बनाती है। परम्परा में किस समुदाय विशेष की धार्मिक विश्वास तथा श्रद्धा से सृजित नहीं होती। कला वह आत्मा है जिसकी सजीवता कभी कम नहीं होती है। इस भव्यता में सृजनात्मक भाव परम्परा को जीवित बनाते हैं। कला की जीवित परम्परा समाज की संस्कृति है।

कलाकार की कलाकृति से वहां की परिस्थितियों को समझा जा सकता है। कलाकार के लिए सौन्दर्यात्मक जिज्ञासा अनिवार्य होती है। सौन्दर्य के प्रति कलाकार की जिज्ञासा इस बात का प्रमाण साबित करती है कि कलाकार सृजन प्रवृत्ति के द्वारा अपने जीवन दर्शन को कला के लिए समर्पित करता है। कलाकार की कल्पनाओं में कलात्मक सृजन सदैव उसके सदैव सौन्दर्य का अनुपम उदाहरण होता है। वह जिस वातावरण या समाज में रहता है उसे उसी समाज की वेदना कलाकृति में उजागर करने का पूरा प्रयास करता है। जो कलाकार अपनी कृति का निर्माण करते समय समाज की परंपराओं की मर्यादा का अवश्य ध्यान रखता है तभी वह एक सशक्त तथा प्रभावशाली कृति का निर्माण कर पाता है। वह समाज की संस्कृति, लोक गाथाओं का चित्रण रंग एवं रेखाओं से सजीवता प्रदान करता है। कलाकार की प्रेरणा परम्पराओं के वशीभूत होती है। इन सभी भावनात्मक परिदृश्य को ध्यान में रखकर वह उन शुभ मौकों का चित्रांकन योजनाबद्ध ढंग से करता है। मानवीय गुणों के मूल्य को सरलतापूर्वक व्यक्त करने में कलाकार के योगदान को कभी भुलाया नहीं जा सकता।

भारतीय चित्रकला में परम्पराओं का पालन हुआ है। प्रागैतिहासिक काल से लेकर वर्तमान काल तक के चित्रांकन में परम्परा को आधार माना गया है। चित्र-संयोजन में आकृतियों का गठन और समन्वय समय के अनुसार अंकित किया गया है। उन चित्रों में परम्परा की स्पष्ट झलक दिखायी देती है। जैसे—प्रागैतिहासिक काल के चित्रों में उत्सवों के दृश्य मिलते हैं। रेखाचित्रों के द्वारा प्रतीकात्मक अंकन में प्रागैतिहासिक कालीन चित्रकारों ने अपनी परम्परा का पालन किया है।

सिंधु घाटी सभ्यता से प्राप्त अवशेष उस समय की कला की विकसित अवस्था को दृर्शाता है। सिन्धु सभ्यता का कलात्मक विकास उस समय की परम्परा का प्रतीक

है। अजन्ता की गुफाओं के चित्रों में भगवान बुद्ध के बौद्ध धर्म प्रचार की परम्परा में जीवित है। उस समय के वस्त्राभूषण तथा रहन-सहन इसका प्रमाण देते हैं कि उस समय की परम्परा कैसी रही है? अपभ्रंश शैली के चित्रों में अपभ्रंश (विकृत) आकृतियों का अंकन स्पष्ट तौर पर दृष्टिगोचर होता है। जैन शैली का चित्रण परम्परा से भी स्पष्ट होता है कि पश्चिम हिन्दू शैली अपनी तकनीक में प्रसिद्ध रही है। राजपूत (राजस्थान) शैली में राजपूत राजाओं के रण-कौशल की परम्परा तथा राजमहलों में रनिवास का चित्रण उस समय की विषयवस्तु को दर्शाता है। मुगल शैली में मुगल शासकों का ईरानी शैली के माध्यम से भारतीय शैली में चित्रण कार्य राजदरबार तक सीमित चित्रशैली की परम्परा दृष्टिगोचर होती है।

प्रत्येक काल की कृति अपने समय तथा संस्कृति का प्रतीक होती है। मुगल शैली के पतन के बाद पहाड़ी शैली में कलाकारों के माध्यम से चित्र शैलियों को विकसित करने की परम्परा उजागर होती है। ईस्ट इंडिया शैली में कम्पनी स्कूल के कलाकारों के माध्यम से भारतीय आधार की गरीबी तथा कृषक जीवन को परिहास की दृष्टि से चित्रित करना ब्रिटिश शासन की परम्परा बन गयी थी। पुनरोत्थान काल में भारतीय कलाकारों ने सम्मिलित रूप से ब्रिटिश शासन के विरोध में चित्र प्रदर्शनियों का माध्यम अपनाया ताकि भारतीयों के मन में जन आन्दोलन के प्रति प्रेरणा उजागर हो सके। आज का भारतीय कलाकार वर्तमान युग की सामाजिक कठिनाइयों को चित्रित कर परंपरा को बनाए रख सकता है, जिससे दर्शक के मन में एक प्रेरणा उजागर होगी।

भारतीय कला परम्परा प्राच्य व्याख्यानों पर आधारित है। धार्मिक ग्रन्थों, उपनिषदों, काव्य-खण्डों, महाकाव्यों पर भी आधारित चित्रण कार्य की परम्परा प्राचीन समय से चली आ रही है। भारतीय कला धार्मिक ग्रन्थों पर आश्रित है। कला का सृजनात्मक भाव धर्म से प्रेरित तो है ही साथ में उसके गूढ़ रहस्य को समाज में एक आदर्श के रूप में स्थापित किया है। समाज उस आदर्श पर अपनी विश्वास और श्रद्धा रखता है। परम्परागत तौर पर उन धार्मिक आख्यानों पर आधारित सृजन कार्य कला परम्परा के स्वरूप को दृष्टिगोचर कराता है, जिसमें कलाकार की प्रमुख भूमिका होती है। कलाकार का सृजनात्मक जीवन कला परम्परा को जीवित रखने के लिए विशिष्ट होता है। समाज की मान्यता एवं परम्परा का क्रमशः उल्लेख वह कला सृजन के माध्यम से करता है। समाज की श्रद्धा में कला सृजन का पक्ष मजबूत रहता है। कला परंपरा पर चिंतन करने से सौंदर्य तथा सुख की अनुभूति होती है।

भारतीय कला चिन्तन में मन की सात्विक भावना पर जोर दिया गया है। भारतीय दृष्टि में मन अन्तर्मुखी होकर सत्य और आत्मा के प्रत्यक्षीकरण से शान्ति का अनुभव करता है जो सत्य, शिव और सुन्दर है। मन की रजोगुण और तमोगुण वृत्तियाँ सत्य में लीन होकर आत्मप्रत्यक्ष करती हैं जिससे मन अखण्ड हो जाता है, इसीलिए भारतीय महर्षियों ने कहा है, "अखण्ड बुद्धि समास्वाद्यं काव्यम्।" यह अखण्ड रूप में प्रतिरूपित होती है। रूप का सृजन ही कलात्मक सृजन है जिसकी अनुभूति कला की अनुभूति है। कलाकार रूप का स्थूल माध्यमों से लय के चमत्कार के माध्यम से सृजन करता है जिसके उत्तम उदाहरण नटराज, कोणार्क की मूर्तियाँ एवं अजन्ता, एलोरा की कला में मिलते हैं जहाँ इस बात की पुष्टि हो जाती है कि कला में कितनी सजीवता है।

वात्स्यायन ने चित्रकारी का उल्लेख अपनी कृति 'कामसूत्र' में चौसठ कलाओं में से चौथा स्थान मानकर किया है जो कि 200-300 ईसा के बाद में लिखी गयी है। वात्स्यायन ने इसके अंत में एक श्लोक के द्वारा स्पष्ट किया है कि उसके समय में चित्रकारी पूरी तरह विकसित हो चुकी थी तथा चित्रकारी की छह शाखायें कामसूत्र में वर्णित तथा चलन में थीं, ये निम्न हैं--

1. **भावना**--वर्णन या कथन।
2. **सादृश्य समानता।**
3. **वर्णिका**--रंग योजना।
4. **रूप भेद**--आकृति या नमूने का ज्ञान।
5. **परिणाम**--अनुपात, भाग, अंश।
6. **लावण्य योजना**--सौंदर्य (ललित कला) शास्त्र योजना।

ये छह शाखायें बाद वाले समय से भी सफलतापूर्वक अनुसरित की गयी हैं जिन्होंने भारतीय चित्रकला की परम्परा का नींव डाली।

अजन्ता की गुफा की चित्रकला स्थिति-- अजन्ता की गुफाएं कला, वास्तुकला, नक्काशी, चित्रकला के लिए प्रसिद्ध हैं। महाराष्ट्र के बाधोरा नदी के मुहाने पर औरंगाबाद से तकरीबन 106 कि.मी. दूर स्थित हैं। अजन्ता की गुफाएं पहाड़ियों में बनी हैं जो मनोहर प्राकृतिक अवस्था लिए हुए हैं। अजन्ता की गुफायें अर्द्धवृत्ताकार रूप में स्थित हैं।

ऐतिहासिक स्थान--अजन्ता गुफाओं का किसने निर्माण किया यह सब निश्चित रूप से मालूम नहीं है लेकिन पहाड़ों को छेनी-हथौड़ों से काट-छाटकर बहुत सुंदर कला का निर्माण किया गया है। और दूसरी सदी ईसा पूर्व के समय यह प्रथमतः

प्रकाश में आने लगी थी। सबसे बाद की गुफायें 8वीं सदी ईसा पूर्व के साथ प्रकाश में आयी मानी जाती हैं। यह साफ है कि अजन्ता के कार्य का समय तकरीबन 1000 वर्ष तक फैला हुआ है। कई सदियों तक यह निरुधोगी (बिना कार्य रुके हुए) भी रही। अजन्ता में कार्य का शक्तिशाली प्रवाह मगध में गुप्तों के उदय के साथ शुरू हुआ। इस समय में ही अजन्ता की रचना का सूर्य 5वीं सदी ईसा के पश्चात् दैदीप्यमान हुआ तथा एक-एक सदी के पश्चात् ही गायब हो गया।

नामकरण—इस गुफा के समीप ही 'अजन्ता' नामक गांव बसा है जो 'अजन्ता' शब्द का जनक है। इन गुफाओं की चित्रकलायें 'अजन्ता लेनी' अजन्ता गांव के आभूषण कहलाती हैं। अजन्ता में करीब 30 गुफायें हैं।

विषयवस्तु—अजन्ता चित्रकला बुद्धत्व से सम्बन्धित है। ऐसा लगता है मानों ये बौद्ध भिक्षुकों के द्वारा वानप्रस्थ युग में बनाई गई हैं। अधिकांशतः सारी चित्रकारी जातक कथाओं पर निर्मित है। ये कहानियां बुद्ध के विभिन्न अवतारों की कहानियां हैं। सभी चित्रकारी में बुद्ध मुख्य नाम है सिवाय कुछ के जो कि अलौकिक जीव और दिव्य शरीर में हैं जैसे—अप्सरायें, गन्धर्व तथा राक्षस। अधिकांश चित्रकारी शाक्यमुनि और बोधिसत्व से सम्बन्धित हैं। बुद्ध के जीवन की महान घटनायें जैसे—उनका जन्म, परित्याग, ज्ञान प्राप्ति, प्रथम व्याख्यान का उपदेश और उनका निधन का चित्रांकन करने में बहुत ही सावधानी बरती गयी है। बुद्ध के जीवन की अनेक विभिन्न घटनायें भी चित्रांकित की गयी हैं। जातक कथाओं की घटनाओं के भी कई दृश्य हैं। चित्रकारी न सिर्फ धार्मिक उद्देश्यों, वरन् पृथ्वी, भूमि, पानी, चट्टान, वनस्पति, पक्षी, जीव व मानव से भी संबद्ध है। इनमें काल्पनिक जीव व शैतान जिन्होंने बुद्ध को पथभ्रष्ट करने की कोशिश की आदि भी हैं। इन चित्रों में तात्कालिक सामाजिक जीवन के विभिन्न पहलुओं से प्यार और घृणा, दया और अन्याय, घर और महल, जीवन सुधार के तरीकें, परिधान, धात्विक व आध्यात्मिक लालसाओं आदि का उपयोगी अभिलेख मिलता है। इसमें धनी और निर्धनों के चित्रण में किसी प्रकार का पक्षपात नहीं किया गया है। तस्वीरों व चिन्ताओं में चिंतित लोगों से कोई भी उनके कुलवंश के बारे में परिचय प्राप्त कर सकता है। उनके परिधान आकर्षक बुनाई के नमूने प्रस्तुत तथा साबित करते हैं कि बुनाई की कला, रंगाई और चित्रकारी उस समय चरम सीमा पर थी। साथ ही साथ निर्धन एवं सामान्य लोगों के जीवन का चित्रण भी प्राप्त होता है। इन चित्रों में हम न सिर्फ धातु की सम्पत्ति और भौतिक आकर्षण के भी दर्शन कर सकते हैं। इन गुफाओं में मानव की आंतरिक अनुभूति तथा भावों को सूक्ष्म रूप से

दर्शाया गया है। और अजन्ता चित्रकला को परिपक्व गंभीरता का उत्पादन बनाया जिसका विश्व में कोई दूसरा उदाहरण नहीं है।

उपयोगिता—अजन्ता गुफाओं की वास्तविक रचना इसकी कई गुफाओं में रंगों से सजावट के संयोजन पर निर्भर करती है। गुफाएं भीतर से अंधेरी हैं एवं चित्रकारी तेल के दीपों में धुंधले प्रकाश में की गयी है। सभी गुफायें रंगों से भरी थीं परन्तु अब सिर्फ गुफा सं. 1, 2, 9, 10, 11, 16 व 17 में ही चित्रकारी उपलब्ध है। कुछ चित्रकलायें पूरी तरह सजाने योग्य हैं। कतिपय चित्रकलायें मात्र कहानियां चित्रित करती हैं। सजाने योग्य चित्रकलायें एक अंतहीन आलेखन की किस्मों व प्रारूप को प्रकाशित करती हैं। इनमें ज्यामितीय आकार चक्राकार, तिरछी, टेढ़ी लकीरें, भूल-भुलैया आदि सम्मिलित हैं। यहाँ प्रमुखतः छतों की चौकोर चित्रकारी के किनारों पर उद्धृत हैं। सजाने योग्य चित्रकारी में जानवरों, पक्षियों तथा पौधों के आकार प्रयोग में लाये जाते हैं।

अजंता चित्रकला में रेखीय और प्राकृतिक प्रारूप का अनूठा उदाहरण है। चित्रों के फैलाव में जानवरों व पक्षियों के चित्र मुख्य हैं तथा वे स्वमेव दृश्यों में चित्रित नाटकों के महत्वपूर्ण कलाकार हैं। 10 नम्बर की गुफा में हाथियों के झुण्ड नहाने में शक्ति परीक्षण का चित्र इसको स्पष्ट करता है। इन चित्रकथाओं में मानव शरीर की विशेषकर स्त्रियों की भावुक सुन्दरता पर अधिक जोर डाला गया है।

प्रसिद्ध चित्र—बोधिसत्व पद्मपाणि अवलोकितेश्वर (गुफा नं. 1) का चित्र रूप चित्रकारी में भारतीय सचित्र कला की महानता को दर्शाता है। 16 नं. की गुफा में मृत राजकुमारी का चित्र है। जिसमें भावुक करुणामय तथा अशुद्धि रहित कला का प्रदर्शन है जिसका मुकाबला संसार की कोई भी कृति नहीं कर पाई है। फ्लोरेंस निवासी अच्छा चित्र बना सके होंगे। वेनिस लोग भी उचित रंगों का उपयोग कर चुके होंगे परन्तु इस तरह के भावों का प्रयोग नहीं कर सके हैं।

17. नं. की गुफा में मां तथा बेटे का आकर्षक चित्र है जो कि बुद्ध की पत्नी के जरिए से बुद्ध को उनका पुत्र राहुल को देना दिखाती है।

नं. 1 गुफा के चित्रों में सम्भवतः एक भारतीय नरेश के दरबार में कुछ विदेशियों को प्रदर्शित करते हैं। इसी गुफा में पियक्कड़ों का समूह तथा उनका व्यवसाय करने वाला और अनेक तत्त्व ईरानी प्रभाव का स्पष्ट दृश्य प्रस्तुत करते हैं।

निष्कर्ष—अजंता की गुफाओं की चित्रकला संसार की अद्भुत कलाकृतियों में बेजोड़ है तथा यह अपना विशेष स्थान रखती है तथा इससे एक परम्परा का जन्म हुआ जिसका दूर के क्षेत्रों में विस्तार हुआ। संसार के विभिन्न देशों में इस चित्रकला

का विशेष प्रभाव दिखाई देता है। अफगानिस्तान की बामियान पर, फंडूकिस्तान में दीवालों में तथा मध्य एशिया की दीवाल पेंटिंग्स के विभिन्न दृश्यों पर इसका प्रभाव देखा जा सकता है। अजन्ता कला बौद्ध प्रसार की दृष्टि से महत्वपूर्ण और सम्पूर्ण कला है तथा प्रतीत होता है कि जहाँ कहीं ये गयीं, बौद्धत्व लेकर गयी हैं।

एक डेनमार्क के कलाकार जिसने अजन्ता कला की बहुमूल्य आलोचना प्रकाशित की, साबित करता है कि यह उन उत्कर्ष शिष्यों को प्रस्तुत करती हैं जिसको शुद्ध भारतीय चित्रकला ने प्राप्त किया है तथा इन तस्वीरों की हर वस्तु इस महान काल से जुड़ी ज्ञान की गहराई को प्रमाणित करती है। अजन्ता की गुफा चित्रकला चित्र बनाने की कला में निपुणता और श्रेष्ठता को प्रदर्शित करती है। अजन्ता चित्रकारों ने पृथ्वी और दैवीय यथार्थता के सुन्दर और उत्तेजक तथा दयामय विश्व के लिये अनूठा उदाहरण दिया है।

राजपूत शैली की ललित कलाएं

प्राचीन काल में देवी-देवताओं की मूर्तियां बनायी जाती थीं। भारतीय धर्मों जैसे—बौद्ध, जैन आदि की छवियों अर्थात् रूपों का रंगों में सुन्दर चित्रण किया जाता था। वे भारतीय रंगों जैसे—लाल, पीला और हरा के मिश्रण को ही प्रस्तुत करते थे। अर्थात् धार्मिक चित्रकलाओं एवं मूर्तियों के ललित कला की राजपूत शैली कहते हैं। राजस्थानी शासकों ने चित्रकला को संरक्षण दिया और मुगल दरबार से औरंगजेब के माध्यम से निकाले गये चित्रकारों को जगह दी। अतः राजपूत चित्रकला में इसलिए ईरानियन एवं राजस्थानी चित्रकारी का मिश्रण मिलता है।

समय—16वीं और 17वीं सदी में राजस्थान के दरबारों में एक असाधारण विषय शैली पुष्पित हुई जिसे राजपूत शैली की संज्ञा दी गई। इस शैली की चित्रकारी अजन्ता चित्रकला से बहुत भिन्न थी और ज्यादातर महलों में ही बनायी गयी थी।

राजपूत शैली के प्रकार—राजस्थान के राजपूताना में 20 जागीरें सम्मिलित थीं। लेकिन स्रात जागीरों ने ही मध्यकालीन चित्रकारी के विकास में प्रमुख योगदान किया। ये राज्य थे—मेवाड, बूंदी, कोटा, मारवाड़, बीकानेर, जयपुंर, जोधपुर और किशनगढ़। हर एक राज्य ने अपनी-अपनी पृथक् शैलियों का विकास किया किन्तु हर शैली में कुछ-न-कुछ समानता थी। उनमें से एक यह भी थी कि हर एक ने इस तरह की चित्रकला को 'राजस्थानी शैली' का विशेष नाम दिया। जबकि शैलियों में भिन्नता होने के बावजूद भी सभी की विषयवस्तु में समानता पायी जाती है। कालान्तर में राजस्थानी शैली के कुछ कलाकार हिमाचल प्रदेश एवं जम्मू-कश्मीर में

जाकर बस गये और वहां की स्थानीय चित्रकला से प्रेरित होकर नई शैलियों का विकास किया, इस चित्रकला को पहाड़ी शैली का नाम दिया गया। इसके कलाकारों को किसी का संरक्षण नहीं मिला तथा इस क्षेत्र में इसी कारण कलाकार सामान्य आदमी में लीन होता चला गया जिसके कारण इस कला के स्थान में बदलाव आ गया। वह केवल समाज की कला रह गयी। चित्रकला 19वीं सदी के प्रारम्भ में अपनी शिखर की चोटी पर पहुंच गयी और यह चित्रकला विश्व की सबसे अच्छी रचना मानी गयी।

राजपूत चित्रकला को भी दो हिस्सों में बांटा गया है—पूर्व एवं परवर्ती अवस्था की चित्रकला। ये दोनों ही साथ-साथ राजपूत चित्रकला के नाम से जानी गयीं। ये चित्रकलायें राजा के सुख के लिए ही महलों एवं मंदिरों में बनायी जाती थीं किन्तु इसके पश्चात् सूक्ष्म रूप में बदलाव हुआ और ये सूक्ष्म रूप से बड़े आकार, बड़ी संख्या में फैल गयी।

राजपूत शैली की विशेषता—राजस्थान चित्रकला का सम्बन्ध प्रचलित साहित्यिक शब्दों से है। इस शैली में धार्मिक एवं आध्यात्मिक संदेश दिये गये हैं। अतः इस चित्रकला के रंग प्रतीकात्मक हैं, उदाहरणार्थ—लाल रंग क्रोध को, पीला रंग आश्चर्य को, सफेद रंग शान्ति को अभिव्यक्त करता है।

कथ्य—राजस्थान चित्रकला बहुत ज्यादा सूक्ष्म रूप में हैं। यह चित्रकलायें उस समय के साहित्यिक कार्यों पर आधारित हैं। इसके सभी विषय प्रतीकात्मक आध्यात्मिक और धार्मिक सन्देश सजोते हैं। इस चित्रकला का मुख्य उद्देश्य मानव और भगवान के सम्बन्धों को पेश करना था। चित्रकला के प्रत्येक भाग आदर्श एवं कल्पना को पेश करते हैं। साथ ही रंगों का प्रतीकात्मक प्रयोग है। ये चित्रकलायें प्रधानतः राधा और कृष्ण से सम्बन्धित हैं। इनमें चित्रकारों ने अपनी गहन भावना का चित्रण किया है। इन चित्रों में राधा के आत्मा को तथा कृष्ण परमात्मा को प्रस्तुत करते हैं। ये दोनों साथ-साथ मानव की आत्मा तथा परमात्मा के सौन्दर्य के पुनर्मिलन को प्रस्तुत करते हैं।

मुगलों का प्रभाव—राजपूत चित्रकला सूक्ष्म शैली का निश्चायक प्रमाण प्रस्तुत करती है जो कि 16वीं सदी के पूर्व में मुगल चित्रशालाओं की स्थापना से पहले सफलतापूर्वक रही। महलों की दीवारों में गुम्बदाकार शिखर रचना, गहन तारों के प्रकाश वाले रात का दृश्य, घोड़ों की काठी पर योद्धाओं के माध्यम से सजावट का दृश्य, साधारण रंग योजना, पेड़, पर्दे, गलीचे, फव्वारे आदि मुगल प्रभाव राजपूत शैली पर, के बड़े भाग थे। सामान्य लोगों का जीवन, नाई, किसान, धोबी, लकड़हारा,

पौराणिक लोग एवं महात्म्य की कहानियां आदि भी मुगलों के उदय के समय चित्रित किये गये। इस शैली की मुख्य विशेषतायें निम्नलिखित हैं–

1. यह चित्रकला राजसी-दरबारी जीवन, इसकी औपचारिकता एवं शिष्टाचार, शिकार के दृश्यों के साथ ही साथ महाकाव्य तथा पुरानी कथाओं आदि का प्रदर्शन करती है।
2. यह कला जनसाधारण के सामाजिक, आर्थिक तथा घरेलू जिन्दगी का प्रदर्शन करती है।
3. इसमें चटक रंगों का उपयोग किया गया है। कलाकार प्रकृति के भौतिक पर्यावरण से प्रेरित थे–जैसे, फूल, पेड़ तथा अन्य प्राकृतिक कारक जैसे नदियां व पहाड़।
4. चेहरे और परिधानों में कौड़ियों की संरचना।
5. युद्ध संबंधी चित्रकला अधिक है। चौरोला महल राम-रावण के मध्य युद्ध की चित्रकला से भरा हुआ है।

भारतीय चित्रकला

रागमल चित्रकला–रागमल चित्रकला वास्तव में उत्तर भारत में राजपूतों के खास अधिकार व संरक्षण लिए हुए प्रतीत होती है। इन चित्रों पर 1605 ई. में नासुद्दीन नामक चित्रकार का नाम उल्लेखित है। यह चित्रकलायें मनोभाव पैदा करने वाले मनोभावों एवं अनुभवों के साथ स्वीकारी गयी है। गीत गोविन्द जैसे ग्रन्थों के दृष्टान्तों जैसे ही चित्रकारों के काव्यात्मक प्रतीकों–स्रोतों में तैरते कमल के फूल, पेड़ों के तनों से लिपटी बेलें, पेड़ों का युवावस्था में फलना-फूलना, प्रेमियों के आत्मीय भावों को बताने के लिए उपयोग किया गया है। बादल, बिजली, वर्ष, नदी की चाल आदि सीधे स्पष्ट अर्थों में बताये हैं। किशनगढ़ राज्य से प्राप्त चित्रकलाओं में राजपूतों के शूरवीरात्मक भावों का चित्रण किया गया है। इनमें शिकार के दृश्य और चित्र भी सम्मिलित हैं।

सजी एवं बनी-ठनी–सबसे प्रसिद्ध चित्रकला बनी-ठनी जो कि भारतीय मोनालिसा के नाम से ज्ञात है, इसी काल से संबद्ध है। बसौली, कांगड़ा, चम्बा, गूलर तथा कुल्लू राजपूत शैली की मुख्य धरोहर हैं। किन्तु बसौली और कांगड़ा ज्यादा महत्वपूर्ण हैं।

राजपूत शैली की चित्रकला का संबंध उस समय के काव्य, नाटक और संगीत से भी स्थापित हो सकता है। न सिर्फ शासकों ने इसे संरक्षण दिया वरन् पर्यावरण

ने भी लहरदार प्रदेशों द्वारा, पहाड़ियों तथा झाड़ियों द्वारा, रेगिस्तानों, जंगलों और बगीचों के द्वारा इसे सींचा जिनमें चित्रकला का रूप परदेशी और सुगंधित फूल की भांति विकसित हुआ। राजस्थान के चित्रकार ने समर्पित भावनात्मक कला को प्यार में तथा प्यार को कला में जोड़ा।

मुगलकालीन विभिन्नता

मुगल चित्रकला भारतीय एवं ईरानी का मिश्रित रूप है। मुगलों ने इसे भारत में कायम किया गया था। मुगल भारतीय और ईरानी चित्रकला, भारतीय एवं ईरानी चित्रकला के सुखद मिलन को प्रस्तुत करती है। चीनी प्रांतीय कला जो भारतीय बौद्ध, ईरानियन, हेलेनिक और मंगोलियन कलाओं के तत्त्वों का मिश्रण थी, ईरान या पर्सिया में 13वीं सदी में मंगोल आक्रमणकारियों के माध्यम से स्थापित की गयी थी। मुगल पर्सियन दरबार के पास से सम्बन्ध होने के कारण इस चित्रकारी की कला को भारत लाये।

भारत में राजपूत शैली की चित्रकला के अधिक प्रचार-प्रसार के कारण मुगलकालीन चित्रकला अधिक समय तक प्रसिद्धि हासिल नहीं कर सकी। भारतीय और ईरानी शैली का मिश्रण, जो कि मुगल दरबार के दरबारी शैली के रूप में प्रचलित थे, ने कुछ सर्वोत्कृष्ट रचनायें निर्मित कीं। जबकि इसकी अवधि बहुत छोटी थी, किन्तु यह भारतीय कला के इतिहास का एक उगता हुआ सूरज था।

हालांकि 16वीं सदी में मुगलों का भारत में आगमन हुआ था, परन्तु मुगल चित्रकला शैली बाबर के हमले के बाद ही प्रकाश में आ गई थी। यह अपने चरमोत्कर्ष पर मुगल शहंशाहों अकबर, जहांगीर और शाहजहाँ के शासन के दरम्यान पहुंची। मुगल चित्रकला का शिखर काल 1526 से 1627 के बीच का था।

मुगल चित्रकला में पाये जाने वाले प्रमुख गुणों को निम्नलिखित पंक्तियों में स्पष्ट किया गया है--

1. मुगल चित्रकला आकार में मुख्यतः सूक्ष्म चित्रकला थी। इसके अलावा यह न तो भारतीय भावों को और न ही भारतीय जीवन दृश्यों को प्रस्तुत करती है इसने चित्रकारी में दो रंगों को प्रस्तुत किया एवं इसमें किनारों की सजावट को भी प्रस्तुत किया गया।
2. इसने जीवित वस्तुओं की चित्रकला का बड़ी तेजी से विकास किया और यह महान भावों एवं शुद्धता के साथ चित्रित की गयी थी।
3. इसने रंग संयोजन में श्रेष्ठता प्राप्त की थी जो कि सामान्यतया लाल,

नीला और स्वर्ण रंग से चित्रित थी एवं स्वर्ण तथा रजत का बहुत बड़ा प्रयोग किया गया था और कभी-कभी बहुत पत्थरों का भी उपयोग किया गया।

4. राजसी, ऊंचा व्यक्तित्त्व एवं आध्यात्मिकता दिखाने वाले प्रभाव को भी प्रस्तुत किया गया था।

कथ्य—चित्रों के वर्ण्य विषय मुख्यतः शिकार, लड़ाई, युद्ध और जब्ती, राजसी दरबार, ऐतिहासिक अध्याय, हिन्दुओं की पौराणिक कहानियों की प्रकृति के विभिन्न कारकों जैसे—पक्षी, पेड़, पौधों, पुष्प आदि से लिए गये थे। लेकिन इसमें न तो आध्यात्मिकता थी और न ही घरेलू जीवन के यथार्थ को दर्शाया गया था। दरबारी और राजसी थी तथा लोगों की भावनाओं और उस समय की जनता के जीवन से बहुत दूर थी। प्राकृतिक सुन्दरता का उपयोग किया गया था, किन्तु स्त्री की सुन्दरता का नहीं जिसका कारण था मुस्लिमों की बहुत विरोधात्मक शैली।

अकबर के काल में चित्रकला—अकबर कला का महान प्रेमी तथा संरक्षक था। अकबर ने अपनी राजधानी की दीवारों को अपने पसंदीदा चित्रों से सजाया। उसने चित्रकला को सभी सहज तरीकों से प्रोत्साहित किया एवं उत्तम चित्रकारों को विख्यात साहित्यिक कृत्यों (रचनाओं) के वर्णन (चिबांका) में लगाया जैसे—चंगेज-नामा, जगर-नामा, रामायण, अयार्दनिश और कालिया दमन। अतः स्पष्ट रूप से यह कहा जा सकता है कि अकबर के काल में चित्रकला का काफी विकास हुआ।

जहांगीर के काल में चित्रकला—जहांगीर प्रकृति तथा चित्रकला का प्रेमी था। उसको चित्रकला के शास्त्रीय रूप के बारे में अच्छा ज्ञान था। उसकी कला के प्रति व्यग्रता ने मुगल चित्रकारी की कला को ईरानी प्रभाव से मुक्त कराया। प्राकृतिक दृश्य, खास तौर पर शिकारी के दृश्य एवं चित्र उसके समय में चित्रकला के सबसे पसन्दीदा विषय थे। चित्रकारी के साथ चित्रों पर दिनांक अंकित किये गये। उसके शासनकाल में यूरोपियन प्रभाव के कारण चित्रकारी में छाया का उपयोग प्रारम्भ हुआ।

मुगल चित्रकला को अन्तिम धक्का औरंगजेब के माध्यम से लगा क्योंकि उसने इसके संरक्षण को इस्लामी विधि के नियमों का उल्लंघन माना। यह कहा जाता है कि उसने असर-महल (बीजापुर) की चित्रकारी को नष्ट कर दिया और सिकंदरा में बने अकबर के मकबरे पर बनी आकृति को सफेद रंग से पुतवा दिया।

निष्कर्ष रूप में यह कहा जा सकता है कि मुगल चित्रकला ने भारत में ईरानी शैली प्रारम्भ की। भारतीय-चीनी-ईरानी चित्रकला के मूल रूपों का मिश्रण किया गया और जिसे तत्कालीन भारतीय चित्रकला के विद्यालयों के माध्यम से नई शैली के जन्म

की तरफ अग्रसर होते हुए मान लिया गया एवं भारतीय ईरानी स्कूल आफ पेंटिंग के नाम से प्रस्तुत किया गया। यद्यपि मुगल कला ने भारतीय परिवेश अपना लिया किन्तु भारतीय जीवनशैली और भावों को कभी प्रस्तुत नहीं किया।

इन कमियों को दरकिनार किया जाये तो मुगल शैली भारत में विकसित शैलियों में सर्वोत्कृष्टता पर थी। मुगल पोर्ट्रेट (जीवित व्यक्तियों के चित्र बनाने की कला), पेंटर रंगों की गहराई, मर्मभेदी किनारी सजावट की कला, सजावटी आचरण तथा वास्तविक स्वरूपी की तरफ लगाव के कारण विख्यात थे। वे अपने प्रयोगों में गहराई और सूक्ष्मता हेतु सजावटी रचना और उत्कृष्ट सुन्दर व छोटी किनारी के लिए परिधानों और पृष्ठभूमि में सजावट हेतु स्वर्ण के निःशुल्क प्रयोग के लिए और वस्तु सजावट एवं अन्य प्रयास करने के कारण विख्यात थे। पंक्तियों से सजी चौड़े किनारे वाली डिजाइन और जंगल के दृश्यों में भू-दृश्यों के चित्रण में महान मापन तथा शुद्धता मुगल चित्रकला में सामान्य थी।

वस्तुतः मुगल चित्रकला अपने पूर्व की चित्र शैलियों से बिल्कुल अलग थी। अपनी सुन्दरता और भाव प्रवणता के कारण यह आज भी ख्याति प्राप्त है।

शिल्प एवं लोक कला

पर्यटन स्थल की विशिष्ट वस्तुओं का पर्यटक जब तक क्रय न करे, पर्यटन क्रिया अधूरी सी लगती है। इस तरह पर्यटन एवं शापिंग एक दूसरे के पर्यायवाची हैं। पर्यटक के लिए दिल्ली हो या लन्दन हो या न्यूयार्क हो या सिंगापुर, सभी स्थानों से उसका एक उद्देश्य शापिंग करना भी होता है। यह देखने में आता है कि आस्ट्रेलिया व जापान के उच्च आय वर्ग के युवा पर्यटक सप्ताह के अंत में अवकाश के दिनों में हांगकांग तथा सिंगापुर की यात्रा शापिंग के उद्देश्य से करते हैं। इसका कारण पर्यटन स्थल का आकर्षण, सामान की निम्न कीमतें व उसकी श्रेष्ठ गुणवत्ता, विशेष तरह के उत्पादों की उपलब्धता आदि हो सकते हैं। आजकल डिपार्टमेण्टल स्टोर तथा शापिंग माल के आधुनिकीकरण ने पर्यटकों को विशेष रूप से इस ओर आकर्षित किया है। अब एक ही छत के नीचे सभी तरह के उत्पाद प्रतिस्पर्द्धात्मक कीमतों पर उपलब्ध हो जाते हैं। आज शापिंग को पर्यटन का एक आवश्यक अंग मानकर विकसित किया जा रहा है।

भारत शापिंग की दृष्टि से अत्यधिक आकर्षण रखता है। यहां के हस्त शिल्प उत्पाद एवं कलात्मक वस्तुओं में विदेशी पर्यटकों को उनके उपलब्ध स्थल की यात्रा के लिए आकर्षित करने की क्षमता है। अगर अभाव है, तो उत्पाद के प्रचार में कमी का। एक अमेरिका के पर्यटक ने भारत आकर कहा कि उसे नहीं ज्ञात था कि यह

देश इतनी सुन्दर कलात्मक हस्तशिल्प उत्पादों को तैयार करता है। संगमरमर से बनी ताजमहल तथा अन्य कलाकृतियां, हीरे, मोती, स्वर्ण, आभूषण, बनारसी साड़ियां, पशमीनी शाल, आदि कुछ ऐसे उदाहरण हैं, जो विदेशी पर्यटकों के लिए आकर्षण रखते हैं।

भारतीय पर्यटन को विदेशी मुद्रा अर्जित करने वाला एवं उद्योग के रूप में देखा जा सकता है। अभी भारत में पश्चिमी देशों के सदृश सुविधायें तथा संस्थागत ढांचे का विकास नहीं हो सका है जो विदेशी पर्यटकों को अपने ओर अधिकता से खींच सके लेकिन ऐसी उम्मीद की जा रही है कि बहुत जल्द ही संस्थागत ढांचे का विकास कर लिया जायेगा। भारतीय महानगरों को देखने से लगता है कि वह अन्तर्राष्ट्रीय महानगरों के समान हैं। चाहे भाषा हो, मनोरंजन अथवा पहनावा अथवा व्यावसायिक आवश्यक वस्तुएं, ये सभी करीब-करीब समरूप ही हैं। इसलिए आज भारतीयता, क्षेत्रीयता के साथ मुम्बईया फिल्मों के प्रभाव, पंजाबी पहनावा, मुगल भोजन, चीनी रेस्टोरेन्ट एवं वीडियो पॉप संगीत के मिश्रण को कहते हैं। लोक कला रंगारंग विज्ञापनों के प्रयोग से दुकानों द्वारा रंग-बिरंगी वस्तुओं की बिक्री तक सीमित है।

इन सबके बीच यहाँ पर ऐतिहासिक तथा कपड़ों की दुकानें एवं स्थानीय भोजनालय जो क्षेत्रीय व्यंजनों को बनाते हैं आदि स्थित हैं। वहाँ पर सदैव कुछ-न-कुछ धार्मिक कार्यक्रम प्रयोग होते रहते हैं जिससे व्यावसायिक एवं सांस्कृतिक गतिविधियां चलती रहती हैं।

ग्रामीण अंचलों के अन्तर्गत मानव जीवन गति और पद्धति दोनों एक दूसरे से भिन्न हैं। ग्रामवासियों के जीविकोपार्जन का प्रमुख आधार कृषि है। लोक कला, रीति-रिवाज, मिट्टी, जंगल, पशु एवं जलवायु आदि ग्रामीण जीवन के साथ आन्तरिक रूप से सम्बद्ध हैं। पर्यटक सोचते हैं कि जो सुविधाएं वे चाहते हैं वे भारत में नहीं मिलतीं। पर्यटन का विकास करने वालों को भारत की इस तस्वीर को याद में रखना पड़ेगा। यदि संस्थागत ढांचे के निर्माण में भारतीयता की यह तस्वीर प्रतिरूप लगने लगे अथवा बदल जाय; तो पर्यटकों की इस सोच में हम बदलाव ला सकते हैं।

वर्तमान समय में समाज से जुड़ी लोककला तथा हस्तशिल्प को शंका की दृष्टि से देखा जा रहा है। एक ओर पर्यटन के लिए इसका संरक्षण आवश्यक है, वहीं दूसरी ओर विश्व में आए बदलाव इस पर अपना प्रभाव डालते हैं। इसमें से कितना बचेगा कितना पुनर्जीवित होगा और कितना नष्ट होगा, यह उन लोगों के लिए विश्लेषण की विषयवस्तु है। जो पर्यटन तथा संस्कृति के संरक्षण से सम्बद्ध हैं।

मौलिक लोक कला एवं शिल्प अपने प्राकृतिक रूप में मुश्किल से पर्यटकों

को देखने को मिलती है। स्थानीय लोक जितनी मौलिक एवं अछूती होगी उतनी ही कम पर्यटक स्थल के रूप में विकसित होगी। विश्व की लगभग 7% आबादी गांवों में निवास करती है तथा उनकी परम्पराएं ही लोककला और शिल्प का घटक बनती हैं। यह सब स्थानीय संस्कृति का प्रतिबिम्ब होता है। इन लोककलाओं और शिल्प की उत्पत्ति लोक कहावतों, विज्ञान, अंधविश्वास, मिथक विज्ञान, धर्म और जीवनोपयोगी अनुभवों में दृष्टिगोचर होती है। यह सम्भव है कि विदेशी सैलानियों को अब अजीब लगे लेकिन यह ग्रामीण जीवन में घुला-मिला हुआ है। इन सबका 'व्यवसायीकरण' या संग्रहालयों में संकलन इनको नष्ट करने की दिशा में पहला कदम होता है। सबसे महत्वपूर्ण सवाल यह है कि पर्यटक न सिर्फ भारत की संस्कृति के मूल्यों को इन पर थोपें भी नहीं और स्थानीय संस्कृति के संरक्षण में सहायता करें; नीति निर्धारक तथा पर्यटक गाइड इस तथ्य की उपयोगिता एवं महत्व से पर्यटकों को अवगत करायें।

लुप्त प्राय शिल्प कला

वर्तमान समय में अधिकतर लोककला बाजारों या म्यूजियम में देखने को मिलती है। इन दोनों जगहों पर मूल रूप से तीन प्रकार की लोककलाएं तथा शिल्प पाए जाते हैं। पहली है 'जीवित' कला। जीवितकला में वे वस्तुएं शामिल हैं जो अभी परंपरागत शिल्पियों द्वारा अपने-अपने क्षेत्रों में स्थानीय एवं निजी प्रयोग तथा बिक्री के लिए बनाई जा रही हैं।

वर्तमान जीवन, मशीनीकरण तथा जनसंचार माध्यमों के विकास ने इन कलाओं तथा शिल्प के पतन में योगदान दिया। सम्प्रति में लुप्तप्राय है तथा इनमें मुख्य रूप से उन कलाओं तथा शिल्प को जाना जाता है जो अभी भी बचे हुए हैं तथा अभी भी प्रयोग के लिए विशेष अभिकल्प, तकनीकी और विपणन निवेश जरूरी है और ऐसा कुछ जगहों पर किया जा रहा है। किसी भी पारंपरिक ज्ञान की बहुत सी वस्तुएं अब प्रयोग में नहीं आतीं और बहुत अधिक विस्तृत निर्माण प्रक्रिया के कारण भी कई कलाएं अब अनुपयोगी हो गई हैं। ऐसी वस्तुएं अब राष्ट्रीय संग्रहालय, नई दिल्ली प्रांतीय संग्रहालयों तथा खास शिल्प संग्रहालयों एवं व्यक्तिगत संग्रहालयों में देश के पृथक्-पृथक् भागों में देखने को मिलती हैं। लेकिन लुप्तप्राय या संगृहीत कला और वस्तुओं से आशय यह है कि इनका निर्माण तथा उपयोग भले ही बन्द हो गया हो। लेकिन इनके निर्माण की प्रक्रिया की जानकारी अब भी दस्तकारों को है क्योंकि यह जानकारी पीढ़ी दर पीढ़ी चलती ही रहती है। इनमें हर कला जीवन-पद्धति के एक महत्वपूर्ण पहलू को स्पष्ट करती है। इसलिए पर्यटक

भिन्न-भिन्न संस्कृतियों को उनके पहनावे, घर के सामान, आभूषणों, कृषि तथा शिकार के औजार, संगीत के सामान, टोकरी, फर्नीचर आदि से पहचाना जा सकता है।

पर्यटन के तत्व के रूप में शिल्प कला

पर्यटन के तत्त्व के रूप में शिल्प गुजरात, राजस्थान, उड़ीसा के कुछ हिस्सों, उत्तर पूर्वी राज्यों तथा जम्मू कश्मीर में देखने को मिलता है। छोटे कस्बों तथा गांवों में आवास, कपड़े, बर्तन तथा रोजमर्रा के उपयोग की चीजें अभी भी स्थानीय स्तर पर कारीगरों अथवा नागरिकों द्वारा खुद बनाई जाती हैं। यहाँ पर सदैव गांव के गांव एक ही शिल्प बुनकरों, खिलौना बनाने वाले अथवा कुम्हार के होते हैं। पश्चिम के देशों के महानगरों में रहने वाले पर्यटक आज भी भारत के ग्रामों को देश के रूप में देखते हैं जैसा कि चित्रों एवं पर्यटनों के पोस्टरों में राजस्थान तथा गुजरात के मरुस्थलीय क्षेत्रों का चित्रण होता है। आज लोग गांवों के साथ प्राचीन भारत की विभिन्नता को प्रदर्शित करते हैं।

मुख्य शहर भुज के क्षेत्रों में अर्द्धशुष्क मरुस्थल में स्थित परन्तु आसान पोशाकों तथा अनोखे ग्रामीण घरों के सौन्दर्य सैलानियों का मन मोह लेता है। यहाँ पर स्थित हड़का, घारवली, धोरदो तथा बिरिन्दरा आदि गांवों को पर्यटक डेढ़ घण्टे में बस अथवा टैक्सी के द्वारा घूम सकते हैं। गांव की औरतें मर्दों के सामने घर से बाहर आती हैं लेकिन महिला अतिथि हेतु उनके घर जाकर मुलाकात करना तथा उनके घरेलू कढ़ाई के काम को देखना सरल है। रेडियो, खपरैल टाइलों की छतें, कृत्रिम कपड़े का अंगोछा आदि को छोड़कर शेष वस्तुएं जैसे लकड़ी के पट्टे, तांबे के बर्तन, चोली के कढ़ाई के कपड़े, कढ़े हुए लहंगे, कम्बल आदि पारंपरिक रूप से तैयार किये जाते हैं।

गुजरात के दूर-दराज के उत्तरी पश्चिमी हिस्से किसी भी आधुनिक सुविधाओं के बिना भी अपनी लोककला के कारण पर्यटकों द्वारा पसन्द किये जाते है। यहां बड़ी संख्या में पर्यटन भ्रमण करने के लिए जाते है।

लोक कला का प्रयोग

लोक कला का प्रयोग गृह सज्जा के लिए भी किया जाता है। गांवों के घरों की दीवारों पर प्रायः चावल के घोल या लेई से जानवरों तथा फूलों की तस्वीरे बनाई जाती हैं। शादी पर, जन्म पर, फसल कटाई के समय या धार्मिक अवसर पर भगवान की कृपा पाने के लिए भी ऐसा किया जाता है। चित्र बनाने की यह क्रिया अपने

आप में धार्मिक है। सैलानियों की दृष्टि से महाराष्ट्र के थाणे जिले की वली चित्रकारी, गुजरात के छोटा उदयपुर की राथवा जनजाति की पिथौरा पर हुई चित्रकारी और दरवाजों और इमारतों पर हुई मिथिला चित्रकारी जो महाकाव्य और राजपूतों की वीरकथा पर आधारित होती हैं, इनमें प्रमुख हैं। एक अन्य तरह की दीवार पर चित्रकारी दीवार पर शीशे का कार्य होता है, जिसे गुजरात में सबारी लोक कहते हैं। कच्ची मिट्टी के मकान शीशे के काम में अधिक जमते हैं चमकते हैं जो कि ज्यामितीय और फूलों के आकार में बने होते हैं। घरों में फर्श भी ऐसी है, सजावट विशेष मौकों पर एवं घर को पवित्र रखने के लिए की जाती है। यह तमिलनाडु तथा केरल में 'कोमल', बंगाल में 'अल्पना', राजस्थान में 'मन्दन', गुजरात तथा महाराष्ट्र में 'रंगोली', उत्तर प्रदेश में 'चौकपूरन' तथा उत्तराखंड में चौकी के नाम से प्रसिद्ध है। उड़ीसा की ताड़ की पत्तियों पर चित्रकारी, राजस्थान और बंगाल की नक्काशीवाली चित्रकारी जो 'फाड' और पटचित्र के नाम से विख्यात है। उड़ीसा और कर्नाटक ताश के पत्ते जो गंजिका कहलाते हैं आदि लोक कला के विविध उदाहरण हैं।

शिल्प तथा लोक कला का संरक्षण और विस्तार

कई व्यक्तिगत और सार्वजनिक संगठनों की स्थापना विभिन्न जीवित संस्कृतियों के संरक्षण, विकास एवं संरक्षण हेतु की गई हैं। कुछ ऐसे भी संग्रहालय हैं जहाँ पर कलाओं का प्रदर्शन किया जाता है एवं कतिपय ऐसे सांस्कृतिक केन्द्र भी हैं जहाँ पर नाट्य कला के कार्यक्रम तथा दूसरी तरह के प्रदर्शन होते रहते हैं। भारत की सांस्कृतिक विविधता की पहचान अनेकता में एकता-पर विविध संस्कृतियों के कार्यक्रम के केन्द्र अस्थायी रूप से आयोजित करते रहते हैं। यहां कुछ प्रमुख संगठनों व सग्रंहालयों का विवरण प्रस्तुत किया जा रहा है, जो शिल्प व लोक कला संरक्षण व विस्तार में सहायक हैं।

भारत के प्रमुख सांस्कृतिक केन्द्र

भारत सरकार ने प्रादेशिक सांस्कृतिक केन्द्रों की स्थापना देश की विविध संस्कृतियों तथा उनके मूल्यों के संरक्षण व विस्तार एवं देश की सांस्कृतिक एकता को बनाए रखने के लिए की है। इसकी स्थापना समय, स्थान तथा क्षेत्रीयता से उठकर एक समन्वित सांस्कृतिक सम्बन्ध बताने के लिए हुई है। हर क्षेत्र की अपनी लोककला, प्राचीन कला और शिल्प स्थापत्य कला, चित्रकला तथा पहनावा है। इन क्षेत्रों में ऐतिहासिक मस्जिद, मंदिर, चर्च, महल आकर्षित करते हैं। इसलिए यह सांस्कृतिक क्षेत्र कई उद्देश्य पूरे करते हैं, जैसे—

1. लोगों को भारतीय, धरोहर तथा परम्परा के प्रति जागरूक बनाकर एक दूसरे के करीब लाना तथा विदेशी संस्कृति के अतिक्रमण को रोकने की क्षमता का विकास।
2. लोककला और जनजातीय कलाओं के प्रोत्साहन हेतु विशेष कदम तथा लुप्त होती हुई कला के संरक्षण एवं मजबूत करने कोशिश।
3. नवयुवकों को रचनात्मक सांस्कृतिक संप्रेषणों के प्रति सेमिनार, सांस्कृतिक आगत-निर्गत तथा क्रियाकलापों द्वारा जागृत करना।

शिल्प ग्राम एक आदर्श पारंपरिक गांव के रूप में विकसित किया गया है। यह बहुत हद तक स्वावलंबी है और जहाँ पर किसान, बढ़ई, कुम्हार, बुनकर, लुहार आदि समन्वित रूप से एक-दूसरे पर निर्भर करते हैं। शिल्पग्राम की इस आंतरिक गतिशीलता को देखते हुए झोपड़ियों का निर्माण अलग-अलग धंधों के संगठन से रूप में किया गया है। इस तरह की चक्रीय व्यवस्था को अपनाने के लिए प्रत्येक झोंपड़ी की स्वतंत्र सत्ता भी बनी रहती है। जो शिल्पग्राम का आवश्यक अंग बन जाती है।

इस एकीकरण व्यवस्था में राजस्थान की पांच झोंपड़ियां स्थित हैं। राजस्थान मरुस्थल इलाके का प्रतिनिधित्व मारवाड़ की बुनकर जाति द्वारा होता है जिनकी झोंपड़ियां बालू के टीलों के गांव, राम (Ram) और सम (Sum) पर आधारित हैं। मेवाड़ के पर्वतीय इलाके के कुम्हार की झोंपड़ी का नाम गांव धल है। जो कि उदयपुर से 70 मिलोमीटर पश्चिम में स्थित है। उदयपुर के भीलों तथा कोटा की सहरिया नाम की दो जनजातीय कृषक समुदाय शेष दो झोंपड़ियों का नेतृत्व करती है। इसी तरह गुजरात की सात प्रतिनिधित्व बन्नी हैं। बन्नी इलाके की छः झोपड़ियों का एक समूह एवं सातवीं कच्छ के बुनकर के एक गांव भुजोदी का नेतृत्व करती हैं। समूह रबारी, हरिजन एवं मालधार समुदाय की दो-दो झोपड़ियों से बना है, जो बुनाई हेतु मशहूर हैं। सजावटी घोड़ों हेतु उतने ही मशहूर उत्तर गुजरात के पोशीना के समीप स्थित लम्बाडिया गांव का नेतृत्व जुलाहे की झोपड़ियां करती हैं।

गोवा प्रान्त की पारंपरिक लोकशिल्प का नेतृत्व बिचोलिम (Bicholim) के कुम्हार की झोपड़ी, खुम्बा के जनजातीय कृषक की एक झोपड़ी मंडोवी नदी के तट पर स्थित मछुआरों की झोपड़ी के माध्यम से होता है।

महाराष्ट्र के रायगढ़ जिले के समुद्रतटीय स्थित गांव कोली झोपड़ी है। कोल्हापुर के शिल्पकार का एक मकान एवं उत्तरी महाराष्ट्र के थाणे जिले के वार्ली जनजाति की चित्रकारी की हुई झोपड़ी भी है।

पश्चिम गुजरात के छोटा उदयपुर के वसेदी गांव के बुनकर की एक झोपड़ी

तथा दक्षिणी गुजरात के जनजातीय किसान समुदाय के दांग एवं राथवा गांव की दो झोपड़िया हैं। इनके साथ ही साथ गांधीनगर के पास जेठापुर के इलाके का कापरी सज्जित लकड़ी का मकान भी है।

शिल्पकला का एक मुख्य आकर्षण शिल्प बाजार है। यह पारंपरिक हाट की तर्ज पर निश्चित समय अंतराल पर आयोजित होता रहता है। कारीगरों को शिल्पग्राम के सैलानियों के सामने अपनी कला के प्रदर्शन और बिक्री के लिए बुलाया जाता है।

सैलानियों और छात्रों के लिए शिल्पकला एक जीवंत मानव जाति के संग्रहालय के रूप में दृष्टिगोचर होता है तथा साथ-ही-साथ लुप्तप्राय लोक कला और शिल्प के नूमने एक संग्रहालय तथा दीर्घा में सुरक्षित हैं। पक्की मिट्टी की बड़ी मूर्तियां, मुखौटे, सुसज्जित लकड़ी तथा धातु के काम वस्तुएं प्रदर्शन के लिए रखी हैं। इनके साथ शिल्पग्राम के दर्शनीय प्राकृतिक दृश्य में अभयारण्य, लोक मूर्तियां, जनजातीय चिन्ह काफी प्रामाणिक रूप में सजाए गये हैं।

लोक उत्सव तथा शिल्प कला

भारत में लोक उत्सव गृह उद्योग के उत्पादन, उपभोग व खपत से सम्बद्ध हैं। यहाँ महिलाएं परम्परागत वस्तुएं बनाती हैं तथा उस शिल्प में अपने आपको अभिव्यक्त करती हैं। पारंपरिक शिल्पकला कतिपय ऐसी वस्तुएं भी बनाते हैं जिनके अभाव में कुछ अनुष्ठान पूर्ण नहीं होते हैं। कुछ ऐसी भी शिल्प वस्तुएं हैं जो किसी त्योहार विशेष पर ही बनाई जाती हैं जैसे महासंक्रांति पर पतंगें, मौली धागे, रक्षाबंधन पर राखियां तथा दीपावली पर दीये-खिलौने, पटाखे और मिट्टी के खिलौने आदि बनाए जाते हैं।

आज की पर्यटन नीति में इन त्योहारों का ध्यान रखा गया है और विशेष उत्सवों का आयोजन किसी प्राकृतिक, धार्मिक या ऐतिहासिक स्थान के करीब किया जाता है।

कुछ त्योहारों में काफी संख्या में श्रद्धालुओं की भीड़ जमा होती है उदाहरण के लिए पुरी की विश्वविख्यात रथयात्रा, त्रिचुर का पूरम उत्सव, लेह-लद्दाख की हेमिज बौद्ध मठ का उत्सव आदि। ये सभी एक धार्मिक स्थान पर केंद्रित हैं। कुछ उत्सव मौसम पर आधारित होते हैं, यथा– चन्द्रमा की स्थिति या फसल काटने के उत्सव। कुछ उत्सव पौराणिक कथा पर आधारित होते हैं, जैसे–रक्षाबंधन, बैसाखी, दीवाली, गणेश चतुर्थी, क्रिसमस, ईद, पोंगल, ओणम आदि। ऐसे ही मौकों पर लोक शिल्प को बल मिलता है।

हजारों दुकानें, पटरी पर लगने वाली दुकानें, ठेले तथा फेरी वाले सड़कों पर आकर इन लोगों की आवश्यकताओं को पूरा करते हैं जो इन त्योहारों में भाग लेते हैं। भक्ति और वाणिज्य, तीर्थयात्रा और उत्सव वास्तविक रूप से जुड़े हुए और एकता में अनेकता को प्रस्तुत करता है और इसके भागीदार बनकर अपनी जरूरतों और खुशियों का आनन्द लेते हैं। यह एक अचेतन और वास्तविक भाव का चित्रण होता है जो भारत का वास्तविक चित्र प्रस्तुत करता है।

इन घटनाओं के साथ 'पर्यटन उत्सवों' का आयोजन किया जाए तो ध्यान रखना चाहिए कि ऐसा वातावरण निर्मित करना चाहिए जो कि स्थानीय संस्कृति से मेलजोल रख सकें एवं पर्यटकों को अप्राकृतिक भी न लगे। इस अप्राकृतिकता के खतरे से सुरक्षा आवश्यक है।

सम्प्रति एक नई शैली के 'पर्यटक त्योहारों' का चलन बढ़ रहा है स्थानीय जनता के लिए पराये हैं। इस परायेपन के लिए कई कारण जिम्मेदार हैं जैसे—

(क) स्थानीय समुदायों को उनके पारंपरिक पहनावे और शिल्प के साथ प्रदर्शन अथवा उत्सुकता का विषय बनाकर और चित्र खींचकर,

(ख) भिन्न भाषा के उपयोग की वजह से,

(ग) परायी संस्कृति जैसे बैबरे, जुआघर व शराब को बढ़ावा देकर तथा,

(घ) विदेशी सैलनियों के सामने अपने विशेष आदमियों को समर्थन देकर तथा

(ङ) यह दिखाकर कि पर्यटन के लिए संस्थागत विकास, स्थानीय जरूरतों से अधिक महत्वपूर्ण है।

राज्य सरकारों द्वारा अनेक पर्यटन परिपत्रों पर मेलों का आयोजन किया जाता है जिससे पारंपरिक तथा मेले के वातावरण को पुनः जीवित करके पर्यटन को बढ़ावा दिया जा रहा है। यह मेले किसी धार्मिक उत्सव अथवा स्थल से नहीं जुड़े होते बल्कि किसी ऐतिहासिक स्मारक, प्राकृतिक दृश्य, खेल-कूद या आधुनिक मनोरंजन के साधनों से जुड़े होते हैं। सामान्य रूप से अवसरों पर शिल्पकारों को अपनी शिल्प वस्तुओं की बिक्री के लिए बुलाया जाता है जो अपनी कला हेतु राष्ट्रीय अथवा राज्य स्तर का पुरस्कार प्राप्त कर चुके होते हैं। इस तरह का शिल्प मेला पास-पड़ोस के क्षेत्रों में चहल-पहल कर देता है। यह एजेंट कार्यालयों, पर्यटक, दूतावासों, विद्यालयों और प्रचुर माध्यमों की मदद से देश-विदेश में अधिक प्रचारित हैं तथा इसमें भारतीय संस्कृति के प्रोत्साहन में शिल्प की विपुल सम्पदा का व्यापक प्रयोग किया जाता है। कुछ राज्य उड़ीसा, केरल, कर्नाटक, मध्य प्रदेश और हरियाणा को तो पहले ही प्रचारित किया जा चुका है। भारतीय संस्कृति को प्रत्येक नया राज्य प्रचारित करता है।

8

ऐतिहासिक पर्यटन

भारत में पर्यटन का अत्यधिक महत्व है। पर्यटन की दृष्टि से भारत ऐतिहासिक धरोहरों का देश है। कई क्षेत्रों में फैले मंदिर, मस्जिद, धार्मिक स्थान, मठ, एवं पुराने किले इसके प्रमुख उदाहरण हैं। इसके लगभग प्रत्येक भाग में खण्डहर, पुराने तालाब, कुएँ एवं सेतु मिल सकते हैं। इसका सदुपयोग पर्यटन के विकास में किया जा सकता है। इसके अतिरिक्त अन्य सांस्कृतिक पहलू, जैसे : अस्त्र-शस्त्र, सिक्के, वस्त्र, चित्रकला आदि पर्यटक के आकर्षण का मुख्य केन्द्र हैं। इनमें से कुछ संग्रहालयों में सुरक्षित हैं और भारत में शहर विकास की दास्तान सुना रहे हैं। यह सांस्कृतिक पर्यटन का एक हिस्सा है, अतः पर्यटन पेशेवरों के लिए खास महत्व रखता है। इसलिए इन्हें सही व सुरक्षित ढंग से रखने की आवश्यकता है। इन स्रोतों की खोज करने और उन्हें सुरक्षित करने हेतु तैयारी करनी पड़ती है। ताकि ये वक्त के गर्भ में गुम न हो जायें, इसी लक्ष्य से हमने इस इकाई को लिया है।

चीनी यात्री ह्वेनसांग तथा फाह्यान और यूनानी यात्री मेगास्थनीज ने चन्द्रगुप्त मौर्य के राज्य में राजकीय संरक्षण के तहत अपनी जिन्दगी के कुछ महत्वपूर्ण समय को गुजारा। अलबरूनी जैसे सलिम यात्रियों ने भारत देश के भूगोल, अर्थव्यवस्था, रीति-रिवाज तथा सामाजिक, राजनैतिक तथा धार्मिक संरचनाओं का विस्तृत अध्ययन किया। समय-समय पर कई विदेशी आक्रमणकारी भी भारत भूमि से आकर्षित होते रहे जैसे—पल्लव, हूण, यूनानी, शक, अरबी, तुर्क, अफगानी, मुगल आदि। परन्तु कालान्तर में सभी भारत के ही होकर रह गए और यहीं के निवासियों के रूप में स्वीकार किए जाने लगे। इसे ही भारतीय संस्कृति का मूल मंत्र 'अनेकता में एकता' कहा जाता है। भारत में विभिन्न प्रकार के जाति और धर्म से सम्बन्धित

लोग निवास करते हैं। जिनकी अपनी-अपनी भाषा एवं संस्कृति है। एक दूसरे को जानने-समझने के लिए पर्यटन की प्रगति आवश्यक है।

संस्कृति, इतिहास, भूगोल, अर्थशास्त्र को पढ़ लेना ही काफी नहीं है। जब तक हम नए या अनजान स्थान की ताजगी को अनुभव नहीं करेंगे, नए चेहरों की भावनाओं को पढ़ नहीं लेंगे, उनके रीति रिवाजों को प्रत्यक्ष रूप में समझ नहीं लेंगे, तब तक हमारा पुस्तकीय ज्ञान बेकार है। इसलिए बन्द कक्षा में विषयों की पुस्तकों को पढ़ लेने से ज्यादा लाभकारी है–पर्यटन। वास्तव में यह सर्वधर्मसमभाव व वसुधैव कुटुम्बकम की भावना से भी प्रेरित है।

पर्यटन के समय व्यक्ति कई जगहों पर घूमता है जिससे उसे उन स्थानों से सम्बन्धित जानकारी मिलती है। देश-विदेश या स्थल विशेष से जुड़ी सूचनाएं जैसे–भौगोलिक स्थिति, आर्थिक संरचना, इतिहास, लोक रीति, सामाजिक मान्यतायें, जन रीति, प्रथा–परम्परायें एवं कला इत्यादि तथ्यों की जानकारी, पर्यटन के द्वारा कहीं अधिक सरल एवं सुगम है। भौतिक उन्नति, संचार, आवागमन तथा यातायात के साधनों की उन्नति के साथ मानव के लिए यह दुनिया बहुत छोटी हो गई है। बौद्धिक उन्नति के कारण विविध जानकारियों को देखने-समझने की जिज्ञासा में बढ़ोतरी का होना स्वाभाविक है। पर्यटन में ज्ञान मनोरंजन तो है ही, खाली समय का भी सदुपयोग है एवं व्यावसायिक पाठ्यक्रम शुरू करके इसे रोजगारपरक भी बनाया गया है।

सम्पूर्ण विश्व में सभी प्राचीन सभ्यताओं का लगभग विनाश हो चुका है। लेकिन संस्कृति की अनवरतता और स्थायित्व सर्वविदित है। आवश्यकता इस बात की है कि अपने सद्प्रयासों के माध्यम से हम भारतीय संस्कृति की अखण्डता को बनाये रखें, अतीत के गौरव को चिरस्थाई रखें, स्वस्थ परम्पराओं से सांस्कृति मूल्यों की बढ़ोतरी में मदद दें।

हमें अपनी संस्कृति एवं सभ्यता के उन पक्षों के बारे में पता होना चाहिए जिनमें पर्यटकों का आकर्षण सर्वाधिक होता है। पर्यटन के क्षेत्र में ऐतिहासिक स्थलों की जानकारी से यही तात्पर्य है कि हम अधिकाधिक अपने इतिहास को जानें क्योंकि इसके द्वारा हम अपने भविष्य का भी निर्धारण करते हैं। कहा भी गया है कि "जो व्यक्ति, देश या अपने बीते दिनों से शिक्षा नहीं लेता, वर्तमान एवं भविष्य उसका सम्मान नहीं करता–कभी उन्नति नहीं कर पाता, उसका निरन्तर ह्रास ही होता है, अवनति की ओर गतिमान होता है।' इसलिए उन्नति के लिए जरूरी है कि बीते काल का अध्ययन करके उससे लाभ प्राप्त किया जाए।

भारत के समाज, संस्कृति तथा इतिहास को सम्पन्नता प्रदान करने के लिए

प्राचीनकाल में समय-समय पर कई स्मारक बनवाए। ब्राह्मण, बौद्ध, जैन एवं अन्य प्राचीन भारतीय धार्मिक-सम्प्रदायों के अन्तर्गत ऐसे कई कलात्मक स्मारक निर्मित किए गए जिनसे तत्कालीन समाज की गतिविधियों की जानकारी प्राप्त होती है। ये स्मारक न सिर्फ ऐतिहासिक दृष्टिकोण से अमूल्य हैं बल्कि इनके द्वारा देश-विदेश में भारतीय संस्कृति की लोकप्रियता और गौरवपूर्ण अतीत की उद्घोषणा भी होती है। ये स्मारक भारत के विविध सामाजिक एवं धार्मिक संस्कृतियों को सुरक्षित रखे हुए हैं। इन स्मारकों में विभिन्न तरह के भवन, राजप्रासाद, दुर्ग, मन्दिर, चैत्य, स्तूप, संघाराम, विहार, गुफायें इत्यादि विशेष उल्लेखनीय हैं। साथ ही प्राचीन भारत में अलग-अलग धार्मिक सम्प्रदायों से जुड़ी मूर्तियां एवं प्रतिमाएं भी निर्मित की जाती रही हैं जिनसे अनन्त शान्ति, परमसत्य और लोकोपकार के सन्देश प्राप्त होते रहे हैं।

कौशाम्बी, हस्तिनापुर, सारनाथ, नालन्दा, पाटलिपुत्र इत्यादि ऐतिहासिक स्थलों की पुरातात्विक खुदाई से हमारे देश के अतीत काल पर पर्याप्त प्रकाश पड़ता है तो मोहनजोदड़ो, हड़प्पा, कालीबंगा, लोथल जैसे प्रागैतिहासिक युग के समाज, धर्म और कला को प्रकाशित करते हैं। खुजराहो, सांची, कोणार्क, अजन्ता, एलोरा तथा दिलवाड़ा जैसे स्थल भारतीय इतिहास के उस काल का प्रतिनिधित्व करते हैं जिसमें कला अपनी चरमोत्कर्ष तथा गौरवपूर्ण अवस्था को प्राप्त कर चुकी थी। प्राचीन भारतीय कलाकार और वास्तुकारों ने अनेक प्रकार की कलाकृतियों का निर्माण किया है जिनकी तुलना नहीं की जा सकती।

सैन्धव सभ्यता (लगभग 3000-1500 ईसा पूर्व) से भारतीय कला का इतिहास प्राप्त होता है, जिसे हड़प्पा संस्कृति के नाम से भी जाना जाता है। आधुनिक युग में इस संस्कृति के अधिकतर प्रमुख स्थल पाकिस्तान में जा चुके हैं। किन्तु इस सभ्यता के चिन्ह राजस्थान के कालीबंगा, भारतीय पंजाब के रोपड़, गुजरात में लोथल तथा हरियाणा में बनावली से अर्जित होते हैं। सभ्यता के प्रमुख उल्लेखनीय स्मारकों में मोहनजोदड़ो का छोटे-बड़े भवन, विशाल स्नानागर, हड़प्पा में अनाज रखने का विशाल गोदाम विशेष उल्लेखनीय हैं। इस संस्कृति की सबसे उत्तम कला कृतियां हैं मृण मुद्रायें अर्थात् मिट्टी की सीलें। 2000 के आस-पास प्राप्त इन सीलों पर लघु लेखों के साथ विभिन्न पशुओं की आकृतियां खुदी हुई हैं। मिट्टी के कई प्रकार के खिलौने मिलते हैं। मोहनजोदड़ो से नर्तकी की कांस्यमूर्ति प्राप्त हुई है जो इसके कारीगर की कुशलता का प्रमाण है। लोथल में एक इमारत प्राप्त हुई है जो कुछ पुरातत्त्वविदों के अनुसार एक बन्दरगाह थी। इसी प्रकार हड़प्पा का एक दुर्गनुमा खण्डहर भी प्राप्त हुआ है।

यह आश्चर्यजनक बात है कि हड़प्पा संस्कृति का नाश होने के बाद भारत

की वास्तुकला और अन्य कला में लगभग 1000 साल तक किसी भी प्रकार की उन्नति और विकास नहीं हुआ। वास्तव में हड़प्पा के निवासियों की कलात्मक उपलब्धियों को सही करार दिया गया, इस काल को भारतीय कला का 'अभ्युदय' कह सकते हैं। चौथी शती ई. पू. के अन्तिम चरण में मौर्य काल (320-185 ई.पू.) में कला के क्षेत्र में विशेष प्रगति हुई। अशोक के समय में बौद्ध कला का विकास हुआ जिसका सुन्दर उदाहरण चैत्य एवं विहार हैं। अशोक स्तम्भ के सुन्दर शीर्ष इस काल की मूर्तिकला के सर्वोत्तम उदाहरण हैं जो कि रामपुरवा, सारनाथ तथा लौरियानन्दनगढ़ से प्राप्त हुई हैं। मौर्य शिल्पियों ने बौद्ध भिक्षुओं के निवास हेतु चटट्रानों को काट कर गुफाएं बनाने की परम्परा आरम्भ की, जिसका उदाहरण बिहार के गया जिले से 30 किमी. दूर 'बराबर की पहाड़ियों' से प्राप्त होता है। बाद में इसकी गुफा का निर्माण पश्चिमी और दक्षिणी भारत में भी प्रचलित हुआ जिसमें एलोरा, अजन्ता, कन्होरी तथा ऐलिफेन्टा की गुफाएं आदि प्रमुख हैं।

एलोरा और अजन्ता की गुफाओं की तरह ऐलिफेन्टा की गुफायें भी भारत की अत्यन्त ही कीमती राष्ट्रीय धरोहर हैं। ऐलीफेंटा की गुफाएं मुंबई बंदरगाह के करीब 10 किलोमीटर दूर पूर्व दिशा में एक टापू पर निर्मित हैं। इन्हें दो पहाड़ियों के बीच लावा चट्टनों को काटकर बनाया गया है। ऐलीफेंटा में भगवान शिव को समर्पित आठ गुफाएं हैं। प्रमुख तथा प्रथम गुफा 10 फुट चौड़ी एवं 18 फुट ऊंची है। गुफा की छत चट्टान को काटकर निर्मित खम्भों पर टिकी है। स्तम्भों पर द्वार पल की विशाल मूर्तियां बनायी गयी हैं। यहीं पर 20 फुट ऊंची त्रिमूर्ति है जिसके सिर कलात्मक रूप से 4-5 फुट ऊंचे बनाये गये हैं। एक मूर्ति के हाथ में नाग, सिर पर मानव खोपड़ी तथा एक शिशु है। पास ही 16 फुट उंची अर्द्धनारीश्वर प्रतिमा है। बाईं तरफ विष्णु विराजमान हैं। दूसरी ओर के गृह में शंकर-पार्वती की कई मूर्तियों में तांडव नृत्य मुद्रा वाली मूर्ति प्रमुख है। अन्य आकर्षक मूर्तियों में पार्वती विवाह, रावण द्वारा कैलाश पर्वत हटाने की कोशिश तथा शिव-पार्वती पर पुष्प वर्षा है।

यह प्राचीन धारणा है कि पहले दक्षिण दिशा में एक हाथी का निर्माण किया गया था। इसलिए इसे ऐलीफेन्टा की गुफा कहते हैं। यह हाथी 1864 में मुंबई के विक्टोरिया बाग में स्थापित कर दिया गया। गेट वे ऑफ इंडिया के समुद्र मार्ग से बोट द्वारा यहाँ ऐलीफेंटा पहुंचना रोमांचक प्रतीत होता है। ये गुफाएं अब भारतीय पुरातत्त्व एवं सर्वेक्षण विभाग के अधीन राष्ट्रीय धरोहर मानकर संरक्षित कर दी गयी हैं। वर्ष भर में इसे देखने के लिए लाखों की संख्या में पर्यटक आते हैं।

बुद्ध और उनके शिष्यों ने मौर्यकाल का पतन होने के बाद अवशेषों पर स्तूपों का निर्माण करवाया गया। जिनकी' वेष्टनियों' पर मूर्तियों को उत्कीर्ण करके उन्हें

अलंकृत किया गया। भरहुत, सांची तथा अमरावती के स्तूपों की वेष्टनियों तथा द्वारों पर बुद्ध की जीवनी और बौद्ध साहित्य के कई दृश्य दिखाये गये हैं। इसी काल के अन्तिम चरण में अजन्ता की गुफाओं में प्रारम्भिक भित्ति चित्रों का निर्माण हुआ जो कि सातवीं शताब्दी तक होता रहा। मौर्य काल के बाद कला की गांधार और मथुरा शैलियों का विकास हुआ। इन दोनों ही कलाओं के प्रादुर्भाव से भारतीय मूर्तिकला में क्रान्तिकारी परिवर्तन हुए और प्राचीन भारत के सभी धार्मिक सम्प्रदायों में मूर्ति निर्माण हेतु परस्पर स्पर्धा प्रारम्भ हो गई। कुषाण काल (प्रथम शती से द्वितीय शती ईसवी) में मूर्ति कला अपनी विकसित अवस्था की तरफ अग्रसर हो चली थी।

गुप्तकाल को प्राचीनकाल का स्वर्णयुग कहा जाता है। जिसकी समय सीमा 319 ई. से 550 ई. तक थी। गुप्तकाल के दौरान साहित्य और राजनैतिक एकता को प्रोत्साहन मिला। चूंकि गुप्त शासक ब्राह्मण धर्म के सम्पोषक थे इसलिए प्रथम बार, हम गुप्त काल में ही विष्णु, शिव एवं अन्य देवताओं की प्रतिमाएं पाते हैं। प्रथम बार इसी काल में सारनाथ और मथुरा में बुद्ध की सुन्दर प्रतिमाएं बनीं परन्तु अजन्ता की चित्रावली बौद्ध कला का उत्कृष्टतम नमूना है। परन्तु इस चित्रावली में ईसा की प्रथम सदी से सातवीं सदी तक के चित्र शामिल हैं तथा अधिकांश गुप्तकालीन ही हैं। विदित है कि गुप्त शासक ही अजन्ता चित्रकारों के संरक्षक थे जो उनकी सर्वधर्म समभाव की भावना का द्योतक है।

वास्तुकला के क्षेत्र में गुप्त काल में कुछ ईंटों से निर्मित मन्दिर उत्तर प्रदेश से भी मिले हैं। इनमें कानपुर के समीप भितरगांव, गाजीपुर के भितरी और झांसी के देवगढ़ के मन्दिर उल्लेखनीय हैं। नालन्दा का बौद्ध विहार पांचवीं सदी में बना था परन्तु इसकी प्रारम्भिक संरचना जो कि ईंटों की है, वह गुप्तयुग में ही निर्मित की गई थी। हिन्दू मंदिरों का निर्माण गुप्तकाल की देन है। वस्तुतः गुप्तकाल के पूर्व हिन्दू मंदिर नहीं बनवाते थे।

7वीं शताब्दी में भारत के दक्षिण क्षेत्र के निवासी भक्ति मार्ग की तरफ प्रेरित हुए। पल्लव राजाओं ने सातवीं और आठवीं सदियों में अपने आराध्य देवताओं की बहुत से प्रस्तर मन्दिर बनवाये जिनको 'पल्लवरथ' कहा जाता है। नरसिंह प्रथम ने सात मंदिरों को बनवाया था जो महाबली पुरम में स्थित हैं। आठवीं सदी में पल्लव राजाओं ने अपनी राजधानी कांची में 'कैलाश नाथ मन्दिर' का निर्माण करवाया था। बादामी (आधुनिक बीजापुर, कर्नाटक) के चालुक्य नरेशों ने 'ऐहोल तथा पट्टडकल' में मन्दिर निर्माण को बढ़ावा दिया। चोल शासकों के काल (900–1150 ईसवी) में तन्जौर के वृहदेश्वर और गंगैकोण्डचोलपुरम् के मन्दिरों का निर्माण हुआ। राष्ट्रकूट

नरेश दन्तिदुर्ग के काल में एलोरा के कैलाश मन्दिर का निर्माण हुआ जो कि कृष्णा प्रथम के शासनकाल में पूर्ण हुआ।

उड़ीसा में कलाओं तथा मन्दिरों के निर्माण कार्य की प्रगति 7वीं और 8वीं सदी में हुई। इसमें भुवनेश्वर में स्थित परशुरामेश्वर, लिंगराज, जगन्नाथ तथा अनन्तवासुदेव मन्दिर सर्वप्रमुख हैं। विश्व विख्यात कोणार्क का सूर्य मन्दिर जो कि अपनी सुन्दरता और विशालता हेतु प्रतिष्ठित है, वह भी उड़ीसा में ही स्थित है। पुरी से 20 मील उत्तर पूर्व में कोणार्क समुद्र तट पर स्थित है। यह मन्दिर, कलिंग के गंग शासकों का सांस्कृतिक केन्द्र था जिसे 12वीं सदी में गंगा नरेश ने बनवाया था।

मध्य भारत में खजुराहो से मन्दिर, वास्तुकला एवं मूर्तिकला के सर्वोत्तम उदाहरण प्राप्त हुए हैं। यहाँ लगभग 30 मन्दिर हैं जो चन्देल शासक धंग एवं विद्याधर (950-1050 ईसवी) के समय में निर्मित किए गये थे। वस्तुतः कोणार्क तथा खजुराहो के मन्दिर भारतीय वास्तुकला, मूर्तिकला और धार्मिक—सांस्कृतिक विलक्षणताओं का अच्छा उदाहरण हैं। दक्षिण भारत के समुद्र में होयशलेश्वर का मन्दिर भी भारतीय कला का उल्लेखनीय प्रतिनिधित्व करने में सक्षम है। गुजरात तथा राजपूताना में स्थित दिलवाड़ा ओसियां तथा मोढेरा का सूर्य मन्दिर प्रसिद्ध हैं। अलंकरण की दृष्टि से दिलवाड़ा के जैन मन्दिर निश्चय ही विख्यात हैं। 11वीं से 13वीं सदी के मध्य इन मन्दिरों का निर्माण काल स्वीकार किया जाता है।

आधुनिक काल में भी विशुद्ध भारतीय कला के अन्तर्गत बनाये गये इन भव्य स्मारकों की उत्कृष्टता विद्यमान है। मौर्य सम्राट अशोक ने एक पत्थर के स्तम्भ का निर्माण करवाया था जो अपनी चमकदार पॉलिश के लिए आज भी प्रसिद्ध है। सारनाथ में अशोक द्वारा बनवायी गयी सिंह मूर्तियां चमकदार पॉलिश हेतु विख्यात हैं। आधुनिक भारत में इसे राष्ट्रीय चिन्ह घोषित किया गया है। अजन्ता के चित्रों के रंग आज तक क्षीण नहीं हुए हैं जबकि ये प्रथम सदी के लगभग निर्मित किए गए थे। इतना ही नहीं भारतीय कला का प्रभावपूर्ण विस्तार मध्य एशिया तक हुआ।

मध्य एशिया में भारतीय कला के प्रसार का केन्द्र बिन्दु 'गांधार' था। जहाँ भारतीय एवं यूनानी कला के सम्मिश्रण से एक नवीन कला शैली का जन्म हुआ जिसे 'गांधार कला' कहा गया। महात्मा बुद्ध की पहली प्रतिमा इसी शैली में बनी। भारतीय कला से प्रभावित होकर कम्बोडिया के अंकोरवाट एवं जावा में बोरोबुदूर के विशाल मन्दिरों का निर्माण हुआ। तक्षशिला, बल्लभी, विक्रमशिला के विश्वविद्यालय विश्व प्रसिद्ध हैं। शिक्षा के क्षेत्र में नालन्दा का विशाल बौद्ध विहार उल्लेखनीय है जहाँ न केवल भारत के विभिन्न भागों से बल्कि तिब्बत और चीन से भी छात्र पढ़ने हेतु आते थे। यह सर्वविदित है कि प्राचीन भारत में कला को धर्म प्रभावित करती थी।

धर्मनिरपेक्ष कला के अवशेष बहुत कम मिले हैं जिसके परिणामस्वरूप अधिकांश ऐतिहासिक स्थान धार्मिकता से भरे हुए हैं। मौर्य तथा मौर्योत्तर काल में कला को 'बौद्ध धर्म' ने बढ़ावा दिया। फलतः पत्थर के विशाल स्तम्भ खड़े किए गए, चट्टानों को काट-काट कर सुन्दर गुहाएं (गुफायें) बनाई गयीं। स्तूपों का निर्माण किया गया, जिसमें बुद्ध के अवशेषों पर गोलाकार गुम्बदनुमा प्रस्तर-आकृति बनायी जाती थी। सांची, भरहुत और अमरावती के स्तूप ऐतिहासिक स्मारक तो हैं ही साथ ही बौद्धों के इतिहास के प्रत्यक्ष प्रमाण भी हैं। बौद्ध और जैन स्मारक तथा ब्राह्मण मन्दिर भारत देश के सदियों से धार्मिक, सांस्कृतिक, बौद्धिक और आर्थिक रूप के साक्षी हैं।

ऐतिहासिक स्मारकों का अवलोकन करने मात्र से इनकी तत्कालीन सुन्दरता का आकलन लगाया जा सकता है। ज्यादातर प्राचीन स्मारक राजकीय संरक्षण में निर्मित हुए थे एवं ये कलात्मक स्मारक तत्कालीन समाज में शान्ति के द्योतक भी हैं क्योंकि अशान्ति काल में कला प्रगति नहीं कर सकती है। इन स्मारकों की निपुणता और उत्कृष्टता, आर्थिक सम्पन्नता, राजनैतिक स्थिरता तथा सामाजिक सुख-सुविधा की प्रतीक है। इसलिए ऐतिहासिक स्मारकों तथा इतिहास-संस्कृति के संरक्षण पर जोर दिया जा रहा है जिससे हम अधिकतम अपने गौरवपूर्ण अतीत को जानें। पर्यटन के जरिये अपने इतिहास का पुनः निर्माण किया जा सकता है।

ऐतिहासिक स्मारकों को देखने से पता चलता है कि प्राचीनकाल में भारतीय कलाओं की प्रगति का स्तर कितना था। यह उस काल की बात है जबकि यूरोप तथा अमेरिका में सभ्यता का विकास अपने प्रारम्भिक चरणों में था तब भारत में धर्म, दर्शन, परम्परा और मूल्य अपनी ऊँचाई को प्राप्त कर चुके थे। राजनीति, वास्तुकला, मूर्तिकला एवं संगीत नृत्य से जुड़ी शास्त्रीय ग्रन्थों की रचना हो चुकी थी। वे हमारे पूर्वजों की धरोहर हैं। इस बात के साक्ष्य भारत के ये पुराने स्मारक एवं उनके बचे हुए अवशेष हैं।

सम्राट अशोक का प्रमुख उद्देश्य बौद्ध धर्म को मानने के साथ-साथ उसका विस्तार करना था। इसलिए उन्होंने अपने पुत्र महेन्द्र और पुत्री संघमित्रा को लंका भेजा था तथा अपने देश के अंदर प्राचीन काल में और आज भी लाखों शिवभक्त कश्मीर में अमरनाथ से लेकर सुदूर दक्षिण में रामेश्वरम् तक विविध रंगबिरंगी कांवर ले जाते हुए पर्यटन तथा भारतीय संस्कृति के संगठन को दर्शाते हैं। भारत के विभिन्न भागों में विभिन्न पर्व-त्योहार एवं मेले आयोजित होते हैं। जैसे अर्द्धकुम्भ, महाकुम्भ आदि जो प्रयाग, हरिद्वार, नासिक और उज्जैन में हर 12 वर्ष के अन्तराल पर आयोजित किये जाते हैं। चारों धामों की यात्रा (केदारनाथ, द्वारिका, पुरी, रामेश्वरम), गंगा स्नान के मेलों आदि के पीछे प्राचीन मानव की पर्यटन की भावना ही उजागर

होती है जो हमारे इतिहास और संस्कृति की निरन्तरता, अखण्डता और स्थायित्व की चिह्न है।

भारतीय संग्रहालयों का क्रमिक विकास

19वीं सदी में अंग्रेजों के द्वारा भारत में संग्रहालयों का निर्माण किया गया था। उन्होंने भारतीय भू-सर्वेक्षण और वनस्पति सर्वेक्षण जैसी संस्थाओं का प्रारंभ किया। शीघ्र ही अंग्रेज अधिकारी और विद्वान भारत के अतीत की तरफ मुड़े और उन्होंने पुरातत्त्व सर्वेक्षण तथा एशियाटिक सोसाइटी गठित की। उनका लक्ष्य भारत की प्राचीन तथा समृद्ध संस्कृति को खोजना था। जैसे-जैसे चीजें एकत्र होती गईं, उन्होंने संग्रहालय स्थापित करने शुरू किए। सर्वप्रथम 1875 में कोलकाता में संग्रहालय गठित किया गया। उस समय में वायसराय लार्ड कर्जन पुरातत्त्व सर्वेक्षण के अध्यक्ष सर जॉन मार्शल ने इस दिशा में मुख्य कार्य किये और अलग-अलग ऐतिहासिक स्थलों जैसे– सांची, सारनाथ, खजुराहो में स्थानीय संग्रहालय स्थापित किये। इन संग्रहालयों में उस क्षेत्र में प्राप्त हुई ऐतिहासिक सामग्रियों को रखा गया।

भारतीय संग्रहालयों का वर्गीकरण

भारत में स्थित संग्रहालयों को प्रमुख रूप से निम्न वर्गों में वर्गीकृत किया गया है–

1. सालारजंग संग्रहालय

हैदराबाद के निजाम ने इस संग्रहालय को स्थापित किया था। उन्होंने इसमें अद्भुत वस्तुओं को एकत्रित किया है। यहाँ पर कई तरह की अनूठी वस्तुएं रखी हैं जिसे देखने को सब बेताब रहते हैं। इस संग्रहालय में विभिन्न प्रकार की घड़ियां एवं अन्य वस्तुएं संगृहीत हैं।

2. भारतीय वस्त्र संग्रहालय

इसकी स्थापना 1949 ई. में अहमदाबाद में की गई थी। इस संग्रहालय में भारत के विभिन्न भागों में पाए जाने वाले वस्त्रों को दर्शाया गया है।

3. भारतीय बर्तन संग्रहालय

गुजरात के अहमदाबाद में स्थित इस संग्रहालय को सुरेन्द्र होटल ने स्थापित किया था। यहाँ पर विभिन्न तरह के भारतीय बर्तन रखे गये हैं।

4. भारतीय शिल्प संग्रहालय

भारतीय शिल्पकारों ने अपने रीति-रिवाज को एक पीढ़ी से दूसरी पीढ़ी तक पहुँचाने की भरसक कोशिश की। इसको ध्यान में रखते हुए शिल्प संग्रहालय में मिट्टी, लकड़ी, टोकरी, वस्त्र, बेंत और बांस से लेकर धातु से बनी कलात्मक वस्तुओं को रखा गया है।

5. प्रमुख राष्ट्रीय संग्रहालय

इंग्लैंड के लन्दन शहर में रॉयल एकेडमी में एक प्रदर्शनी का आयोजन सन् 1947 में किया गया जिसमें भारत की बेशकीमती निधियों का प्रदर्शन किया गया। निधियां पहले राष्ट्रपति भवन में सुरक्षित रखी गयी थीं। 1690 ई. में इसे अलग भवन में रखा गया। आज यह राष्ट्रीय संग्रहालय के नाम से प्रसिद्ध है। प्रदर्शनी से वापस ये निधियां 1947 ई. में उनके मालिकों के संग्रहालयों को वापस नहीं की गयीं वरन् उन्हें राष्ट्रीय संग्रहालय में रख दिया गया। इस संग्रहालय में 150000 कला निधियां मौजूद हैं। इस संग्रहालय की विविध गैलेरियों को काल क्रमानुसार नियोजित किया गया है। इसमें सिंधु घाटी की सभ्यता के समय की वस्तुओं को भी देखा जा सकता है। यहाँ मौर्य शासनकाल की मूर्तियां तथा शुंग काल के नमूने भी रखे गये हैं। गांधार कला तथा उत्तर प्रदेश के मथुरा की मूर्तियां भी गैलरी में शोभायमान हैं। कला की कई स्थानीय शैलियों पर गुप्त काल का प्रभाव पड़ा था। इसी युग में प्रथम हिन्दू मन्दिर बना था। इस संग्रहालय में बुद्ध काल में बनी कई मूर्तियां रखी गयी हैं।

सर आरेल स्ट्रीन द्वारा खोजी गई रेशम से प्राप्त सामग्रियों को इस संग्रहालय में रखा गया है। इसमें भारतीय वस्त्र, सजावटी कलायें, गज दांत से बनी वस्तुएं धातु की मूर्तियां, कबीलाई कला, पुराने आभूषण आदि शामिल हैं।

6. राजघाट स्थित गांधी स्मारक संग्रहालय

गांधी स्मारक संग्रहालय दिल्ली में राजघाट के पास स्थित है जिसमें महात्मा गांधी के जीवन से सम्बन्धित अनेक प्रकार की घटनाओं और चित्रों का प्रदर्शन किया गया है। यहाँ उनके पत्र, पुस्तकें आदि वस्तुएं भी रखी गयी हैं। गांधी स्मृति संग्रहालय बिरला भवन में है। यहीं नाथूराम गोडसे द्वारा गोली मारकर गांधी जी की हत्या की गई थी। यहाँ उनके द्वारा प्रयोग में लाई जाने वाली वस्तुएं रखी गई हैं, जैसे एक सामान्य बिस्तर, फर्श पर एक चटाई, उनका चरखा, किताबें और उनका चश्मा। यहाँ के संग्रहालय में उनका घायल शरीर तथा उनकी मृत्यु आदि से सम्बद्ध चित्र भी रखे गये हैं।

यहाँ तक कि भारत के प्रथम प्रधानमंत्री पं. जवाहरलाल नेहरू के सरकारी आवास को भी संग्रहालय (तीन मूर्ति) में परिवर्तित कर दिया गया। यहाँ पर वे जो वस्तुएं अपने प्रयोग में लाते थे अब वे सभी वस्तुएं जनता द्वारा भी देखी जा सकती हैं।

7. आधुनिक भारतीय कला संग्रहालय

सन् 1875 के पश्चात् इस संग्रहालय में निर्मित भारतीय चित्रों और मूर्तियों को रखा गया है। इसमें कुछ गैलरियां स्थाई हैं तो कुछ में समकालीन कला का समय-समय पर प्रदर्शन होता रहता है। इस संग्रहालय में रवि वर्मा, पिथावला, एम. एफ, नंदलाल बोस और कई अन्य प्रसिद्ध चित्रकारों के चित्र रखे गये हैं। वेंकटप्पा, रामकिंकर, असित कुमार हलदर और अन्य मूर्तिकारों के द्वारा निर्मित मूर्तियां भी यहीं मौजूद हैं।

8. नेहरू संग्रहालय

टेबल पर ढेरों कागजों के बीच दबा नन्हा बुक मार्क और अधखुली स्याही की बोतल, सब मानों जीवित संसार के अंश हैं। कुर्सी भी यों खिसकी हैं जैसे अभी कोई उससे उठकर गया है। सिर्फ अध्ययन ही नहीं, बल्कि सोने के कमरे की गरमाहट देखकर पता चलता है कि यहाँ कोई है। सदा-सर्वदा की तरह सीलिंग फैन शीघ्र चल रहा है और सिरहाने लगी मेज पर डायरी के बीचों-बीच पेंसिल फंसाकर रखी गयी है, जैसे जल्दबाजी में कुछ लिखते-लिखते अचानक कोई रुक गया है। यूं तीन मूर्ति भवन् 1930 ई. में ब्रिटिश थलसेना के कमांडर इन चीफ के रहने हेतु बनवाया गया था, लेकिन आजादी के बाद वह प्रधानमंत्री निवास में परिवर्तित कर दिया गया।

नेहरू जी ने अपने जीवन का आखिरी समय इसी भवन में बिताया। उनकी मृत्यु के पश्चात् 14 नवम्बर, 1964 को तत्कालीन राष्ट्रपति डॉ. सर्वपल्ली राधाकृष्णन ने इसे संग्रहालय घोषित कर देश को समर्पित कर दिया। पं. नेहरू की स्मृतियों के प्रति देशवासियों की यह श्रद्धांजलि थी।

आज संग्रहालय के कई भाग कर दिये गये हैं। जैसे निचले तल पर चित्र गैलरी तथा ऊपरी मंजिल पर जिस जगह आजादी से पहले नृत्यशाला थी, वहाँ आजादी के दिन यानी 15 अगस्त, 1947 को देश-विदेश में मनाये जाने वाले जश्न और हर्षोल्लास की अखबारी कतरनें प्रदर्शित की गयी हैं। इस हिस्से में कार्टून तथा चित्र भी प्रदर्शित किये गए हैं।

नेहरू संग्रहालय में आज भी नेहरू जी की यादें विद्यमान हैं। प्रवेश द्वार से

अन्दर जाते ही सर्वप्रथम रिसेप्शन रूम या स्वागत कक्ष पड़ता है। जहां नेहरू जी सभी व्यक्तियों से जान-पहचान वाले अंदाज में गर्मजोशी से मिलते थे। उसके बाद बरामदा और सामने लंबा चौड़ा लॉन। पं. नेहरू को बाग-बगीचों तथा फूलों से बहुत प्यार था। लॉन के बाईं ओर एक किनारे पर बड़े-बड़े पिंजड़े हैं, जहाँ वह अपने पालतू पशुओं को रखा करते थे तथा एक बड़े पेड़ के नीचे पत्थर पर पं. नेहरू के विचार खुदे हुए हैं। लॉन से होते हुए फिर से अंदर जाने पर चित्र गैलरी पड़ती है। इस गैलरी में नेहरू परिवार, के साथ-साथ उनके जीवन से सम्बन्धित घटनाएं तथा आजादी के मतवाले नेताओं के चित्र हैं।

तत्पश्चात् ऊपर मंजिल पर जाने के लिये सीढ़ियां बनी हुई हैं। जिनसे ऊपर चढ़ने के बाद सर्वप्रथम है नेहरू जी का वह कार्यालय, जहाँ से वह राष्ट्र मंत्रालय का सारा कार्यभार संभालते थे। इस कार्यालय की बड़ी लंबी मेज कभी फाइलों से भरी रहती थी, लेकिन आज कुछ वस्तुएं महात्मा गांधी का चित्र, पेपरवेट की तरह प्रयोग होने वाले चिकने पत्थर एवं वह अपाइंटमैट डायरी, जिस पर 27 मई, 1964 के दिन के सारे क्रिया-कलाप नोट थे, लेकिन नियति को यह मंजूर नहीं था अर्थात् इसी दिन इस महान भारतीय नेता पंडित जवाहर लाल नेहरू का निधन हो गया।

इस संग्रहालय में नेहरू की प्रसिद्ध पुस्तक 'भारत की खोज' की पाण्डुलिपि अभी-भी रखी हुई है। इसी मंजिल में नेहरू का अध्ययन कक्ष भी है। यहाँ पर यथास्थान रखी हुई सैकड़ों किताबों में हर क्षेत्र और विषय के बारे में ज्ञात कराया गया है। इसी नजर से अध्ययन कक्ष में बड़े हाल के बीच बने गलियारे में दोनों तरफ अलमारियां रखी हैं, जिनमें किताबें भरी पड़ी हैं। यह गलियारा जिस हॉल में समाप्त होता है, वहाँ पं. नेहरू को प्रधानमंत्रित्व काल में मिले उपहार प्रदर्शित हैं। यहां स्थित कमरों में क्रम से देश-विदेश और भारत के भिन्न-भिन्न राज्यों से मिले उपहार सजाये गये हैं।

इसके बाद के छोटे कमरे में पं. नेहरू को दी गई डिग्रियां एवं भारत का सर्वोच्च सम्मान भारत रत्न प्रदर्शित है। फिर दूसरे कमरे में चरखा एवं उनके द्वारा बुना कपड़ा रखा गया है। नेहरू जी का शयन कक्ष इस भवन के अन्त में है। ये आज भी देखने में वैसा ही प्रतीत होता है जैसा उनकी मृत्यु के दिन था। यहाँ भी किताबें हैं और टेबल पंखा भी। पलंग के सिरहाने रखी टेबल पर लैंप और उसके पास भगवद्गीता और उनकी कलाई घड़ी रखी है। उस कमरे की टेबल वस्तु पर पंडित नेहरू का स्पर्श महसूस होता है जैसे—दबे पांव समय वापस लौट आया हो।

मेरा जीवन एक सतत् कार्यशील व्यक्ति का रहा है। नेहरू जी ने एक बार

कहा था। कि मेरी इच्छा है कि मुझे हमेशा इसी तरह याद किया जाए। तीन मूर्ति भवन ऐसे संघर्षशील क्रियाशील व्यक्तित्त्व के दर्शन करता है। यहाँ शांति है, लेकिन ठहराव नहीं। क्योंकि आधुनिक भारत के निर्माता और शांति के मसीहा का जीवन आज की सक्रियता का द्योतक है। अतः अनेक भारतीय संग्रहालयों में हमारे देश के अनेक महत्वपूर्ण लोगों की झलक दिखाई देती है। पर्यटन क्षेत्र से जुड़े होने और काम करने के कारण आप इसका पेशेवर उपयोग जरूर करें परन्तु साथ-साथ इस अमूल्य निधि की रक्षा और उसके रख-रखाव को भी याद रखें।

वास्तव में भारत का प्रत्येक क्षेत्र अपने-अपने स्मारकों हेतु प्रसिद्ध है, उदाहरणार्थ– राजस्थान में राजपूत राजाओं के किले और महल, लद्दाख अथवा हिमाचल प्रदेश के मठ अथवा मुंबई, कोलकाता या दिल्ली में ब्रिटिश स्थापत्य। आपको अपने क्षेत्र के स्मारकों की ठोस जानकारी होनी चाहिए।

शिल्प और लोककला से जुड़े संग्रहालय

शिल्प और लोककला से सम्बद्ध संग्रहालयों का विवरण निम्न प्रकार दिया गया है–

1. संगीत नाटक अकादमी, कठपुतली और संगीत उपकरण (नई दिल्ली)
2. राष्ट्रीय संग्रहालय (नई दिल्ली)
3. राष्ट्रीय शिल्प संग्रहालय, ग्रामीण भारत परिसर (नई दिल्ली)
4. श्रीनिवास मल्लाया संग्रहालय (दिल्ली)
5. भारत भवन, भोपाल (मध्य प्रदेश)
6. भारत कला भवन, वाराणसी (उत्तर प्रदेश)
7. केलकर संग्रहालय, पुणे (महाराष्ट्र)
8. संस्कृति संग्रहालय (नई दिल्ली)
9. श्रेयास संग्रहालय, अहमदाबाद (गुजरात)
10. विशाल उपकरण संग्रहालय, अहमदाबाद (गुजरात)
11. केरल इतिहास का संग्रहालय, कोचीन के समीप (केरल)
12. सालारजंग संग्रहालय, हैदराबाद (आन्ध्र प्रदेश)
13. आशुतोष संग्रहालय, कोलकाता (पश्चिम बंगाल)
14. राष्ट्रीय संग्रहालय, इलाहाबाद (उत्तर प्रदेश)
15. शीश महल संग्रहालय, भुज (कच्छ, गुजरात)
16. राज्य संग्रहालय, त्रिचुर (केरल)

1. भारतीय कला संस्कृति का आशुतोष संग्रहालय–इस संग्रहालय की स्थापना सन् 1937 में की गई तथा इसका नाम प्रसिद्ध शिक्षा शास्त्री सर आशुतोष मुखर्जी के नाम पर रखा गया है। शुरुआत में यह विश्वविद्यालय के पीछे स्थित सीनेट भवन में अवस्थित था जो दुर्भाग्यवश सन् 1961 में गिरा दिया गया तथा उसके स्थान पर सुन्दर इमारत बनाई गई है, जिसमें अब गया संग्रहालय को बंगाल के विद्वानों द्वारा प्रदत्त मूर्तियां तथा बंगाल में उत्खनन द्वारा प्राप्त मूर्तियां संकलित हैं। पुरानी वस्तुओं के बावजूद, इस संग्रहालय में शिल्प की कतिपय ऐसी वस्तुएं संकलित हैं जो आज भी बंगाल में प्रयोग में आती हैं। शायद अर्थाभाव या विश्वविद्यालय की पर्याप्त रुचि के अभाव में यह संग्रहालय अब बहुत कम उपयोग में आता है। इस संग्रहालय में पाल वंश और सेन वंश के शासन काल की प्रमुख कलाकृतियों को रखा गया है। 8वीं से 12वीं शताब्दी तक सेन और पाल वंश का साम्राज्य बिहार, बंगाल तथा उड़ीसा तक फैला हुआ था। व्यापार और वाणिज्य संबंधों की वजह से इनका प्रभाव भारतीय समुद्रतट से सुदूरपूर्व में जावा, सुमात्रा और तिब्बत तक था।

यहाँ की प्रथम मंजिल की दीर्घा में संकलित शिल्प की वस्तुएं इसके भ्रमण को आवश्यक और लाभदायक बनाती हैं। उनमें विधि-विधान के सामान, खिलौने, गुड़िया एवं सबसे प्रमुख रंगीन उल्लू है। किसी जमाने में भाटों द्वारा प्रयोग में लाई रंगीन पट्टियां अर्थात् पट्ट चित्र यहाँ की दीवारों पर उकेरी गयी हैं। प्राचीनकाल से ही भारत में मौखिक कहानी कहने का रिवाज रहा है। जिसमें भाट गांव से गांव जाकर बच्चों तथा बूढ़ों को कहानी कहने की अपनी कला, संगीत, कविता तथा चित्रित पट्टियों से आकर्षित करते रहे हैं। कहानी कहने वाले गांव में आकर अपना कार्यक्रम बताते थे। कथावाचक गांव के किसी चबूतरे में किसी पेड़ के नीचे बैठकर अपनी चित्रित पट्टियों के द्वारा कहानी कहते थे। यह पट्टियां उर्ध्वगामी पट्टियों में विभाजित होती थीं और प्रत्येक हिस्सा कहानी की एक खास घटना का चित्रण करता था। इन हिस्सों को धीरे-धीरे कहानी के साथ वह दर्शकों के लिए प्रदर्शित करते थे। लेकिन कथा का ज्ञान पहले से ही ग्रामीणों को होता था। फिर भी सुबह के समय उनका कथा कहने का तरीका लोगों को अपनी ओर खींचता था।

2. राष्ट्रीय विश्व संग्रहालय–राष्ट्रीय विश्व संग्रहालय गठित करने का मुख्य उद्देश्य वह कलाकार एवं शिल्पकार जिसने सदियों तक कला की परम्परा को सजीव रखा उनको श्रद्धांजलि प्रदान करना था। इस संग्रहालय को सर्वश्रेष्ठ होने की अनेक वजह हैं। इनके संग्रह में भारतीय शिल्प के नमूने कई माध्यमों जैसे मिट्टी, लकड़ी, वस्त्र, टोकरी निर्माण, केन तथा बांस एवं धातुओं में संकलित हैं। यह संग्रहालय

दिल्ली के मुख्य प्रदर्शनी मैदान-प्रगति मैदान में स्थित है। वर्ष 1972 में 'ग्रामीण भारत' नामक प्रदर्शनी के बाद से यह संग्रहालय एक ग्रामीण परिसर को भी चलाया जा रहा है जो इस प्रदर्शनी का एक हिस्सा था।

इस परिसर के अन्तर्गत भारत के अनेक राज्यों जैसे—अरुणाचल प्रदेश, उड़ीसा, गुजरात, तमिलनाडु, बंगाल एवं राजस्थान आदि के मकानों के छोटे स्वरूप बनाकर रखे गये हैं। यह सबके मकान इन्हीं इलाकों के कारीगरों द्वारा प्रामाणिक समान से निर्मित किया गया है। इन गृहों में कुछ रोजमर्रा के उपयोग की वस्तुएं सामान्य रूप से उन क्षेत्रों में प्रयुक्त होती हैं जो व्यस्त पर्यटक ग्रामीण इलाकों का भ्रमण नहीं कर पाता है, उसके सामने शिल्प संग्रहालय का ग्रामीण परिसर 'वास्तविक भारत' की एक अनुपम झलक प्रस्तुत करता है। इस संग्रहालय का प्रदर्शन क्षेत्र अत्यन्त ही मनोरंजक और आकर्षक है। इस क्षेत्र में कला का प्रदर्शन मिट्टी से निर्मित झोंपड़ियों से घिरे हुए चौकोर स्थान में होता है।

शिल्प संग्रहालय द्वारा देश के भिन्न-भिन्न भागों में कलाकारों के कार्य का प्रदर्शन एक निश्चित समय सारणी के अनुरूप होता है। भारत की गढ़ाई मिट्टी का सामान, खिलौने, धातु का काम, आदि कलाओं का प्रदर्शन होता है। यहां सबसे रोचक बात यह है कि आप स्वयं खड़े होकर उनकी बनावट प्रक्रिया को देख सकते हैं एवं शिल्पकारों से बातचीत भी कर सकते हैं। इन प्रदर्शनों के द्वारा पर्यटक भारत की कला की प्रकृति व समृद्धि को समझ पाता है। इसी मिट्टी ने कई तरह की वस्तुएं जैसे—खिलौने, धार्मिक सामान, घरेलू सामान, बर्तन, थाली तथा भण्डारण कैबिनेट के सामानों का निर्माण करते हैं।

3. राजा दिनकर केवलकर संग्रहालय, पुणे—यहां आने वाला पर्यटक यहां मौजूद वस्तुओं को देखकर प्रेरित होता है। इस संग्रहालय में भारत में प्रसिद्ध कला प्रेमी स्व. दिनकर केलकर के संग्रह को संरक्षित रखा गया है। उन्होंने अपनी जिन्दगी के 60 वर्ष बिना किसी थकान के भारत के दूर-दराज के गांवों तथा शहरों में भ्रमण करके गुजारे और वस्तुएं खरीदीं। इस संग्रह की हर वस्तु केलकर की उमंग और हंसी-मजाक के भाव प्रदर्शित करती है और कला के अध्ययन तथा संरक्षण में उनका योगदान एक किंवदंती बन गया है।

रोजमर्रा से सम्बन्धित कला की सभी वस्तुएं इस संग्रहालय में मौजूद हैं जैसे—बर्तन, लैम्प, पात्र, सरौते, कमलदान आदि। जिसे आप जमींदार, किसान, व्यापारी अथवा दुकानदार के घर पास पायेंगे। राजस्थान, गुजरात और दक्षिण भारत की विशिष्ट लकड़ी के बने खिड़की व दरवाजे इस संग्रहालय में लगे हुए हैं। किसी

भवन या मन्दिर में जाने का प्रवेश द्वार का पूरे संसार में महत्वपूर्ण स्थान है। क्योंकि दरवाजा हर आने वाले का स्वागत करता है, घर के अन्दर के हिस्से में खुलता है और बाहरी व्यक्तियों को दिखता है, इसलिए एक विशेष स्थान रखता है। दरवाजे की चौखट जिसके नीचे से आप गुजरते हैं, उसमें अधिकांशतः भगवान की मूर्ति होती है, जैसे—शुभ श्रीगणेश और धन की देवी लक्ष्मी जो वैभवता लाती है, और लोग उसके नीचे से निकलते हैं तो उन्हें शुभ आशीर्वाद की प्राप्ति होती है। ताले से लेकर दवात, विधि विधान के कटोरे, हुक्कादान, सरौते आदि दीपक की सजावट बहुत अधिक मनमोहक है।

भारत में दीपकों को दो श्रेणियों में विभाजित किया गया है—धार्मिक कृत्यों में प्रयुक्त होने वाले दीपक तथा घरों में रोशन करने वाले दीपक। भारत में प्रकाश धर्म एवं दर्शन, दोनों में ही एक विशेष स्थान रखता है। प्रकाश अंधकार या अज्ञान को दूर भगाने वाला है तथा साधारण से दीये पर भी कोई चित्र या आकार अंकित होता है, जो प्रकाश की महत्ता दर्शाता है। दीये ज्यादातर छोटे कम गहराई वाले पात्र होते हैं, जिनमें तेल या घी भरकर उनमें रूई की बाती रखी जाती है। टिमटिमाते दीये की रोशनी दूसरी वस्तुओं पर अपनी पवित्र साधक जैसे देवी लक्ष्मी, मोर, हाथी और चिड़िया आदि संग्रहालय में रखा गया है। यहाँ पर कुछ पीतल की मजबूत लड़ियों और स्तम्भ दीये जो मंदिरों व घरों में उपयोग होते हैं, संकलित हैं।

इसमें क्रीड़ा व मनोरंजन के योग्य सामग्री, बड़े तथा छोटे जानवरों की सामग्री को रखा गया है, जैसे—घोड़ा, कुत्ता, बिच्छू आदि। ये काले दरवाजों तथा बक्सों पर लगते थे और उनकी तरकीब एवं तालियां बिल्कुल देसी हैं। यहाँ पर कुछ जोड़ों, देवियों, घुड़सवारों आदि की आकृतियां जिनमें कुछ विचित्र और कुछ काफी परिष्कृत हैं, संकलित हैं तथा पान, सुपारी के कई पात्र काफी बारीकी से संयोजित हैं। सछिद्र के पात्रों, निर्माण ने कलाकारों को आकृति और सजावट के स्तर पर उपयोग करने की छूट दी और संग्रहालय में इसके अनेक प्रमाण्णों को देखा जा सकता है। दिनकर केलकर की हार्दिक रक्षा की भारतीय वस्त्रों, कठपुतलियों, वाद्य-यन्त्रों के प्रतिनिधित्व करने वाले आकृतियों का संकलन हो। इसके लिए उन्होंने घरेलू वस्तुओं के संग्रह का कार्य किया और उनके इस प्रयास ने उन चीजों के प्रति हमें गर्व की भावना से भर दिया जिसके लिए भारत जाना जाता है। पारंपरिक भारतीय घरों में पाई जाने वाली सामग्रियों की सरल रमणीयता आज भी आकृष्ट करती है। जबकि आधुनिक समय में तकनीकी उत्पादन पर अधिक बल दिया जा रहा है।

4. बर्तन संग्रहालय, अहमदाबाद—सुरेन्द्र पटेल द्वारा निर्मित यह अद्भुत

संग्रहालय अहमदाबाद में स्थित है। यह नया संग्रहालय केवल तेरह वर्ष पुराना है और केवल भारतीय बर्तनों तक सीमित है। एक छोटे से खूबसूरत ग्रामीण परिसर में तालाब और दालान के चारों ओर झोपड़ियां बनाकर उनमें तथा बाहर भी बर्तनों का प्रदर्शन किया गया और करीब दस हजार से ज्यादा नमूने इकट्ठा करने में सफल हुए। बर्तनों के आकार से इनके उपयोग को समझा जा सकता है। लम्बी, पतली गर्दन और छोटे मुख वाले बर्तन तरल पदार्थ जैसे—तेल तथा बड़े मुंह वाले अनाज के भण्डारण में काम आते हैं। वहाँ पर कुछ ढक्कनदार बक्से भी हैं जिनमें पैसे एवं बेशकीमती चीजों को रखकर ताला लगाकर रक्षित किया जा सकता है।

इसमें भिन्न-भिन्न तरह के सुन्दर व अचंभित करने वाले बर्तनों को रखा गया है। इतनी ही दिलचस्प घरेलू सामान को बनाने व सजाने की तरकीबों की विभिन्नता है। कुछ ऐसे बर्तन दो या ज्यादा धातुओं से मिलकर बने हैं वे हैं—तांबा तथा कांसा। कुछ उदाहरण-उभरे व कलई किए हुए बर्तनों के बाद के कार्यों में कुछ खूबसूरत आकृति भीतरी बर्तन में देखने को मिलती है जहाँ कांसे के आधार भरवा वाला सरौता। यहाँ पर चम्मचों, बेलनों, खाने के डिब्बों और कई तरह के खाना पकाने के बर्तन भी यहां मौजूद हैं।

5. वृहद् उपस्कर संग्रहालय—इसकी स्थापना श्रेष्ठ और मुश्किल से मिलने वाले कपड़ों को संगृहीत करने हेतु सन् 1949 में सुश्री सारा भाई के द्वारा की गई थी। यह भारत के सर्वोत्तम संग्रहालयों में से एक है, जिसमें भारतीय वस्त्र उद्योग के चयनित वस्त्रों का खूबसूरत प्रदर्शन किया जाता है। जब भारतीय वस्त्र उद्योग अपनी पारंपरिक उत्कृष्टता और लोकप्रियता खो रहा था तब इस तरह की प्रथम भारतीय वस्त्र उद्योग विरासत के संरक्षण और प्रसारण में महत्वपूर्ण थी। वर्तमान समय में भारतीय कपड़ा उद्योग प्रमुख रूप से हथकरघा उद्योग व्यक्तिगत अथवा सरकार के द्वारा की गई कोशिशों से विश्व में किसी से भी पीछे नहीं है। इस संग्रहालय में छपे कपड़ों में कुछ उत्कृष्ट नमूने विशेष रूप से गुजरात एवं राजस्थान में हैं। जहाँ पर हाथ से बने लकड़ी के ढांचों द्वारा कपड़ों पर छपाई होती है। हर ढांचे में सिर्फ एक रंग होता है तथा कई रंगों वाला चित्र भी होता है।

वस्त्रों की छपाई करना इस संग्रहालय की दूसरी सबसे लोकप्रिय कला है। इस कला को कलमकारी कहते हैं। इसके प्रमाण गुजरात तथा दक्षिण भारत के मंदिरों की कनात और झाड़-फानूस के नमूने के रूप में मौजूद हैं।

पशमीना तथा शहतूश दो मूल्यवान बहुत पतले तन्तु हैं, लेकिन ऊनी कपड़ों में ये काफी गर्म होते हैं। भारतीय शालें कलाकृति में कई प्रकार की बनी होती हैं

और महिला-पुरुषों द्वारा समान रूप से पहनी जाती हैं। शालें बदन और सिर को ढ़कने के काम आती हैं और कई तरह से पहनी जा सकती हैं। ये बुनकरों की कल्पनाओं को जीवित रखती हैं। सबसे अधिक जटिल बुनी हुई शालजामावयार है। इस शाल के निर्माण में पर्दे के समान निर्माण-प्रक्रिया ही होती है, जिसमें अनेकों छोटी रंगीन धागों की शटलें घूमती रहती हैं एवं कपड़ा बुनती हैं। वैसे तो भारतीय वस्त्र उद्योग रंगों के अद्वितीय मिश्रण का उपयोग करता है, लेकिन यह शालें रंग संयोजन को एक नया रूप प्रदान करती हैं। ये धारणा है कि पहली शाल के निर्माण में 300 नैसर्गिक रंगों का प्रयोग किया गया।

भारतीय वास्तुकला और पर्यटन

प्राचीन काल से ही भारतीय वास्तुकला सम्पूर्ण विश्व में प्रसिद्ध है। वर्तमान समय में भी इसकी मांग विदेशों में है। यह कला यहाँ के भवनों, मंदिरों में, स्तूपों में, महलों में, मस्जिदों में, मीनारों में, मकबरों में तथा इसी तरह की अन्य वस्तुओं में सुलभ हैं वास्तव में प्राचीन काल से समय, संस्कृति और सभ्यता के अनुसार इस कला का उपयोग अलग-अलग तरह के मंदिरों एवं भवनों आदि में किया जाता है। भारतीय वास्तुकला धर्मानुसार बदलती रही है, जैसे—हिन्दू बौद्ध, जैन, इस्लाम आदि विभिन्न धर्मों को मानने वाले अपने धर्म के अनुसार इस कला का उपयोग भवनों में करते रहे हैं।

विभिन्न कालों में इसमें बदलाव देखने को मिल रहा है। जैसे—हिन्दू काल में बनाये गये मंदिरों में और अन्य भवनों के हिंदू शासकों की इच्छा के अनुसार ही इस कला का उपयोग किया गया है। मुस्लिम शासनकाल में उन्होंने अपने हिसाब से इस कला का उपयोग किया गया है। वर्तमान समय में इस शिल्पकला का प्रयोग आवश्यकता के अनुसार होता रहता है। जगह की कमी के कारण बहुमंजिली मकानों का निर्माण प्रकाश, हवा, पानी आदि को ध्यान में रखकर किया गया है।

अब हम शिल्पकला के अलग-अलग उदाहरणों द्वारा कला पर विस्तार से चर्चा करेंगे। इसमें मुख्यतः हिन्दू मंदिर, बौद्धस्तूप और स्तम्भ, जैन मंदिर और मस्लिम मस्जिदें, मीनारें व मकबरे आते हैं। अर्थात् भारतीय वास्तुकला धर्मानुसार भिन्न है—हिन्दुत्व, जैनत्व व इस्लामानुसार।

हिन्दू मन्दिर : हिन्दुत्व सबसे प्राचीन धर्म है जो पूरे भारत में प्रचलित है।

हिन्दू मन्दिरों की मूल बनावट—हिन्दू मंदिर प्रमुख दो तरह के होते हैं—(1) मंडपाकार, (2) मेरु आकार।

भारत के दक्षिणी क्षेत्र में अधिकांश मन्दिर मंडप के आकार के हैं। इनमें तंबू रूपी मंडपाकार बने होते हैं। मेरु आकार वाले मंदिर मुख्यतः केन्द्रीय और उत्तरी भारत में पाये जाते हैं। यह मेरु पर्वतनुमा आकार में बने होते हैं। इनका शीर्ष एक बिन्दु है जो अंतरिक्ष की ओर मुड़ा करता है। दोनों तरह के मंदिर—मंडप व मेरु रूपी एक मूल संरचना (बनावट) का अनुगमन करते हैं ये पूरे भारत में एक जैसे होते हैं।

मंदिर के विभिन्न अंग

गेट/दरवाजा/गोपुरम—लगभग सभी मंदिरों में चारों ओर चार दरवाजे होते हैं, जिनमें प्रमुख द्वार पूरब या पश्चिम की तरफ रहता है। ये द्वार सुन्दर नक्काशीदार चित्रों से सजे होते हैं और तोरण कहलाते हैं।

मंच (चबूतरा)—ये चबूतरा कई स्तम्भों के बल टिका होता है। स्तम्भ जो कि छत को सहारा देते हैं। इसका निचला भाग मुख कहलाता है जो मुख्यतः भगवान के सामने रहता है, मुखमंडप के केन्द्र में भगवान की सवारी या पालतू पशु का स्थान रहता है। पशु या पक्षी, जैसे शेर, नंदी, गरुड़ आदि।

द्वार पट्टिका (चौखट)—द्वार पट्टिकायें प्रमुख रूप से चांदी के अर्क से मढ़ी या चन्दन की लकड़ी से बनी होती हैं। द्वार पट्टिका मंडप और गर्भगृह के बीच की सीमा रेखा के रूप में पवित्र मानी जाती हैं।

गर्भ गृह—गर्भ गृह का क्षेत्र भवन के घेरे या अहाते के मध्य बना गर्भगृह क्षेत्र मंदिर के लिए प्रमुख होता है और अन्य तीन दीवारों के मध्य में छोटी-छोटी खिड़कियां बनी होती हैं। इसके बीच भाग में स्थित एक चबूतरा होता है, जिस पर मुख्य भगवान विराजमान होते हैं। यह तहखानेनुमा एक कमरा होता है जो भीतर से सुन्दर कलाकृतियों से शोभायमान होता है।

मार्ग—गर्भ गृह चारों ओर परिक्रमा करने के लिए बने मार्ग से घिरा रहता है।

शीर्ष—गर्भ गृह का वह भाग जिस पर कलश रखा होता है, शिखर कहलाता है। यह कलश अलग-अलग धातुओं जैसे—चांदी, पीतल, सोने आदि से निर्मित होते हैं।

जलाशय—अधिकांशतः सभी मंदिरों के समीप छोटे-छोटे तालाब या पोखर होते हैं जिससे मंदिर में आने वाले भक्तगण पवित्र और शुद्ध हो सकें।

दीप स्तम्भ—अधिकतर मंदिरों में प्रवेश पर दीप स्तम्भ भी पाया जाता है।

प्रसिद्ध हिन्दू मंदिर—प्राचीन हिन्दू मंदिरों के उदाहरण नागार्जुन कोण्डा (चौथी सदी) में मिले हैं, जो ब्राह्मणों के भगवान के प्रति समर्पित हैं। वे मुख्यतः

शिव और विष्णु के हैं। दक्षिण भारत के चट्टानों को काटकर तैयार किये गये मंदिर छठी सदी में बनाये गये थे। दक्षिण भारत के मंदिरों का अपनी वास्तुकला के कारण प्रमुख स्थान है।

1. तन्जौर में बृहदेश्वर का महान मंदिर जो कि भारतीय वास्तुकला का सर्वश्रेष्ठ उदाहरण है। इसमें मंदिर निर्माण की करीब सभी परम्पराओं का मिश्रण है। इसमें नंदी की प्रतिमा एक विशालकाय पत्थर से बनी हुई है। भीतर की दीवारों में भगवान शिव की 108 प्रतिमायें शृंखलापूर्वक बनी हुई हैं जो कि नृत्य की विभिन्न मुद्राओं को प्रस्तुत करती हैं। ये 11वीं सदी के नाट्यशास्त्र से जुड़ी हैं।
2. होलीलेबड का हजारा राम मंदिर एवं हम्पी का विट्ठल मंदिर उत्तर एवं दक्षिण की वास्तुकला की विशेषताओं के मिश्रण हैं।
3. कमाहीपुरम् में स्थित कैलाश नाथ मंदिर जो कि ब्रह्मा-विष्णु के समूह रूपी मूर्तियों से शोभायमान है।
4. तिरुवेली में स्थित भगवान शंकर का मंदिर।
5. श्री कृष्ण को समर्पित मथुरा तथा वृन्दावन के मंदिर।
6. महाबलीपुरम् (नवीं शताब्दी) का समुद्र तटीय मंदिर जो शंकर भगवान को समर्पित है इसमें स्थापित लिंग बैसाल्ट की चट्टान से निर्मित है।
7. होले बीड के मंदिर : यहाँ एक ही चबूतरे के दोनों किनारों पर समान्तर प्रतिमायें स्थापित हैं, जो 13वीं सदी के वास्तुकला के उत्कर्ष चिन्ह हैं।
8. कोलकाता का काली मंदिर।
9. कन्याकुमारी का समुद्र तटीय मंदिर।
10. कोणार्क का मंदिर : इसकी छत की बनावट झुकी हुई है। बनावट पीतल और तांबे की है।
11. कोणार्क का मंदिर शिव तथा पार्वती को समर्पित है। इसके शिखर घटते हुए आकार में एक-दूसरे के सहायक हैं तथा क्रमवार ऊंचाई में मुख्य शिखर से जुड़े हैं।
12. पुरी के सूर्य मंदिर उत्तर भारत के मंदिरों के महत्व को प्रस्तुत करते हैं।
13. सोमनाथ का स्वर्ण मंदिर।

जैन मंदिर से संबंधित वास्तुकला

प्राचीन तीर्थकरों को समर्पित प्राचीन जैन मंदिर श्रवणबेलगोला में चन्द्रगिरि

पर्वत पर मिलते हैं। ये जैन तीर्थंकरों को अर्पित हैं। श्रवणबेलगोला में मुख्य आकर्षित करने वाला स्मारक पश्चिमी चन्द्रगिरी पर गोमतेश्वर का दीर्घकाय स्मारक है। खजुराहो में निर्मित जैन मंदिर में हिन्दू मंदिरों की वास्तुकला का स्पष्ट प्रभाव दिखाई देता है। राजस्थान में जैन श्रीनास माउण्ट आबू पर दिलवाड़े के जैन मंदिर में स्थापित है। इसके अतिरिक्त और मन्दिर रानकपुर में प्राप्त महावीर भगवान को अर्पित हैं। मदुरई का मीनाक्षी मंदिर अत्यन्त प्रसिद्ध एवं शोभायमान है।

बौद्ध वास्तुकला

सारनाथ में निर्मित बौद्ध स्तूप बौद्ध वास्तुकला का उल्लेखनीय उदाहरण है। यहां गुंबद के आकार का एक स्मारक है जिसके अगले हिस्से के पास एक कक्ष होता है जिसमें बुद्ध अथवा बौद्ध संतों के शव रखे होते हैं। गुम्बद मार्ग इसलिए जुड़ा होता है कि दर्शक अपने धर्म के अनुसार कर्मकांडों को पूर्ण कर सकें। इसका आगे का भाग एक छोटे घेरे से घिरा रहता है जिसके अन्दर पवित्र अग्नि प्रज्ज्वलित की जाती है। वायु प्रवेश को रोकने हेतु दरवाजे के साथ दीवार का प्रयोग किया होता है और उपदेश दिया जाने वाला कक्ष 'चैत्य' शायद स्तंभ से जुड़ा था। भगवान बुद्ध ने प्रसिद्ध स्तूप सांची और बौद्ध गया में ज्ञान अर्जित किया था। दक्षिण में अमरावती तथा नागार्जुनकोंडा के स्तूप बहुत ही सुसज्जित हैं। सारनाथ के स्तूप 7वीं सदी के निर्मित हैं। स्तूपों की शैली बाद में हिन्दू मंदिरों में बदल हो गयी।

मुस्लिम वास्तुकला

मुस्लिम वास्तुकला में मकबरे, मीनारें, महल, मस्जिदें आदि को सम्मिलित किया गया है। मकबरे सुल्तान तथा उनके परिवार की याद में बनाये जाते हैं, जिनमें सबसे प्रसिद्ध ताजमहल है जो कि शाहजहाँ द्वारा अपनी पत्नी मुमताज महल की यादगार में बनया गया। ताजमहल को दुनिया से सात अजूबों में शामिल कर लिया गया है, जो संगमरमर का बना है। इसके चारों ओर बड़े ड्रम के आकार के मुकुट के समान गुम्बद एवं चार मीनारें खड़ी हैं।

आगरा की मोती मस्जिद अपने नाम के अनुरूप सुंदरता व शुद्धता की प्रतीक है। इसकी सुंदरता इसके रूप व आकार पर निर्भर है। अकबर की इमारतें, स्तम्भ सभी मंडपाकार में बने हैं। सबसे प्रसिद्ध मस्जिद दिल्ली की जामा मस्जिद है। ख्वाजा मुईनद्दीन चिश्ती का मकबरा अजमेर में मुसलमानों का पवित्र स्थान बन गया है। सीधे किनारे पांच से सात नुकीले कमानों की मेहराब मीनारों की मुख्य विशेषता है।

यह एक तरह प्रकार से सम्राट विजय की याद में निर्मित किला है। यहां के किले अत्यन्त सुन्दर बने हुए हैं। मुस्लिम किले एवं महल व्यक्तिगत गूढ़ और स्वैच्छिक आनंद के लिए स्वयं के मुस्लिम भावों की समानता, स्वयं का व्यक्तित्त्व प्रदर्शन के लिए बनाये गये थे। ये उनके पारस्परिक प्रेम, महत्व एवं शान को प्रकट करते हैं। इसका श्रेष्ठ उदाहरण दिल्ली और आगरे का लाल किला है। मुस्लिम शक्तियों का शासन दिल्ली, आगरा व अन्य स्थानों पर वास्तुकला का प्रमुख उदाहरण है।

किले और महल

कुछ प्रमुख किले और महलों का उल्लेख नीचे किया गया है।

गुलाबी शहर जयपुर

राजा राजपूत सवाई जयसिंह द्वारा जयपुर नगर की स्थापना 1727 ई. की गयी यह नगर लम्बे समय तक कच्छवाहा वंश की राजधानी रहा। इस नगर की रचना का प्रारूप उस समय के प्रसिद्ध वास्तुकार विद्याधर द्वारा तैयार किया गया था। इस नगर की इमारतों एवं किलों में गुलाबी रंग के पत्थरों का प्रयोग बहुतायत में किया गया है, जिसकी वजह से इस नगर को "गुलाबी नगर" की संज्ञा दी गयी है। यहां पर विशाल किले, शानदार महल, सुंदर मंदिर तथा मनोहारी उद्यान हैं। यहां की सड़कें एकदम सीधी हैं तथा चौक बहुत सुविधाजनक हैं। हवामहल को देखकर रेगिस्तान में बने हवा में महल का आभास होता है। इसके निकट ही सिटी पैलेस संग्रहालय (जहां हथियार और कलात्मक वस्तुएं रखी गई हैं) और जंतर-मंतर (वेध शाला) मौजूद हैं। आमेर के दुर्ग तक हाथी पर बैठकर पहुंचना राजसी अनुभव से कम नहीं। इस किले के भीतर भारतीय और मुगल कला के संगम के दर्शन होते हैं। निकट की पहाड़ी से कुछ आगे 'सिसोदिया रानी का बाग' नाम का उद्यान तथा महल दिखाई देता है। पहाड़ियों की परतों के बीच बना यह महल अपनी सुंदरता से लोगों का मन मोह लेता है।

दर्शनीय स्थान—किले और महल : आमेर किला, जयगढ़ किला, नाहरगढ़ किला, हवामहल, जल महल, सिटी पैलेस।

अन्य दर्शनीय स्थान—गलताजी, सिसोदिया रानी का बाग, गैटोर, सांगानेर, बगरू, अल्बर्ट संग्रहालय, जंतर-मंतर, बिड़ला मंदिर।

परिवहन व्यवस्था—जयपुर, वायु, रेल और सड़क दोनों मार्गों से अच्छी तरह जुड़ा है।

आवास व्यवस्था—यहां महंगे और सस्ते होटल हैं, जहां आरामदायक आवास सुविधाएं उपलब्ध हैं। जल महल पैलेस (2223626), फैक्स : 2220707, राम बाग पैलेस (2381919), फैक्स : 2381098, राजविलास ओबेरॉय (2680101), फैक्सः 2680202 यहां के महंगे होटल हैं।

सर्वश्रेष्ठ मौसम—वर्ष-भर मौसम भ्रमण के अनुकूल रहता है।

परिधान—इस क्षेत्र में रहने वाले योग गर्मियों में हल्के सामान्य वस्त्र तथा सर्दियों में ऊनी वस्त्र पहनना पसन्द करते हैं।

हेरिटेज सिटी आगरा

ऐतिहासिक धरोहरों से समृद्ध आगरा पश्चिमी उत्तर प्रदेश सीमा पर स्थित है यहां चमड़ा से जुड़े उद्योग हैं। प्राचीन काल में यह नगर मुगलों की राजधानी रहा है। ऐसी राजधानी जिसने देश की सीमाएं निर्धारित की हों, ऐसा स्थान जहां बादशाहों के दिल में प्रेम पल्लवित हुआ हो, ऐसा आकाश जिसके नीचे सपने पूर हुए हों, उसके लिए जो एकमात्र नाम होंठों पर उतरता है, वह है आगरा। यहां मुगल बादशाह के द्वारा ताजमहल एवं कई अन्य किले बनवाए गए जो मुगल स्थापत्य कला की सर्वोच्चता का शानदार नमूना है। दिल्ली, जो कि हजार वर्ष से भी अधिक समय तक राजाओं और सम्राटों की कर्मभूमि रही है। वहां भी वास्तुकला और सांस्कृतिक विरासत की इतनी समृद्धि नहीं है, जितनी कि आगरा में मौजूद है। ताज का निर्माणा महान बादशाह शाहजहां ने अपनी बेगम मुमताज महल की याद में सफेद संगमरमर में एक ख्वाब के रूप में किया। सुन्दरता और आकर्षण के मामले में ताजमहल अद्वितीय है। कीमती और अर्द्धकीमती पत्थरों पर नक्काशी और सफेद संगमरमर पर बेलबूटे बनाने की कला आगरा में ही विकसित हुई। ताजमहल के अलावा यहां का लाल किला, एत्मादुदौला का मकबरा, मोती मस्जिद आदि ऐतिहासिक इमारतों के लिए यह विश्व प्रसिद्ध है। उर्दू के महान शायर मिर्जा गालिब आगरा में ही पैदा हुए थे।

प्रमुख दर्शनीय स्थल—ताजमहज, आगरा का लाल किला, रामबाग, सिकन्दरा में अकबर का मकबरा, इतमादुदौला का मकबरा, चीनी का रौज़ा, फतेहपुर सीकरी, दयाल बाग।

यातायात के साधन—यहां वायु, रेल, व सड़क मार्ग से पहुंचा जा सकता है। यहां छोटे-छोटे वहन से भी पहुंचा जा सकता है।

आवासीय सुविधा—यहां महंगे और सस्ते होटल उपलब्ध हैं, जहां आरामदायक सुविधाएं उपलब्ध हैं।

उचित मौसम—वर्ष भर मौसम भ्रमण के अनुकूल रहता है।

वस्त्र—इस क्षेत्र में रहने वाले लोग गर्मियों में हल्के सामान्य और सर्दियों में भारी ऊनी वस्त्र पहनना पसन्द करते हैं।

वैभवशाली अतीत जोधपुर

सन् 1459 में राव जोधा के द्वारा स्थापित यह शहर थार रेगिस्तान के किनारे पर स्थित है। यह मारवाड़ की भूतपूर्व राजधानी थी। सोलहवीं शताब्दी व्यवसाय के लिये बहुत ही महत्वपूर्ण हो गया। इस समय भी जोधपुर लकड़ी, मवेशियों, ऊंटों और नमक के व्यापार तथा कृषि फसलों का मुख्य केंद्र है। जोधपुर का इतिहास से नजदीकी रिश्ता है और यहां ऐसे अनेक स्मारक हैं जो इसके वैभवशाली अतीत की याद दिलाते हैं। एक समय था जब मारवाड़ का क्षेत्र मृत्यु भूमि के नाम से जाना जाता था। किंतु राठौर समुदाय की अजेय ऊर्जा को यह दुर्गम क्षेत्र पराजित नहीं कर पाया और उन्होंने इस चट्टानी और कठिन इलाके में बसने का निश्चय किया। उन्होंने अपनी वीरता के कार्यों, गौरव के गीतों, गरिमा के दुर्ग तथा बोलते पथरों के महल से जीवन को इतने उत्साह से जिया कि मृत्यु का भय जीवन की इस जीवंत चेतना के सामने नहीं टिक पाया। गर्वोन्नत जोधपुर दुर्ग का दृश्य मन में उमंग और उत्साह दोनों का संचार करता है। दुर्ग की तरह ही मारवाड़ के योद्धा सुदृढ़ और स्वतंत्र थे। दुर्ग के अन्दर सुन्दर व सुसज्जित पालकियां तथा हौदे आज भी विद्यमान हैं जिन्हें राजा और रानियों द्वारा प्रयोग किया जाता था। इन सभी चीजों से अतीत की जानकारी प्राप्त होती है। इसके साथ ही एक सरोवर के किनारे राजा की स्मृति में बनाया गया संगमरमर का स्मारक जसवंत थड़ा आपका ध्यान आकर्षित करता है। यह शहर सचमुच अनूठा और मनोरम है।

प्रमुख दर्शनीय स्थल—मेहरानगढ़ किला, जसवंत थड़ा, उमेद भवन पैलेस, संग्रहालय। बालसमंद झील और बाग, मंडोर, महामंदिर, कायलाना झील, रोहिट किला और लूनी किला।

परिवहन के साधन—यहां वायु, रेल व सड़क मार्ग से पहुंचा जा सकता है।

आवासीय सुविधा—यहां महंगे और सस्ते होटल हैं जहां आरामदायक आवास सुविधाएं उपलब्ध हैं।

अनुकूल समय—अक्टूबर से मार्च तक यहां का मौसम भ्रमण के अनुकूल रहता है।

वस्त्र—इस क्षेत्र में रहने वाले लोग गर्मियों में हल्के सामान्य वस्त्र तथा सर्दियों में भारी ऊनी वस्त्र पहनना पसन्द करते हैं।

मेवाड़ का रत्न उदयपुर

उदयपुर में दार्शनिकों और शिल्पकारों को प्रेरणा प्रदान करने वाले अनेक सुन्दर व आकर्षक दृश्य, सुमधुर ध्वनि तथा सुख की अनुभूति परस्पर मिले हुए हैं। ऐतिहासिक दृष्टि से यह क्षेत्र पर्यटकों के लिये महत्वपूर्ण है। परिकथाओं में वर्णित महलों, झीलों, मंदिरों, उद्यानों और तंग गलियों को समेटे यहां का पूरा इलाका लोगों का मन मोह लेता है। पिछोला झील पर रत्न की तरह चमकता मनोहारी लेक पैलेस अपनी सुंदरता से किसी को भी मदहोश कर सकता है। रानियों के एकांत के लिए बने मनोरम उद्यान—'सहेलियों की बाड़ी' में पर्दा-प्रथा तथा आमोद-प्रमोद दोनों आवश्यकताएं पूरी होती दिखाई देती हैं। शिव निवास पैलेस के भीतर बने संग्रहालय में आपको राजपूतानी चेतना और वीरता के दर्शन होते हैं तथा उनकी महानता का विवरण मिलता है। इसी नगर में प्रसिद्ध जेम्सबांड फिल्म आक्टोपसी का फिल्मांकन हुआ था। राजस्थान का यह नगर अपनी सुन्दरता के लिये विख्यात है।

प्रमुख दर्शनीय स्थल—लेक पैलेस, सिटी पैलेस, जगदीश मंदिर, भारतीय लोक कला संग्रहालय, सहेलियों की बाड़ी, प्रताप मेमोरियल, एकलिंगजी, फतेह सागर, पिछोला झील, सज्जनगढ़, गुलाब बाग।

परिवहन साधन—उदयपुर वायु, रेल व सड़क मार्ग से पहुंचा जा सकता है।

आवासीय सुविधा—यहां महुंगे और सस्ते होटल हैं, जहां आरामदायक आवास सुविधाएं उपलब्ध हैं।

अनुकूल समय—यहां मार्च से सितम्बर तक का मौसम भ्रमण के अनुकूल रहता है।

वस्त्र—यहां के लोग गर्मियों में हल्के सामान्य वस्त्र तथा सर्दियों में भारी ऊनी वस्त्र पहनना पसन्द करते हैं।

अजेय दुर्ग चित्तौड़गढ़

चित्तौड़गढ़ नगर राजपूतों की वीरता एवं गौरवशाली इतिहास का गवाह है। महान राजपूत राजा के स्वाभिमान और वीरता का साक्षी शहर के प्राचीन इतिहास के संबंध में बताना बहुत कठिन है। ऐसा विश्वास किया जाता है कि महाभारत के पांडव भीम अमर रहने का रहस्य सीखने के लिए इस स्थान पर आये और सोगा गुरु के शिष्य बने। लेकिन समय कम होने के कारण उनकी इच्छा पूर्ण न हो सकी।

जिससे क्रोधित होकर उन्होंने अपने पैर भूमि पर पटके फलस्वरूप उस स्थान पर सरोवर बन गया जिसे अब भीम कहा जाता है। बाद में चित्तौड़गढ़ पर मुरी राजपूतों का शासन हो गया और यह स्थान 1568 ई. तक मेवाड़ की राजधानी रहा। चित्तौड़ की पहाड़ी पर बने ये दुर्ग यहां के उन वीर योद्धाओं की कहानी कहते प्रतीत होते है जिन्होंने अपनी आन और शान के अनेक रक्त-रंजित युद्ध लड़े। यहां की स्त्रियों ने भी दुश्मनों को धूल चटा दी और अपने सतीत्व की रक्षा की। चित्तौड़गढ़ के लोग आज भी वीर गाथाएं गाते हैं। कृष्ण भक्त मीरा बाई के पद सबसे पहले चित्तौड़गढ़ के दुर्ग में बने मंदिर में ही मीरा बाई द्वारा गाए गए थे।

प्रमुख दर्शनीय स्थल—किला, कीर्ति स्तंभ, जयमल और पट्टा महल, राणा कुंभ का महल, विजय स्तंभ, कुंभ श्याम मंदिर, महासती स्मारक, कालिका माता मंदिर, राजकीय संग्रहालय, गोमुख सरोवर, मोहर नगरी। नगरी, बारोली, बस्सी गांव, बस्सी वन्य जीव अभयारण्य, सांवरियाजी मंदिर, भैंसरोड़गढ़ वन्यजीव अभयारण्य, बीजापुर, सीतामाता अभयारण्य, देवगढ़, मेनल।

परिवहन साधन—चित्तौडगढ़ में रेलवे स्टेशन है और यहां सड़क मार्ग द्वारा भी पहुंचा जा सकता है। यहाँ कोई हवाई अड्डा नहीं है। सबसे निकटतम हवाई अड्डा उदयपुर है।

आवासीय सुविधा—यहाँ कई महंगे और सस्ते होटल हैं, जहाँ आरामदायक आवास सेवाएँ उपलब्ध हैं।

सबसे अच्छा मौसम—सितंबर से मार्च तक का मौसम पर्यटन के अनुकूल रहता है।

वस्त्र—यहां के लोग गर्मियों में हल्के सामान्य वस्त्र तथा सर्दियों में भारी ऊनी वस्त्र पहनना पसन्द करते हैं।

पृथ्वी की स्वर्ण नगरी जैसलमेर

जैसलमेर नगर की स्थापना 1156 ई. में यादव वंश के शासक रावल जैसवाल ने की थी। इस मरुभूमि नगर को स्वर्ण नगरी भी कहा जाता है। इस शहर को देखकर ऐसा महसूस होता है कि मानों थार के रेगिस्तान में कोई सुन्दर फूल खिला है। ऐसी कथा प्रचलित है कि भगवान कृष्ण इस स्थान पर पधारे थे और उन्होंने कहा कि यादव वंश का कोई वंशज इस स्थान पर राजधानी का निर्माण करेगा। इस समय यह मरु नगर सुंदर हवेलियों और जैन मंदिरों की छटा से चमक रहा है। जैसलमेर किला वर्तमान समय में दर्शनीय स्थल बन गया है, जहां आम लोग चित्र लेकर अपना मनोरंजन करते

हैं। यहां की भौगोलिक स्थिति अत्यंत आकर्षक है और दूर-दूर तक फैले रेत के सागर ने इस नगर को दर्शनीय जगह बना दिया है।

दर्शनीय स्थल—किला, मानक चौक और हवेली, जैन मंदिर, गदी सागर झील, पटवों की हवेली, सलीम सिंह की हवेली, लाडरूवा (16 कि.मी.) , वुड फासिल पार्क (17 कि.मी.), सैम रेत के टिब्बे (42 कि.मी.), मरु राष्ट्रीय उद्यान (45 कि.मी.)।

परिवहन साधन—जैसलमेर रेल और सड़क दोनों मार्गों से अच्छी तरह जुड़ा है। यहां कोई हवाई अड्डा नहीं है। निकटतम हवाई अड्डा जोधपुर है।

आवासीय सुविधा—यहां महंगे और सस्ते होटल हैं, जहां आरामदायक आवास सुविधाएं उपलब्ध हैं।

सबसे अच्छा मौसम—अक्टूबर से फरवरी तक का मौसम पर्यटन के अनुकूल रहता है।

वस्त्र—यहां के लोग गर्मियों में हल्के सामान्य वस्त्र तथा सर्दियों में ऊनी वस्त्र पहनना पसन्द करते हैं।

शाही शहर भोपाल

मध्य प्रदेश में स्थित भोपाल नवाबों के शहर के नाम से प्रसिद्ध है। वर्तमान समय में इस शहर का स्वरूप बहुआयामी हो गया है। इस शहर के बड़े-बड़े बाजार, प्राचीन मस्जिदें और भवन आज भी यहां के पूर्व शासकों तथा नवाबों के जीवन से परिचय कराते हैं। इन शासकों में वे शक्तिशाली बेगमें भी शामिल हैं, जिन्होंने 1879 से 1926 तक भोपाल पर राज्य किया। भोपाल के नवाबों ने इस शहर को एक शाही परंपरा और स्थापत्यकला की दृष्टि से अनेक शानदार भवन प्रदान किए। शहर के जीवन में आज भी शाही परंपरा की झलक मिल जाती है। नया शहर भी कम आकर्षक नहीं, जहां बड़े सलीके से बनाए गए उद्यान, विस्तृत रिहायशी इलाके और आधुनिक इमारतें आपका स्वागत करती हैं। भोपाल एक मनोहारी शहर है जहां मध्यकालीन वास्तुकला की झलक देने वाली कई इमारतें मौजूद हैं। शहर के मध्य में एक झील है जो इस क्षेत्र के इतिहास के उत्थान और पतन की मौन साक्षी रही है। भोपाल में आयोजित होने वाले संगीत सम्मेलन नए ढंग से आधुनिक भारत में एकता की भावना का संचार कर रहे हैं।

प्रमुख दर्शनीय स्थल—ताज-उल मस्जिद, शौकत महल, सदर मंजिल, भारत भवन, जमा मस्जिद, गौहर महल, ट्राइबल हैबिटैट, मोती मस्जिद, लक्ष्मी नारायण मंदिर, वन विहार, क्षेत्रीय विज्ञान केन्द्र, ऊपरी और निचली झीलें।

परिवहन सुविधा—यहाँ वायु, रेल, सड़क मार्ग से पहुँचा जा सकता है।

आवासीय साधन—यहाँ कई सस्ते और महँगे होटल हैं, जहाँ आरामदायक आवास सुविधाएँ उपलब्ध हैं।

सबसे अच्छा मौसम—वर्ष-भर मौसम पर्यटन के अनुकूल रहता है।

वस्त्र—यहाँ के लोग गर्मियों में हल्के सामान्य वस्त्र तथा सर्दियों में हल्के ऊनी वस्त्र पहनना पसन्द करते हैं।

गौरवपूर्ण अतीत मांडू

पुरातन काल में मांडू को परमार शासकों ने अपनी राजधानी बनाया था। मांडू एक तरह से पत्थरों में जीवन और आनंद का उत्सव है। गरिमा और शोभा इस स्थान की मूल चेतना है। कवि और शहजादे बाग बहादुर तथा उनकी सुंदर प्रेमिका रानी रूपमती के प्रेम की कहानी यहां के पूरे वातावरण में घुली है। मालवा के घाट वर्तमान में भी अमर प्रेम का गवाह है। मुगल शासकों के काल में मांडू मौजमस्ती का केंद्र बन गया। महान इतिहासकार परसी ब्राउन ने मांडू के संबंध में लिखा—वृक्षों की छाया वाले टेढ़े मेढ़े रास्तों और विशाल झीलों तथा घाटियों के बीच बने धूप में चमकते सरोवरों, चट्टानी बीहड़ों और ढलानदार घास के मैदानों से सजा यह स्थान अपनी आकर्षक में आद्वितीय है। मांडू के खंडहर यहां के गौरवपूर्ण अतीत तथा समृद्धि की कहानी कहते दिखाई देते हैं। मांडू के शासक बाज बहादुर कविता और गीत के लिए अधिक विख्यात था।

प्रमुख दर्शनीय स्थल—होशंगशाह का संगमरमरी मकबरा, जामा मस्जिद, जहाज महल, हिंडोला महल, हिंडोला किला।

परिवहन साधन—निकटतम रेलवे स्टेशन इंदौर है जहां सभी मेल और एक्सप्रेस गाड़ियां रूकती हैं। मांडू सड़क मार्ग द्वारा इंदौर से 99 कि.मी. दूर है। यहाँ कोई हवाई अडडा नहीं है। सबसे निकटतम हवाई अड्डा इंदौर है।

आवासीय सुविधा—यहाँ कई महंगे और सस्ते होटल हैं, जहाँ आरामदायक आवास सुविधाएँ उपलब्ध हैं।

सबसे अच्छा मौसम—वर्ष-भर मौसम पर्यटन के अनुकूल रहता है।

वस्त्र—यहां के लोग गर्मियों में हल्के सामान्य वस्त्र तथा सर्दियों में हल्के ऊनी वस्त्र पहनना पसन्द करते हैं।

गौरवशाली अतीत ग्वालियर

मध्य प्रदेश में स्थित ग्वालियर विभिन्न प्रकार के महल मन्दिर और स्मारकों के लिये प्रसिद्ध है। इस शहर को सिंधिया राजाओं ने अपनी राजधानी बनाई था।

यहां के प्रमुख ऐतिहासिक वस्तुओं पर राजपूत राजवंशों (प्रतिहार, तोमर, कच्छवाहा आदि) के शासन काल की झलक दिखाई देती है। अनेक राजपूत राजवंशों, प्रतिहार, कच्छवाहा और तोमर राजाओं ने महलों, मंदिरों और स्मारकों के इस शहर पर अपने शासन की अमिट छाप छोड़ी है। ग्वालियर का इतिहास आठवीं शताब्दी की एक किवंदंती में वर्णित है जिसके अनुसार सूरजसेन नाम का एक मुखिया किसी जानलेवा बीमारी से पीड़ित हो गया। उसका उपचार एक सन्यासी ग्वालिप ने किया और अपनी कृतज्ञता दर्शित करने के लिए उन्होंने एक नगर बसाया जिसका नाम उस सन्यासी के नाम पर रखा जिन्होंने उन्हें नया जीवन दिया। सिंधिया राजाओं की राजधानी के रूप में ग्वालियर को विशेष प्रसिद्धि मिली। यहां पर उनकी वीरता के प्रतीक के रूप में एक दुर्ग विद्यमान है। मुगल काल में देशव्यापी प्रसिद्धि प्राप्त करने वाले महान संगीतज्ञ तानसेन की समाधि भी यहीं बनी हुई है। ग्वालियर अब पूरी तरह एक आधुनिक भारतीय नगर का रूप ले चुका है जहां सब तरह की गतिविधियां और चहल-पहल देखी जा सकती है।

प्रमुख दर्शनीय स्थल—किला, गूजरी महल, मन मंदिर महल, सूरज कुंड, तेली का मंदिर और सास—बहू का मंदिर, गुरुद्वारा दाता बंधी छोड़, जय विलास महल और संग्रहालय, तानसेन का मकबरा, गौस मोहम्मद का मकबरा, स्मारक कला वीथिका, नगर पालिका संग्रहालय, सरोद घर, सूर्य मंदिर।

परिवहन साधन—यहां वायु, रेल, व सड़क मार्ग से पहुंचा जा सकता है।

आवासीय सुविधा—यहां सस्ते और महंगे होटल हैं, जहां आरामदायक आवास सुविधाएं उपलब्ध हैं।

सर्वश्रेष्ठ मौसम—वर्ष-भर।

परिधान—यहां के लोग गर्मियों में हल्के सामान्य वस्त्र, सर्दियों में भारी ऊनी वस्त्र पहनना पसन्द करते हैं।

मनोरमणीय नगर डीग

डीग को पक्षियों और महलों का नगर कहा जाता है। अब यह नगर पर्यटन स्थल के रूप में लोकप्रिय हो गया है। पर्यटकों को आकर्षित करने वाली चीजों में यहां के उद्यान और जल महल प्रमुख हैं। 18वीं शताब्दी में इस नगर पर जाट शासकों का शासन रहा। एक ऊंचे स्थान पर राजा सूरजमल द्वारा बनाया गया डीग दुर्ग गर्व के साथ आपका स्वागत करता है। किले के चारों ओर खाइयां, प्राचीर और द्वार बने हुए हैं। जाट शासक उच्च कोटि के योद्धा थे और एक मुगल दुर्ग से हथियाया गया एक झूला उनके इस साहस के प्रतीक के रूप में यहां मौजूद है। इसके निकट ही

केवलादेव पक्षी अभयारण्य है जहां पर हज़ारों पक्षी दर्शकों को मुत्रमुग्ध कर देते हैं। सर्दी के मौसम में साइबेरियाई सारस के आ जाने से इस नगर की शोभा में चार-चांद लग जाते हैं।

दर्शनीय स्थल—गोपाल भवन, सावन-भादो मंडप, वाच टावर—(इसके ऊपर आगरा किले से जीती गई एक तोप रखी है)

परिवहन साधन—यहां कोई हवाई अड्डा नहीं है। सबसे निकटतम हवाई अड्डा दिल्ली है।

सबसे अच्छा मौसम—वर्ष-भर मौसम भ्रमण के अनुकूल रहता है।

वस्त्र—यहां के लोग गर्मियों में हल्के सामान्य वस्त्र तथा सर्दियों में हल्के ऊनी वस्त्र करते हैं।

मध्यकालीन नगर ओरछा

ओरछा नगर में अभी भी मध्य काल के राजाओं के शासनकाल की झलक दिखाई देती है। यहां के राजा ने बादशाह जहांगीर के थोड़े समय के विश्राम के लिए यहां एक महल का निर्माण कराया। एक राजा ने स्वप्न में देवता के आदेश का पालन करते हुए उस देवता का विशाल भव्य मंदिर बनवाया। इस चट्टानी क्षेत्र में बेतवा नदी बहती है जिसके किनारे भूतपूर्व राजाओं की बहुत सी छतरियां बनी हुई हैं। स्वतंत्रता आंदोलन के दौरान महान क्रांतिकारी चन्द्रशेखर आजाद यहां छिप कर रहे। यहां के महल और किलों के चारों तरफ घने वन हैं। यहां के महलों में उच्च कोटि की नक्काशी और वास्तुकला के दर्शन होते हैं। राम राजा की प्रतिमा की स्थापना के बारे में यहां कई कहानियां प्रचलित हैं।

प्रमुख दर्शनीय स्थल—जहांगीर महल, राज महल, राय प्रवीण महल, राम राजा मंदिर, सुंदर महल, सिद्ध बाबा का स्थान, जुगल किशोर, जानकी मंदिर, हनुमान मंदिर, छतरी (यहां ओरछा शासकों की याद में 14 छतरियां या स्मारक बेतवा नदी के कंचन घाट पर बने हैं।

परिवहन साधन—निकटतम रेलवे स्टोशन झांसी है। झांसी में सभी मुख्य मेल और एक्सप्रेस गाड़ियां रुकती हैं। झांसी से ओरछा बस-मार्ग से 16 कि.मी. दूर है। (झांसी-खजुराहो मार्ग पर नियमित बस सेवा उपलब्ध है।) यहाँ कोई हवाई अड्डा नहीं है। सबसे निकटतम हवाई अड्डा ग्वालियर है।

आवासीय सुविधा—यहां कई महंगे और सस्ते होटल उपलब्ध हैं, जहाँ आरामदायक आवास सेवाएँ उपलब्ध हैं।

सबसे अच्छा मौसम—वर्ष-भर मौसम पर्यटन के अनुकूल रहता है।

वस्त्र—यहां के लोग गर्मियों में हल्के सामान्य वस्त्र तथा सर्दियों में हल्के ऊनी वस्त्र पहनना पसन्द करते हैं।

सुगन्धित नगर मैसूर

पुरातन काल में मैसूर वाडियार शासकों की राजधानी था। यहां के प्रसिद्ध महल, संग्रहालय पर्यटक को विशेष रूप से आकर्षित करते है। यहां सबसे सुन्दर और महत्वपूर्ण स्थल मैसूर महल है। महल का रखरखाव बड़ी सावधानी से किया गया है। और ऐसा लगता है कि कोई सुंदर राजकुमारी कभी भी साथ वाले दरवाजे से निकल कर बाहर आ सकती है। महल के विशाल कक्षों के स्तंभों से अब भी शाही षड्यत्रों की गंध आती महसूस होती है। यहां चंदन और अगबत्तियों की खुशबू, ताजी भुनी हुई काफी की पत्तियों से उठती सुगंध और मैसूर मैलिगे तथा हजारों खिले हुए गुलाबों से उठती महक मिल कर मैसूर को सुगंधित क्षेत्र बना देती हैं। मैसूर का सबसे प्रसिद्ध त्यौहार दस दिन तक चलने वाला दशहरा पर्व है जो हर वर्ष अक्टूबर-नवंबर में मनाया जाता है।

प्रमुख दर्शनीय स्थल—मैसूर महल, सेंट फ्लिोमेना गिरजाघर, चामुंडी हिल्स, जयचामराजेंद्र कला दीर्घा, लोक कला संग्रहालय, ओरियेंटल रिसर्च इंस्टीट्यूट, रेलवे संग्रहालय, मैसूर चिड़ियाघर वृंदावन गार्डन।

परिवहन साधन—मैसूर में रेलवे स्टेशन है और बंगलौर से सड़क मार्ग द्वारा भी पहुंचा जा सकता है। यहां कोई हवाई अड्डा नहीं है। निकटतम हवाई अड्डा बंगलौर है। यहां छोटे-छोटे वाहनों से भी पहुँचा जा सकता है।

आवासीय सुविधा—यहाँ कई महंगे और सस्ते होटल हैं, जहाँ आरामदायक आवास सेवाएँ मौजूद हैं।

सबसे अच्छा मौसम—वर्ष-भर मौसम पर्यटन के अनुकूल रहता है।

वस्त्र—इस क्षेत्र में रहने वाले लोग गर्मियों में हल्के ऊनी वस्त्र तथा सर्दियों में भारी ऊनी वस्त्र पहनना पसन्द करते हैं।

9

धार्मिक पर्यटन

धर्मस्थल और पर्यटन दोनों का आपस में गहरा सम्बन्ध है। भारत में अनेक धर्मावलम्बी लोग रहते हैं। यहां पर विभिन्न धर्मों का अभ्युदय हुआ जिसका अनुसरण संसार के कई देशों ने किया। भारत में कई धर्म बाहर के देश से भी आए। भारतीय भूमि इन सभी में सामंजस्य बिठाये है। हिन्दू धर्म भारत का सबसे पुराना धर्म है तथा अपनी विशेषता के कारण यह धर्म वर्तमान समय में भी सफल है।

धार्मिक स्थलों पर बहुत अधिक संख्या में पर्यटक पहुँचते हैं। यहां पर उचित सुविधा मुहैया कराने का हमेशा ही सरकार व निजी पर्यटन संघों पर दबाव रहता है। ये पर्यटन आर्थिक दृष्टि से भी लाभदायक रहे हैं। इसने निजी पर्यटक संचालकों को बड़ी संख्या में अपनी ओर आकर्षित किया है। इससे पर्यटन उद्योग को बढ़ावा मिला है।

भारतीय धर्म की प्रमुख विशेषता

भारतीय धर्म की विशेषताओं की यदि बात की जाय तो इसकी एक प्रमुख विशेषता सहिष्णुता है। इसमें सम्मान एवं सहिष्णुता सभी धर्मों और समुदायों में सबसे आगे है। अनुकूलता, आध्यात्मिकता एवं सहिष्णुता को अधीन करती है तथा सहिष्णुता अनुकूलता है।

यहाँ जाति, धर्म, भौगोलिक और भाषाई भिन्नता है किन्तु सब भारतीय हैं। ये भारतीय पैतृत्व से भिन्न हैं जबकि संस्कृति में एक हैं।

पर्यटन और हिन्दू धर्म

सही मायने में हिन्दू कभी भी एक धर्म नहीं रहा है। यह कई धर्मों का मिश्रण है। सिन्धु नदी के किनारे रहने वाले लोगों को अरबवासी हिन्दू कहते थे जिसने कालान्तर में व्यापक रूप ग्रहण कर धर्म का रूप ले लिया। अब हिन्दू मात्र धर्म ही नहीं है अपितु यह एक दर्शन भी है तथा अनेक धर्मों की जननी रही है। हिन्दू धर्म की सीमा असीम है तथा यह देश और काल की सीमाओं से स्वतंत्र है। इसलिए इसमें मानव जीवन की सभी क्रियाओं की झलक इसमें समाहित है।

हड़प्पा एवं मोहनजोदड़ो की खुदाई के परिणामस्वरूप ऐसे प्रमाण मिले हैं कि भारत में एक उच्च विकसित संस्कृति थी जो भारत की मिट्टी पर लंबे अंतराल तक प्राचीन इतिहास वाली होनी चाहिए, जो हमें उन बीते युग में ले जाती है, जिसके बारे में मात्र हम कल्पना ही कर सकते हैं। इस सभ्यता पर विचार करने योग्य बिन्दु इसकी निरंतरता, राजनैतिक शक्ति ही नहीं बल्कि सांस्कृतिक प्रभाव भी हैं।

वेद विशेष रूप से एक अभिलेख है जो धार्मिक ज्ञान की व्याख्या करता है लेकिन उसके द्वारा की गई व्याख्या किसी भी सन्दर्भ में अन्तिम नहीं है। अतएव ऋग्वेद से आगे हिंदू विचारधारा श्रेष्ठ आतिथ्य द्वारा विशेषीकृत की गयी। ऋग्वेद में 10 भाग हैं; जिनमें ईश्वर की प्रार्थना, उसका मानवीकरण (अवतार), उस समय का भूगोल (ब्रह्मांड) के रहस्य और उसके तत्त्व भी वर्णित हैं। यजुर्वेद के 40 अध्याय हैं, यह यज्ञ विशेषांक है। सामवेद यज्ञ के समय उच्चरित होने वाले मंत्र पर आधारित है। हिन्दू इतिहास के शुरुआत से ही नई-नई शक्तियों द्वारा संस्कृति स्थापित की गयी। जिन्हें अपने विचारों के प्रकाश में, इसे स्वीकारना और मानना पड़ा हमारी संस्कृति है।

यद्यपि दार्शनिक विचारधारा हिंदुत्व का हमेशा एक भाग (हिस्सा) रही है। हिंदुओं ने देवी-देवताओं की केन्द्रीयता को पूर्णतः कभी त्यागा नहीं तभी एक देवता को एक व्यक्ति मानता है। देवी-देवताओं की प्रतिमायें भारत में हर जगह पर देखी जा सकती हैं। आर्य, जिनका उल्लेख 1500 ई. के आस-पास मिलता हैं, आर्यों के साथ ही कई नवीन एवं विस्तृत द्रविड़ संस्कृति से मिलना हो गया। इस प्रकार, हिंदुत्व, इन दोनों व्यवस्थाओं की एकीकृत रूप हो गया।

वैदिक धर्मग्रंथ की रचना एक हजार ईसा पूर्व किया गया। यह इस धर्म का प्रथम अव्यवस्थित ढांचा था। वेद चार हैं—ऋग्वेद, यजुर्वेद, सामवेद और अथर्ववेद।

अन्य महत्वपूर्ण हिंदू धार्मिक ग्रंथों में, महाकाव्य-रामायण और महाभारत

शामिल हैं। पुराने बड़े उपनिषद् और पुराण एवं नये भगवद्गीता आदि सभी इस विशाल और उलझे हिंदू धार्मिक रचना के आधारभूत सैद्धांतिक रचनाएं हैं। हिन्दुत्व में जीवन के चार रास्ते बतलाये गये हैं—धर्म, कर्म, काम एवं मोक्ष।

धर्म पूर्ण रूप से आध्यात्मिक, नैतिक और सामाजिक सामंजस्य है। इसके तीन वर्ग हैं—व्यक्ति द्वारा अनुकरणीय, एक नैतिक संहिता का निर्माण करना। असीम सामंजस्य, जिसमें पूरा ब्रह्मांड समाहित है। जातीयता पर नियंत्रण और जातियों, वर्णों में आपसी संबंध।

कर्म के आधार पर ही सुख और दुख व्यक्ति भोगता है। चाहे वह (कर्म) अच्छा हो और बुरा। काम, जीवन और कर्म की मर्यादा है। भगवद्गीता में श्रीकृष्ण ने अर्जुन को अपना कर्म करने और उन कर्मों के परिणामों की चिंता न करने का उपदेश दिया है। अच्छाई हेतु किया गया कर्म केवल अच्छा परिणाम ही देता है।

मोक्ष की कामना सभी हिन्दुओं की होती है। हिंदू गहनता से जीवन-मृत्यु पुनर्जीवन चक्र और पुनर्वतरण में विश्वास करते हैं। इस चक्र से बाहर निकलने का एक उपाय सांसारिक सुखों का त्याग और आत्मा की मुक्ति के लिए प्रयास करना है। हिंदुत्व में देवताओं की अधिकता देखी जाती है। ब्रह्मा, सृष्टि के रचयिता हैं, चार सिरवाले, जिनके प्रत्येक सिर प्रत्येक वेद का उच्चारण करते हैं, वे देवता हैं।

भगवान विष्णु जीवन के रक्षक हैं, जो सामान्य रूप से एक लिपटे हुए सांप पर, एक महासागर में, एक शेर के साथ और हाथ में चक्र लिये, बैठे दिखायी पड़ते हैं। उनकी पत्नी सुंदर लक्ष्मी, सुख और समृद्धि की देवी हैं। शिव के अनेक अवतार हैं, उनके बाल उलझे जटाजूटवाले हैं एवं पवित्र नदी गंगा उनके बालों से निकलती है। उनकी तीसरी आंख अपने शत्रुओं का विनाश करने, उनको कम करने और भस्म करने में प्रयोग की जाती है।

कहीं-कहीं शिव को नटराज या एक नर्तक कहा गया हैं। उनकी पत्नी पार्वती भी भयंकर दुर्गा और काली के अवतारवाली हैं। शिव और पार्वती के दो पुत्र हैं गणेश व कार्तिकेय गणेश हाथी की सूंडवाले देवता और कार्तिकेय गरुड़ की सवारी करने वाले हैं। हिन्दू में गाय को पवित्र माना गया है। हिन्दू लोग गुरु और साधु को सम्मान देते हैं।

हिंदुओं के महत्वपूर्ण अनेक धार्मिक स्थलों में उन स्थानों की बाहुल्यता है जो हिन्दू धर्म से संबंधित हैं। ये देश की लंबाई-चौड़ाई में सर्वत्र व्याप्त हैं। सच्चे हिन्दू को चार धामों अथवा तीर्थ स्थानों की यात्रा करनी चाहिए, ऐसा भी मानना है। अगर

वह मोक्ष चाहता है तो बद्रीनाथ, द्वारिका, रामेश्वरम् और जगन्नाथपुरी, क्रमशः उत्तर, पश्चिम, दक्षिण और पूर्व में स्थित हैं।

हिन्दू धर्म के प्रमुख तीर्थस्थल

हिन्दू धर्म के प्रमुख तीर्थस्थलों का संक्षिप्त विवरण निम्नलिखित है–

1. ऋषिकेश–यह हरिद्वार से मात्र 24 कि.मी. दूर है। हिमालय की बर्फीली चोटियों से घिरा, यह एक चित्र के समान है। यह स्थान अपने आश्रमों के लिए जाना जाता है। यहाँ हिंदू विद्वान धर्म का अध्ययन करने आते हैं। इसके कई घाट तथा मंदिर हैं।

प्रसिद्ध रस्सी के रास्तेवाला पुल लक्ष्मण झूला कहलता है, जो गंगा के कलरव करते बहाव के ऊपर एक आश्चर्यचकित करने वाला दृव्य प्रस्तुत करता है। परमार्थ मंदिर एवं नीलकमल महादेवी मंदिर, 12 कि.मी की दूरी पर स्थित, सैलानियों हेतु दर्शनीय है।

2. द्वारिका–काठियावाड़ प्रायद्वीप के पश्चिमी छोर के बाह्य किनारे पर यह स्थित है। इसका महत्व यह है कि यह भारत के प्रसिद्ध चार धामों में से एक है। मगध साम्राज्य से युद्ध के बाद श्रीकृष्ण ने अपनी राजधानी यहाँ स्थापित की थी यह इसके ऐतिहासिक व धार्मिक महत्व को स्पष्ट करता है। उनके नगर के रूप में यह जाना जाता है। इस नगर में जन्माष्टमी का त्योहार या श्रीकृष्ण जन्मोत्सव बड़े उत्साह से मनाया जाता है एवं लाखों पर्यटक प्रतिवर्ष इसे देखते हैं।

3. सोमनाथ–गुजरात में स्थित सोमनाथ हिन्दू धार्मिक स्थलों में एक प्रमुख स्थल है। बीराबल के पास और जूनागढ़ से 80 कि.मी. दूर पाटन में यह महत्वपूर्ण तीर्थ स्थान स्थित है। इससे सम्बन्धित कतिपय कहानियों से जानकारी मिलती कि यह शुरुआत में सोमराज, चन्द्रदेव द्वारा बनवाया गया था। ऐसी कहावत है कि बाद में चांदी से रावण द्वारा एवं लकड़ी से श्रीकृष्ण और भीमदेव द्वारा बनवाया गया था।

ऐतिहासिक तथ्य प्रमाणित करते हैं कि इस बेशकीमती मंदिर पर कई बार मुस्लिम लुटेरों द्वारा आक्रमण किया गया। गजनी के महमूद और औरंगजेब ने इसको नष्ट कर दिया था।

प्राचीन काल से ही यह भगवान शिव के बारह ज्योतिर्लिंगों में से एक है। यह एक प्रमुख तीर्थस्थल है जो हिन्दू पर्यटकों के साथ-साथ विदेशी पर्यटकों को भी अपनी ओर आकर्षित करता है।

4. पुरी–उड़ीसा के पुरी में जगन्नाथ मंदिर है जो दुनिया भर में विख्यात है।

प्रवेश स्थान पर बड़ी सुंदरता से गरुड़ भगवान विष्णु के वाहक बना हुए हैं। यह मंदिर वर्गाकार वास्तुकला में हर दिशा में 200 मी. की लंबाई लिये है। दीवारें छः मीटर से अधिक ऊंची हैं। इस मंदिर में ऊंची मीनार, 58 मी. ऊंची है, शीर्ष पर ध्वज तथा भगवान विष्णु का चक्र स्थित है। लाखों तीर्थयात्रियों द्वारा रथ यात्रा जून या फिर जुलाई में देखी जाती है। यह भारत की मध्यकालीन स्थापत्यकला का शानदार नमूना है।

5. भुवनेश्वर—यहां पांच सौ से अधिक मंदिर हैं इसलिए इसे मंदिरों का नगर कहा जाता है। इसमें लिंगराज का महत्वपूर्ण मंदिर भी है जो प्रभु त्रिभुवनेश्वर को समर्पित है। यह मंदिर 1090 और 1104 ई. के मध्य ग्रेनाइट पदार्थ से बनाया गया था। इस मंदिर में हर दिन धार्मिक कार्यक्रम 'अभिषेक' किया जाता है।

6. कोणार्क—यहां कोणार्क सूर्यदेव का मंदिर प्रसिद्ध है। यह 13वीं सदी में बनाया गया (जबकि उड़ीसा के राजा का नाम मालूम नहीं है) कहा जाता है कि उसके द्वारा सैनिक जीत की खुशी में यह मनाया गया था। मंदिर, नक्काशी (बनावट) में अद्भुत है, इसमें 24 विशाल पत्थर के नक्काशीकृत पहिये हैं। इसकी दूसरी खासियत सात शक्तिशाली अश्व हैं जो मंदिर को खींचते-से प्रतीत होते हैं। यह एक दर्शनीय केन्द्र है और इसकी बनावट खासकर अद्वितीय है। यहां पर विदेशी सैलानियों का जमावड़ा भी रहता है

7. गंगोत्री गोमुख—गंगा नदी का उद्गम यहीं से होता है। यहाँ ऋषिकेश से पहुंचा जा सकता है। भागीरथ चोटी के अधोभाग में स्थित गोमुख गंगा नदी का वास्तविक स्रोत (उद्गम) है। गंगोत्री ग्लेशियर, 24 कि.मी. लंबा एवं चार कि.मी. चौड़ा है, यह गोमुख पर समाप्त होता है। पर्यटक महत्व के स्थानों में नंदनवन, तपोवन, गहन घना जंगल सम्मिलित है।

8. बद्रीनाथ—यह चोटी बर्फ से आच्छादित है। इसके पास कई मंदिर, आश्रम और धर्मशालाएं हैं। यह "फूलों की घाटी" सी दिखती है जो 10 कि.मी. लम्बी और 2 कि.मी. चौड़ी है। यह घाटी पुष्पवती धारा द्वारा विभाजित होती है। इसी के पास स्थित हेमकुंड झील भी एक लोकप्रिय स्थान है।

9. केदारनाथ—यहां पर भगवान भोलेनाथ का मंदिर प्रसिद्ध है। इस तीर्थ यात्रा के स्थल पर वाया-गंगोत्री से भी एक लंबे मार्ग द्वारा पहुंचा जा सकता है। यह मार्ग उत्तरकाशी से बाहर, 20 कि.मी. माला से आंरभ होता है।

10. हरिद्वार—उत्तराखण्ड में स्थित यह महत्वपूर्ण धार्मिक स्थल है। गंगा नदी पर्वत के बीच के संकुचित भाग से यहाँ आती है और यहाँ से मैदानों की यात्रा प्रारम्भ

करती है। सबसे प्रसिद्ध दर्शनीय पर्यटन केन्द्र हर की पौड़ी, गंगा नदी के किनारे पर है। यह अपना नाम भगवान विष्णु के पत्थर में छपे पगचिह्न से प्राप्त करती है। प्रसिद्ध दक्ष महादेव मंदिर भगवान शंकर का एक महत्वपूर्ण मंदिर है। उनकी प्रथम पत्नी की विचित्र गाथा इसके चारों तरफ घूमती है। इससे जुड़ी गाथा कुछ यूं है कि एक बार दक्ष ने यहाँ एक विशाल यज्ञ का आयोजन किया और सती को निमंत्रित करना वे भूल गये। क्रोध में सती ने यज्ञ स्थल में आकर खुद को भस्म कर लिया और यह मंदिर ही वह पहचान है जहाँ उन्होंने ऐसा किया। पर्यटन के लिए भी यह स्थल प्रसिद्ध है।

11. मथुरा—यह उत्तर प्रदेश में आगरा से 57 कि.मी. उत्तर में स्थित है, हिन्दू धर्म में इसका महत्व यह है कि यह श्रीकृष्ण का जन्म स्थान है। यहाँ के मुख्य पर्यटन केन्द्र में विश्राम घाट, पोटराकुंड एवं महावन, जो मथुरा से 11 कि.मी. दूर हैं, सम्मिलित हैं। नन्द गांव का स्थान, जहाँ कृष्ण का बालक रूप में लालन-पालन हुआ था दूसरा महत्वपूर्ण पर्यटन केन्द्र है एवं गोवर्धन और वृंदावन उन स्थानों के रूप में प्रसिद्ध हैं, जहाँ कृष्ण ने गोपियों के साथ रास लीला खेली थी। मथुरा में मंदिर बड़ी संख्या में हैं इनमें सबसे मुख्य गोविंद देव, गोपीनाथ, जुगल किशोर, राधा वल्लभ और मदन मोहन मंदिर। ओरंगजेब के शासन काल में यहां के अधिकांश मंदिरों को नष्ट भी किया गया था।

12. इलाहाबाद—उत्तर प्रदेश का यह शहर वाराणसी से पश्चिम में 135 कि. मी क्षेत्र में फैला हैं। यहाँ गंगा, यमुना एवं सरस्वती, जो इसमें अदृश्य होकर भूमिगत हो गयी हैं, शामिल हो जाती हैं, पवित्र नदियों का यह संगम माघ मेला, जो कि आधी जनवरी और फरवरी के मध्य लगता है, हिन्दुओं के लिये विशेष महत्व का है। हर बारहवें वर्ष यहाँ कुंभ मेला लगता है जो क्रमश इलाहाबाद, नासिक, उज्जैन और हरिद्वार के बीच लगता है। कुम्भ मेला का हिन्दू धर्म में बहुत अधिक महत्व है।

13. अयोध्या—उत्तर प्रदेश में स्थित यह स्थान हिन्दू देवता श्री राम की जन्म भूमि रही है। यहां का राममंदिर बहुत प्रसिद्ध है। सम्प्रति यह विवाद का भी विषय है।

14. वाराणसी—इसे सनातन नगरी भी कहा जाता है, विशेष रूप से संस्कृत विद्वानों के लिए यह महान् धार्मिक अध्ययन केन्द्र है। यह केन्द्र इसके कई घाटों, संख्या 100 के करीब हैं, के लिये जाना जाता है। दशाश्वमेध घाट बहुत प्रसिद्ध है। इसने अपना नाम उस कहानी से लिया है जो बताती है कि ब्रह्मा ने यहाँ 10 अश्वों (घोड़ों) की बलि दी थी। वाराणसी में अनेक मुर्दा घाट हैं। यहाँ शव अग्नि को अर्पित

किये जाते हैं। हिन्दू मान्यता के अनुसार कि वाराणसी में मरना पवित्र है, क्योंकि सीधे स्वर्ग को ले जाता है।

पर्यटन और क्रिश्चियन धर्म

ईसाई धर्म के अनुयायी भारत में बहुत कम हैं। एक पैगम्बर (सिद्धपुरुष), एक मसीहा के आगमन के बारे में इच्छा पत्रों में कहा गया था, जो संसार को बचायेगा, जब संसार को उसकी वास्तव में आवश्यकता होगा।

क्राइस्ट (ईसा) का जन्म नाजारेध के जीसस रूप में हुआ था। उनके पिता जोसफ एक बढ़ई थे एवं उनकी माता वरजिन मेरी जो कि आज भी ईसाइयों द्वारा पूज्यनीय हैं।

30 वर्ष की आयु में जीसस ने अपने आश्चर्य दिखनेवाले कार्यक्रम शुरू किये। उन्होंने अपने सत्य, दया और सद्‌भावपूर्ण संदेश लोगों को पढ़ाने शुरू किये। उनका अभियान उन्हें जेरूसलम और पेलेस्टायर के सभी भागों में ले गया। रोमन, जो उस समय शासन कर रहे थे वे इनसे जलने लगे और इनके अनुयायियों की संख्या में बढ़ोतरी होने से परेशान हो उठे। उन्होंने उन्हें मारने का निश्चय किया। ईसा के शिष्यों में से ही एक शिष्य, जुडास ने ईसा के साथ विश्वासघात किया। उन्हें रोमन द्वारा बेरहमी से सूली पर चढ़ा दिया गया। ईसा की मृत्यु शुक्रवार को क्रोस पर हुई थी जिसे ईसाई धर्म में 'गुड फ्राइडे' कहा जाता है। वह तीसरे दिन रविवार को उठे थे। यह दिन सम्पूर्ण विश्व में 'ईस्टर संडे, के रूप में मनाया जाता है।

ईसाई लोग आज दो समुदायों में विभक्त हैं–रोमन कैथोलिक एवं प्रोटेस्टेंट। रोमन कैथोलिक ईसाई लोग दृढ़ता से विश्वास करते हैं कि वरजिन मेरी अनेक मौकों पर प्रकट होती हैं। वे लाईस के जल का सम्मान करते हैं तथा इसकी निरामय शक्ति में श्रद्धापूर्वक विश्वास करते हैं।

प्रोटेस्टेंट मान्यता (विश्वास) भी इग्लैंड के चर्च या आंग्लिकन चर्च के रूप में जाना जाता है। यह मान्यता अथवा विश्वास इग्लैंड में पादरियों, आर्थोडाक्स और क्लर्जीमेन (पादरी) द्वारा व्याख्यान दिये जाते हैं। यह धर्म भारत में ईस्ट इंडिया कंपनी के अभ्युदय के साथ भारत में आया।

इन दोनों धार्मिक विश्वासों के अनुयायियों द्वारा संपादित की जाने वाली पूजा में ये दोनों भिन्न नहीं हैं। ब्रिटिश राज के दरम्यान, चर्च संगठित हो गये एवं तब वे एक सत्ता के रूप में थे। भारत और श्रीलंका में धर्म व्यवहार हेतु जाते थे। बाद में हर राष्ट्र का अपना चर्च हो गया।

भारत में चर्चों की व्यवस्था दो भागों में विभाजित है— उत्तर भारत के चर्च व दक्षिण भारत के चर्च। उत्तर भारत के चर्चों में कर्नाटक की सीमा के ऊपर तक उत्तर के सभी चर्च शामिल हैं। दक्षिण भारत के चर्चों में कर्नाटक, तमिलनाडु, केरल एवं आंध्र प्रदेश के चर्च शामिल हैं।

क्रिस्टिअनिटी सेन्ट थॉमस द्वारा ईसाई धर्म भारत में लाया गया था। इसका श्रीगणेश मद्रास से हुआ। बाद में इसके पास-पड़ोस में कई चर्चों की स्थापना की। उन्होंने धर्म की शिक्षा देने के लिए देश के कई भागों का दौरा भी किया। वह मलेशिया और चीन भी गये। ईसा के जन्म के बाद पहली शताब्दी में क्रिस्टिअनिटी भारत में विशेषकर तमिलनाडु और केरल में आयी।

ईसाई धर्म के दूसरे प्रचारक सेन्ट फ्रांसिस जेवियर का मृत शरीर गोवा के चर्च में सुरक्षित है, जबकि उनकी मृत्यु 400 वर्ष पहले हो गयी थी। क्रिस्टिअनिटी की शिक्षायें 10 उपदेशों में लिखी हैं जो कि भगवान ने मोजेज को दिये थे। इनमें से दो उपदेश आज बहुत महत्व के हैं। ये हैं—प्रथम ईश्वर की उपासना करो, मेरे बावजूद कोई और ईश्वर नहीं है। दूसरा, अपने पड़ोसियों को अपने जैसा प्यार करो।

क्रिस्टिअनिटी अधिकांश उपदेश पड़ोसियों से प्यार पर बल डालता है। जैसा कि कहानी कहती है—एक आदमी सड़क पर लेटा था, वह कराह रहा था। कई व्यक्ति उसके निकट से गुजरे। इसमें एक यहूदी लेखक भी था। उन सबने उसकी दयामय कराह सुनी लेकिन कोई ध्यान नहीं दिया। अंत में एक सामोरिया, एक छोटी जाति का व्यक्ति उसके निकट आया। वह घायल आदमी को अस्पताल ले गया, जहाँ वह बचा लिया गया। इस प्रकार गुड समार्टिन की विचारधारा क्रिस्टिअनिटी में विशिष्ट है।

ईसाई समुदाय चर्च या गिरिजाघर में ईश्वर की उपासना करते हैं, प्रार्थनाएं ईसाई धर्म समाज के साथ शुरू होती हैं, जिनके पश्चात् धर्मोपदेश पादरी द्वारा दिया जाता है। इसका अनुसरण ब्रेड और वाइन (रोटी और शराब) अर्पण द्वारा किया जाता है। जब जीसस ने अपने भक्तों के साथ अंतिम भोजन किया था, वह जानते थे कि उनके साथ तुरन्त ही विश्वासघात किया जाने वाला है। इसी कारण उन्होंने शराब को पवित्र (धन्य) किया फिर रोटी को। उन्होंने कहा कि "मैं तुममें हूं और तुम मुझमें हो" और इस तरह भक्त संसार के चारों कोनों में क्रिस्टिअनिटी को फैलाने लग गये।

जेरूसलम शहर ईसाई और मुस्लिम दोनों धर्मों के श्रद्धालुओं (श्रद्धाओं) के लिए पवित्र है, जबकि इस्लाम का उद्भव काफी बाद में हुआ था। चट्टानों की हवेली (गुंबद), वेलिंग वालाके पड़ौस में स्थित है। राजा सोलोमन की सबसे ऊंची

पवित्र समाधि भी इसी के पास है। मुस्लिम समुदाय का मानना है कि मो, साहब अपने घोड़े एल-बर्क पर बैठकर चट्टान से उड़ गये। उस चट्टान से देवदूत ने मो. साहब को स्वर्ग के लिए उठा लिया। तब उन्होंने भगवान से बात की एवं इस्लाम का संदेश लेकर वापस लौट गये।

मुसलमान, अब्राहम एवं ईसा को पैगम्बर मानता है। गुम्बद खलीफा अब्द-अल मलिक द्वारा निर्मित था। यह गुम्बद घनी सजी अठमहली इमारत पर स्थित है। चारों प्रवेश स्थल परिधि के बिंदुओं की ओर जाते हैं। दक्षिण प्रदेश भाग मक्का की ओर है।

पर्यटन और मुस्लिम धर्म

इस्लाम धर्म का उदय व विकास अरब में हुआ। हजरत मुहम्मद इसके संस्थापक थे। इस्लाम एक अद्वैतवादी धर्म है और इसका स्वरूप श्रेष्ठ एवं नैतिक है। भगवान एक है जो समय एवं दूरी की सीमाओं से बंधा नहीं है। इस्लाम कहता है कि भगवान् एक मूर्ति प्रतिष्ठा द्वारा उचित तरह से प्रस्तुत नहीं किया जा सकता, जिस तरह कि इस अनंत रूप की किसी चीज से उपमा नहीं की जा सकती। जिसको मानव, जीव देख या सुन नहीं सकता। इस्लाम की अंतर्भूत परम्परा में भगवान ने इस ब्रह्मांड की रचना की है, बाहर के किसी ने नहीं। इसलाम के उपदेशों में यह सम्मिलित है—कि भगवान की इच्छा पर स्वयं को समर्पित कर दो। वह व्यक्ति जो भगवान की इच्छा से स्वयं को अथवा अपनी जिंदगी को समर्पित कर देता है, वही सच्चा मुसलमान है।

इस्लाम धर्म के प्रवर्तक मो. पैगम्बर साहब 570 ई. के लगभग मक्का में जन्मे थे। उनके पिता, उनके जन्म से पहले ही मृत्यु को प्राप्त हो गये थे, और इनकी माता जब ये 6 वर्ष के थे, तब मर गयीं। उनके नाना उनके प्रतिपालक (रक्षक) बन गये। जो मुस्लिम वंश के मुख्यिा थे। अपने दादा की मृत्यु के दो वर्ष बाद पैतृक चाचा द्वारा वंश के नये प्रमुख के रूप में उनका पालन-पोषण किया गया।

हजरत मुहम्मद युवावस्था में अपने समुदाय के आर्थिक जीवन में कार्यवत् थे एवं प्रायः सीरिया के काफिलों के साथ उन्होंने काफिलों के साथ यात्रा की थी। 25 वर्ष की अवस्था में मोहम्मद ने खादीजा एक नाम की विधवा जो उनसे 15 वर्ष बड़ी थी, से विवाह किया। खदीजा को मुस्लिमों द्वारा आदर दिया जाता है उनका एकमात्र जीवित शिशु पुत्री फातिमा थी।

लगभग 40 वर्ष की अवस्था में मुहम्मद साहब को प्रथम दैवीय सूचना मिली। कई वर्षों बाद 613 ई. में उन्होंने एक दैवीय निर्देश लोगों को सदेश देने हेतु प्राप्त किया। इस समय तक उन्हें अल्लाह का मार्गदर्शन अथवा चेतावनी नहीं प्राप्त हुई थी। मो. साहब ने न सिर्फ देवी–देवताओं की पूजा पर आक्रमण किया बल्कि अन्य आराध्यों पर भी ऐसा ही किया।

मुस्लिम समुदाय हिन्दुस्तान को इस्लामिक देशों में एक बड़ा देश बनाता है। सम्प्रति यह विश्व में बहुत सबल तथा अपरिवर्तनीय धर्म हो चुका है। इनमें शुक्रवार पवित्र दिन होता है तथा प्रत्येक मस्लिम का अंतिम उद्देश्य मक्का की यात्रा करना और हाजी बनना है।

मुगल शासनकाल में विभिन्न स्थानों पर दरगाह मस्जिद, मकबरा आदि का निर्माण कराया गया जैसे–हुमायूं द्वारा दरगाह का निर्माण करवाया गया था जिसमें हैदराबाद के निजाम द्वारा जोड़ा गया। अकबर दरगाह की यात्रा किया करता था। एक आंतरिक दरबार में दूसरी मस्जिद शाहजहाँ द्वारा बनवाई गई थी। सफेद संगमरमर से बना, यह 11 मेहराब और एक ईरानी शिलालेख इमारत की पूरी लंबाई में फैला है जिससे पर्यटक प्रार्थना कर सकें एवं धागा बांधकर एक गुप्त इच्छा मांग सकें। जब एक बार इच्छा पूरी होती है तो धागा खोल दिया जाता है। इस तरह पर्यटक दरगाह का दूसरा चक्कर लगाते हैं।

मुस्लिम धर्म के प्रमुख दर्शनीय स्थल

1. मक्का मस्जिद (हैदराबाद)–इस मस्जिद में एक साथ एक लाख लोग नमाज अदा कर सकते हैं। इसका निर्माण 1614 में काली कुतुबशाह के शासनकाल में शुरू हुआ था किन्तु अंतिम रूप से 1687 में पूरी हुआ। मुगल सम्राट औरंगजेब ने इस समय गोलकुंडा को मिला लिया था। खंभे और दरवाजे की मेहराब, अकेली ग्रेनाइट की पट्टियों में जो तकरीबन 10 कि.मी. दूरी तक है। मस्जिद के एक किनारे पर एक घिरा स्थान है जिसमें निजामों की कब्रें हैं।

2. जामा मस्जिद–इसकी बनावट मक्का मस्जिद से मिलती जुलती है। इसके मुख्य प्रवेश स्थान पर 54 मी. ऊंचा बुलंद दरवाजा, विजय का दरवाजा है जो अकबर की गुजरात फतह से संबंधित है। मस्जिद के भीतरी हिस्से में शेख सलीम चिश्ती की मजार अथवा दरगाह है जो संगमरमर की जाली में बने आवरण से घिरी है। इस संत के पौत्र इस्लाम खान की दरगाह भी मस्जिद के पास है। यह दरगाह मुस्लिम समुदाय के लिए आस्था का केन्द्र है।

3. दिल्ली का जामा मस्जिद—भारत में यह सबसे बड़ी मस्जिद है। इसके साथ ही यह शाहजहाँ की वास्तुकला में फिजूलखर्ची का अंतिम नमूना है। इसमें तीन विशाल दरवाजे, चार कोणीय मीनारें एवं दो 40 मी. खड़ी ऊंची मीनारें हैं और यह लालबलुआ पत्थर एवं सफेद संगमरमर की धारियों वाले स्वरूप में यथाक्रमानुसार बने हैं। यह मुसलमानों का शहर में सबसे लोकप्रिय पूजा-स्थल है।

4. दरगाह (अजमेर)—यह दरगाह एक सूफी संत की मजार है। यह अजमेर में स्थित है। यहां बड़ी संख्या में इस्लाम धर्म के लोग एकत्र होते हैं।

5. ताज-उल मस्जिद—यह भोपाल में स्थित है। इसका निर्माण शाहजहाँ द्वारा आरंभ किया गयी परन्तु वास्तव में इसका निर्माण पूर्ण नहीं हो सका। ताज-उल मस्जिद भारत की बड़ी मस्जिदों में से एक है, इस विशाल मस्जिद में एक गुलाबी गुम्बद, दो सफेद गुम्बद एवं साथ में मीनारें भी हैं।

पर्यटन और जैन धर्म

जैन धर्म के संस्थापक वर्धमान महावीर थे। प्राचीन भारत में जन्म लेने वाले प्रमुख धर्मों में यह एक प्रमुख है। जैनत्व में धर्म, वस्तुओं, जीवित एवं निर्जीव की आवश्यकता स्वाभाविक प्रकृति के रूप में परिभाषित की गयी है। इस तरह 'धर्म' वस्तुओं (पदार्थों) में अपने आप पैदा होता है एवं किसी वस्तु के वजूद से उसे अलग नहीं किया जा सकता। एक वस्तु की प्रकृति निर्मित नहीं की जा सकती, यह सिर्फ जानी जा सकती है। सर्वोच्च सहनशीलता इत्यादि आत्मा की पवित्र प्रवृत्ति (स्वभाव) के 10 प्रकार 'धर्म' हैं सिर्फ प्रत्येक जीव के जीवन की रक्षा 'धर्म' है। अहिंसा परम धर्म है।

इस धर्म का दोहरा स्वरूप है। पहला स्वरूप—इसका मतलब पदार्थों की प्रकृति है जो पैदा होती है। दूसरा स्वरूप—रूप में, यह उस मार्ग का मतलब बतलाता है जिसके चयन द्वारा प्रकृति के स्वभाव में अनिवार्य तत्त्वों को महसूस या अर्जित किया जाता है। अथवा सच्चा धर्म वह है जो आत्मा को शारीरिक अस्तित्त्व के दुःखों से मुक्त कराता है; और इनको परम मोक्ष द्वारा नियंत्रित करता है।

उपरोक्त विवरणों के अनुरूप, जैनत्व समय रहित है और असंख्य तीर्थंकरों द्वारा मानवता के लिए बार-बार जगत् संबंधी चक्र को अंतहीन रंगभूमि, जिसका न अंत है न प्रारंभ, का क्रम समझाया गया है। इस तरह जैन कोई दैवीय रूप से प्रकट (भविष्यवाणी द्वारा) धर्म नहीं है न ही दैवीय उत्पत्ति का दावा करता है।

जैन धर्म के मानने वालों का ऐसा विश्वास है कि समस्त विश्व (ब्रह्माण्ड) की

रचना 6 पदार्थों से मिलकर हुई है। अनंत आत्माएं (जीव, अनंत समय, अनंत पदार्थ सामग्री, एक आकाश (गति का माध्यम), एक पूर्व आकाश (आश्रय का माध्यम), एक अंतरिक्ष (सुविधा का माध्यम) और असंख्य समय के अंशों (परिवर्तन के माध्यम), जो कि सृष्टि के शुरू से ही अस्तित्त्व में थे और अनन्त समय तक वैसे ही रहेंगे। हर पदार्थ मात्राहीन एवं अंतहीन गुण संजोये हुए है। इसमें पदार्थ धात्विक रूप में है एवं पदार्थ अधात्विक रूप में है। संजारी आत्मायें कर्म दासत्व के संबंध में, आत्माओं के साथ, अपुर रूप में है जिनकी कोई शुरुआत नहीं है एक बार सही श्रद्धा, सही ज्ञान और सही व्यवहार के संजारी स्वभाव से शुरू हो जाये तो वह आगे के कलंकों (धब्बों) से सदा के लिए मुक्त हो जाता है। दूसरे शब्दों में मोक्ष प्राप्त कर लेता है। प्रत्येक आत्मा अलग-अलग सत्ता के लिये है और एक दूसरे में समाहित नहीं हो सकती। सचेतना आत्मा का विशेष गुण है। यह पदार्थों और अन्य तत्त्वों में विराजमान नहीं रहता है।

प्रत्येक मानव मोह माया में फँसा हुआ है। वह तीर्थंकरों द्वारा बतलाये गये मार्ग का पालन कर स्वयं के लिए खुशी हासिल कर सकता है। अपने और पराये के भेद के कारण इन तत्त्वों में सही ज्ञान प्राप्त श्रद्धा (विश्वास) की प्राप्ति एक व्यक्ति को, सही श्रद्धा, वस्तुओं को उनकी वास्तविक स्थिति में जानना, सच्चे ज्ञान में और सही व्यवहार में ज्ञान के वास्तविक स्वभाव की एकाग्रता की ओर ले जाता है। सच्ची श्रद्धा, ज्ञान, व्यवहार का विकास एक व्यक्ति को सर्वज्ञान, सर्वबोध, अंतहीन सुख एवं अंतहीन शक्ति (अनंत वीर्य) की तरफ ले जाता है। ये प्रमुख सात तत्त्व हैं—दासत्व, विग्रह, आवास, जीव, विषय, प्रवाह और मोक्ष।

जैन धर्म एक प्राचीन धर्म है जिसका जन्म भारत में आर्यों से पूर्व हुआ था। मोहनजोदड़ो व हड़प्पा की खुदाई से मिलने वाले तत्व सिद्ध करते हैं कि जैन धर्म की नींव 5 हजार वर्ष पूर्व रखी गई थी।

जैन धर्म के अनुयायियों को दो भागों में विभाजित किया गया है—साधारण अनुयायी और यती अथवा भिक्षु। साधारण अनुयायियों को कई तरह की छूट प्राप्त हैं जबकि वही भिक्षुओं के लिए वर्जित है।

पर्यटन का बौद्ध धर्म से सम्बन्ध

गौतम बुद्ध बौद्ध धर्म के संस्थापक थे। उनका जन्म नेपाल में कपिलवस्तु के निकट लुम्बिनी गांव में हुआ था। उनके पिता शुद्धोधन माता मायादेवी महाम।या थीं। गौतम बुद्ध के पिता कपिलवस्तु के राजा थे। जन्म के 7 दिन बाद ही उनकी माता

का देहांत हो गया था। भगवान गौतम बुद्ध का पालन-पोषण तब प्रजापति गौतमी जो उनकी सौतेली माता भी थीं, द्वारा किया गया जो माया की भी बहन थीं।

गौतम बुद्ध का घरेलू नाम था, असली नाम सिद्धार्थ था। बचपन से सिद्धार्थ का मन धर्म के प्रति लगाव था। 21 वर्ष की उम्र में सिद्धार्थ ने गृह त्याग दिया और अपने अस्तित्त्व की शुरुआत एक सत्य को खोजने वाले खोजी के रूप में की। बौद्ध साहित्य में इसे 'महामिनिष्क्रमण' कहा जाता है। जीवन के छः वर्षों तक वह साधु (योगी) के रूप में भटकते रहे। उन्होंने दो ब्राह्मण अध्यापकों से निर्देश प्राप्त किया एवं राजगृह और हूरबिल, गया के निकट जैसे स्थानों में सत्य की खोज हेतु उन्होंने दर्शन किये।

उन्होंने कड़ी तपस्या की फिर भी जीवन की पहेली का उत्तर न खोज सके। जब वह बोध गया चले गये तो महाबोधि पेड़ के नीचे, उन्हें 'बोध' अथवा प्रकाश, अर्थात् ज्ञान प्राप्त हो गया। उन्होंने महसूस किया कि वास्तविक शांति हर व्यक्ति के खुद के दिल में ही होती है एक व्यक्ति को वहाँ शांति की खोज करनी चाहिये। यह महान् खोज ज्ञान के नाम से जानी गयी। तब आगे चलकर गौतम 'बुद्ध' एक ज्ञानी हो गये।

गया से गौतम बुद्ध सारनाथ गये जहाँ उन्होंने अपना पहला धार्मिक उपदेश दिया। यहाँ उनके साथ पांच शिष्य आ मिले। बौद्ध इतिहास में यह घटना 'धर्म चक्र प्रवर्तन' के नाम से जानी जाती है।

अगले 45 वर्षों तक वे जगह-जगह जो अब वर्तमान बिहार में हैं, घूमते रहे और समीपवर्ती क्षेत्रों में किसानों और राजकुमारों को उन्होंने अपने संदेश दिये। उनकी मृत्यु 488 ई.पू. में 80 वर्ष की अवस्था में कुशीनगर में, जो वर्तमान उत्तर प्रदेश में गोरखपुर के पास हुई थी। लोक कथायें प्रसिद्ध हैं कि सिद्धार्थ ने अपना प्रारम्भिक जीवन सुंदर बगीचों में जहाँ सभी कुछ सुंदर तथा सुखदायक था, बिताये थे। उनके पिता को पूर्व चेतावनी मिल चुकी थी कि अगर उन्होंने कभी दुःख अथवा दर्द को देख लिया तो वे संसार का सब कुछ छोड़ देंगे। इसलिए सिद्धार्थ को सभी दुःखदायी दृश्यों से बचाने का प्रयत्न किया गया था। लेकिन अंततः अपने रथ से जाते समय उन्होंने एक कमजोर बूढ़े व्यक्ति को, एक भयंकर रोग से ग्रसित व्यक्ति को और एक मृत व्यक्ति को देखा। जब सिद्धार्थ ने उन लोगों के विषय में पूछा तो उनसे बताया गया कि 'यह सभी मनुष्यों का होता है'। सिद्धार्थ समझ गये कि जीवन किस प्रकार से दुःखों का मेला है।

बुद्ध की शिक्षायें—बौद्ध धर्म को वैदिक धर्म का विपक्षी कहा गया है। क्योंकि

वैदिक धर्म ने कितने ही धार्मिक कर्मों को स्थान दिया जबकि बौद्धधर्म केवल जीवन शिक्षा पर आधारित था।

बौद्ध धर्म सामाजिक विकास की शिक्षा देता है। इसने 6-7 वीं सदी में अपना स्थान ले लिया था। इसने उस समय स्थान लिया जब व्यवसायवाद और व्यापार विस्तृत रूप से विकसित हो चुके थे। अधिकांशतः उत्तरी भारत में नगरीकरण तथा सांस्कृतिक गड़बड़ियों के कारण बौद्ध धर्म की उन्नति हुई।

बुद्ध की शिक्षाओं में, अहिंसा को प्राथमिकता दी गई। इस अहिंसा से बुद्ध को महसूस कराया कि यह सभी शत्रुताओं तथा नकारात्मक भावनाओं को वश में करने में सहायता करेगी।

बुद्ध की शिक्षायें 48 वर्षों से चतुर्दिक फैल रही थीं एवं उन्होंने मध्य प्रदेश अथवा केन्द्रीय भारत में अपनी शिक्षाओं के प्रचार हेतु यात्रा भी की थी। विद्वानों के द्वारा बौद्ध की शिक्षाओं को चार सिद्धांतों में वर्गीकृत किया गया है जो निम्न प्रकार हैं—

1. बुद्ध ने कहा था कि दुःख प्रत्येक जीव में विद्यमान है।
2. दुःख असंख्य पीड़ाओं का कारण है, जो जीवन का अंग हो गया है।
3. इस दुःख का अन्त होना चाहिए।
4. किन्तु इस अवरोधक का मार्ग साधारण नहीं है। इसको आठ अवस्थाओं 'अष्टांग मार्ग' से गुजरना था। यह अष्टांग मार्ग मोक्ष का मार्ग था।

भगवान बुद्ध के अनुसार पूर्ण जीवन वह था जो मोक्ष प्राप्त करने के लक्ष्य पर एकाग्रचित्तता रहे। इसका तात्पर्य है इच्छाओं को त्यागने वाला। यह एक पहला कदम था जिससे निर्वाण का लक्ष्य जीवन में प्राप्त किया जा सकता था, लेकिन मृत्यु के पश्चात् उद्देश्य था परिनिर्वाण।

बुद्ध की शिक्षाओं ने Non-soul Theory पर भी बल दिया था। अनित्यवाद अति महत्वपूर्ण था। इसमें इस बात पर बल दिया गया था कि आधुनिक जीवन कितना महत्वपूर्ण है और वैदिक ग्रंथों से अलग जो कि मृत्यु के बाद पुनर्जीवन पर बल देते हैं, इस सिद्धान्त ने वर्तमान जीवन को उत्तरदायी बनाया।

इसका वर्णन करते हुए बुद्ध ने उपदेश दिया कि कोई आत्मा नहीं है। एक व्यक्तिगत मानव जीवन पांच स्कंदों के चारों ओर घूमता है।

बुद्ध की शिक्षाएं उनके शिष्यों द्वारा ग्रहण कर ली गयी थीं तथा उनकी मृत्यु के बाद राजा कनिष्क के शासन काल, में यह कहा जाता था कि एक बुद्ध सभा का आयोजन उनकी शिक्षाओं के विस्तार के लिए किया गया था। तत्पश्चात् यह दो मंचों

पर किया गया। प्रथम, वर्तमान पाकिस्तान के पेशावर में तथा दूसरा कश्मीर के कुदलग्राम में। कई टीकाओं की रचना लंबे विचार-विमर्श बाद की गयी। एक प्रसिद्ध विद्वान नागार्जुन (150-200ई.) ने आगे चलकर बुद्ध की शिक्षाओं की गणना की।

नार्गाजुन ने 'शून्यवाद' अर्थात् पदार्थता अभाव के नियम पर बल दिया। द्वितीय, उन्होंने भी बुद्ध के इस नियम पर बल दिया चीज का एक कारण होता है और अंत में उसका एक प्रभाव भी। बुद्ध की शिक्षाओं में पौराणिक कथाएं और कहानियां भी जोड़ी गयी हैं। उनके अधिकांश अनुयायी संसार से ऊपर की अथवा सांसारिक वस्तुओं में सबसे ऊपर की वस्तु मांगते हैं।

बहुत से object (इन्द्रिय विषय, द्रव्य, वस्तु) या शव, भगवान बुद्ध के आज भी सुरक्षित रखे गये हैं। ये शव देश के अनेक भागों में बने स्तूपों में रखे गये हैं। जो आज भी सुरक्षित हैं।

बौध धर्म का प्रमुख त्योहार बुद्ध जयन्ती है। यह हिन्दी वर्ष के वैशाख मास की पूर्णिमा को मनाया जाता है।

बौद्ध धर्म एवं गांधार कला का उत्कर्ष आधार बौद्धधर्म

बौद्ध धर्म के महान् देन में से एक कला की गांधार शैली। इस शैली में बुद्ध और अन्य बौधिसत्वों की प्रतिमा बनाई गई थी। इस कला के दो विद्यालय (1) अमरावती, आंध्र में तथा (2) गांधार भारत के उत्तरी-पश्चिमी हिस्से में विकसित हुये।

गांधार प्रदेश, पंजाब से अफगानिस्तान की सीमा तक फैला, 5वीं सदी से महायान शाखा का मुख्य केन्द्र है। यह भारत के नये स्कूल के कारण प्रसिद्ध हुआ जो गांधार स्कूल नाम से जाना गया जो उसका समय में विकसित हुआ था। गांधार युद्धों के स्थान के रूप में स्थित था; इसलिए इसने सभी तरह के विदेशी प्रभावों को जैसे पर्सिया, ग्रीक, रोमन तथा कुशाण को धारण कर लिया। कनिष्क के शासनकाल में इस कला ने महान् संरक्षण प्राप्त कर लिया था। बौद्ध स्मारक, स्तूप तथा बुद्ध प्रतिमाएं और बोधिसत्वों का निर्माण वृहत् पैमाने पर किया गया था।

गांधार कला स्कूल का दूसरा नाम ग्रेसो बुद्धिस्ट स्कूल (Greco-Buddhist School) है, जिससे कि कला तकनीक-बौद्धिक विषयों पर लागू की गयी। गांधार कला स्कूल का प्रमुख योगदान बुद्ध की प्रतिमाओं का विकास था। बुद्ध की सुंदर मूर्तियाँ और बोधिसत्वों का काले पत्थरों से संपादन (निर्माण) किया गया था। किन्तु बौद्ध मंदिरों के भगवान Graeco-Roman मंदिरों के देवताओं की समरूप विशेषताओं

वाले नमूनों पर निर्मित थे। उनकी वेशभूषा भी रोमन वस्त्रों (चोगा) की आकृति में डिजाईन की गयी थी।

भारतीय परम्परा के साधु, यक्ष, गरूड़, नाग और स्पध ही वज्रपाणि की अटलांटाज जीयस तथा एरोज के नमूनों पर निर्मित थे। इसलिए यह कहा जाता है कि "गांधार कलाकारों के हाथ ग्रीक के थे और दिल एक भारतीय का था।"

कुषाण वंश के दो सदियों बाद तक गांधार कला को प्रसिद्धि प्राप्त होती रही। चौथी सदी में चीनी यात्री फाहियान के द्वारा गांधार प्रदेश में कई स्मारकों की खोज की गई। 'मिहिरकुल' के न्दकमत में निर्दयी 'हंस' एक हठधर्मी ने 1600 के आस-पास स्तूपों को नष्ट कर दिया। इससे गांधार कला को काफी गहरा आघात पहुँचा। एशियाटिक इसी काल में इस कला का समापन भी हो गया।

कुषाण शासन और बौद्ध धर्म—कुषाण का राजा कनिष्क बौद्ध धर्म का समर्थक था। तक्षशिला उसकी राजधानी थी जो बौद्ध संस्कृति का लंबे समय से केंद्र रही थी। बौद्ध धर्म का प्रचार चीन, मंगोलिया एवं पश्चिमी एशिया में किया। इस प्रकार ग्रीक औसोटिक संस्कृति अब भारतीय संस्कृति से मिल गयी। इसके दौरान बौद्ध मठों में बड़े तर्क-वितर्क और शास्त्रार्थ होते थे। और संघ की सभाओं में नयी योजनाओं अर्थात् आदर्श रूप में पुरानी योजनाएं उत्तरी-दक्षिणी क्षेत्रों से आती रहती थीं। और बौद्ध विचारधारा की सादगी धीरे-धीरे प्रभावित हो रही थी। इस प्रक्रिया के फलस्वरूप बौद्ध धर्म दो भागों महायान (महान साधन) और हीनयान (छोटे साधन) में विभाजित हो गया।

बौद्ध धर्म जाति, पुरोहित, छल और धार्मिक कर्मकाण्डों के खिलाफ एक चुनौती थी। गौतम बुद्ध ने मूर्ति-पूजा को मान्यता नहीं दी थी न ही उन्होंने स्वयं को पूजा हेतु ईश्वर होने का दावा किया। वह ज्ञानी थे, बौद्ध थे अतः उन दिनों की वास्तुकला सभी मूर्तियों को पाटना चाहते थे और सदैव बौद्ध श्रीयांसों में हिंदू विचार और प्रतीकों को आत्मसात् करने का प्रयास कर रहे थे। शुरुआत में वे बुद्ध नहीं बल्कि बोधिसत्व थे जो बौद्ध परम्पराओं में बुद्ध के अवतार कहे गये हैं। यह प्रक्रिया लगातार जारी रही जब तक कि बुद्ध स्वयं प्रतिमाओं में चित्रित और पूजित होने नहीं लगे।

कुषाणों ने महायान मार्ग को स्वीकार किया और इसके विस्तार में सहयोग दिया। लोगों की कथा उनके हृदयों का सच्चा आईना है एवं जैसे बौद्ध विचारधारा की सादगी ने विस्तृत चिह्नों को स्थान दिया उसी तरह भारतीय कला भी अधिकाधिक विस्तृत और सुशोभित होती गयी। विशेष रूप से उ.पू. की महायान मूर्तिकला, गांधार में विस्तृत थी। यद्यपि हीनयान वास्तुकला स्वयं को बदलाव से अछूती न रख सकी

और आहिस्ता-आहिस्ता अपनी प्राचीन सादगी और शैली के स्थायित्व को खोने लगी और गहन नक्काशी वाले प्रतीकों को उसने स्वीकार कर लिया। कुछ स्मारक जिनमें अजंता आज तक विद्यमान है।

बुद्ध से सम्बद्ध स्थान

भगवान बुद्ध से संबंधित चार पवित्र स्थान हैं–(1) **लुंबिनी**--यह भगवान बुद्ध का जन्म स्थान है (2) **सारनाथ**--यहाँ उन्होंने अपना पहला उपदेश दिया। (3) **कुशीनगर** जहाँ उनका निधन हुआ और (4) **बोधगया**–यहाँ उन्हें ज्ञान प्राप्त हुआ। ये चारों पवित्र स्थल एक बौद्ध यात्रा में शामिल होनी चाहिएं। एक यात्रा भोपाल के समीप, सांची की उत्तरी मध्य प्रदेश में विदिशा की और महाराष्ट्र में प्रसिद्ध गुफा चित्रकला अजंता एलोरा, एलीफेंटा की भी यात्रा करता है। ये स्थान बौद्ध कला, चित्रकला और मूर्तिकला के मूक प्रमाण हैं।

1. **लुंबिनी**–यह नेपाल में स्थित यहां इन चारों प्रमुख स्थलों का संक्षिप्त विवरण प्रस्तुत किया जा रहा है। यहाँ लखनऊ गोरखपुर और वाराणसी से हवाई जहाज द्वारा यहां पहुंचने का मार्ग है। गोंडा, गोरखपुर लूप लाईन पर चोगड़ स्टेशन सबसे करीब रेलवे केन्द्र है। सम्राट अशोक ने इस पवित्र स्थल की याद में एक स्तंभ का यहाँ निर्माण करवाया था। सात वर्ष बाद जब चीनी यात्री फाहियान भारत की यात्रा पर आया तो उसने अपने वृत्तांत में इसका उल्लेख किया लेकिन वह इसकी स्थिति निर्धारित करने में असमर्थ रहा था।

2. **सारनाथ**–यह भारत के उत्तर प्रदेश राज्य में पवित्र नगरी वाराणसी से 10 कि.मी. की दूरी पर हैं। यह बौद्ध धर्म का प्रमुख केन्द्र है। बुद्ध ने अपना पहला उपदेश यहीं पर दिया था। इसका प्रमुख महत्व है। तत्पश्चात् महान् मौर्य सम्राट अशोक के द्वारा एक स्तूप बनवाया गया। उस समय यह शहर पूर्ण प्रसिद्धि पर था। पश्चात्वर्ती आक्रमणकारियों ने इस स्थान को नष्ट कर दिया और ब्रिटिश शासन काल में पुरातत्त्ववेत्ताओं ने इस स्थान की खुदाई की और तब सारनाथ अपने पुराने वैभव को पुनः पा सका। यहाँ के स्मारकों में धामेख स्तूप स्मरणीय है। यह माना जाता है कि यह 500 ई. के समय का है। यह स्तूप संभवतः कई बार पुनर्निर्मित किया गया। स्तूप पर गुप्त समय का गणितीय और पुष्पीय प्रारूप बहुत जटिल है।

धर्मराजिका स्तूप 19वीं सदी के पुरातत्त्वविदों द्वारा विस्तृत तौर से खोजा गया था। स्तूप के समीप एक पवित्र स्थान है; जिसके विषय में मान्यता है कि अशोक ने ध्यान किया था। मुख्य पवित्र स्थान के ठीक सामने स्तंभ, नये भारत का राजकीय

चिह्न है। एक समय यह 20 मी. ऊंचा था, परन्तु आज यह छोटे रूप में है जो सारनाथ संग्रहालय में रखा है। खंभे के रोप भाग पर सम्राट अशोक द्वारा निकाला गया आदेश खुदा है। खंभे के सबसे ऊपर अशोक चिह्न है जहाँ चार शेर पीठ-से पीठ मिलाये, बैठे हुए हैं। खंभे के निचले भाग में एक शेर, हाथी, घोड़ा और बैल निर्मित है। शेर बहादुरी का प्रतीक है, हाथी बुद्ध की मां द्वारा बुद्ध के जन्म से पूर्व देखे गये स्वप्न का प्रतीक एवं घोड़ा बुद्ध के घोड़े प्र बैठकर ज्ञान खोजने हेतु घर त्यागने की बात स्मरण कराता है।

सारनाथ के पुरातत्त्व संग्रहालय में बौद्ध धर्म से जुड़े कई अवशेष रखे गये हैं। इनमें मौर्य, कुषाण और गुप्त कालों की कई आकृतियां और मूर्तिकलाएं सम्मिलित हैं। इनमें कई आकृतियां 5वीं से 6ठी सदी पुरानी हैं तथा 10वीं सदी पुरातन हिंदू देवताओं की कई प्रतिमायें हैं जैसे--सरस्वती, गणेश और भगवान विष्णु की हैं।

पर्यटन हेतु दूसरा स्थान महाबोधि समाज मंदिर है जो भुलगंध-कुटी विहार के नाम से जाना जाता है। इसमें जापानी कलाकारों द्वारा बनाये गये चित्रों की शृंखला है। ऐसा कहा जाता है कि 'बोध वृक्ष' श्रीलंका के अनुराधापुरम में पाये जाने वाले वृक्ष का Transplantation है जो बदलकर, वास्तविक वृक्ष की संतान कहा जाता है; जिसके नीचे बुद्ध ने ज्ञान प्राप्त किया। स्मारक अथवा विहार के ईंटावशेष देखे जा सकते हैं और आम के पेड़ों के मध्य एक किनारे पर हिरण पार्क देखा जा सकता है।

3. **बोधगया**--बोधगया पवित्र पेड़ के अलावा, बौद्ध वास्तुकला का उत्कृष्ट उदाहरण महाबोधि मंदिर है जो यहाँ स्थित है। यह जातक कथाओं की मूर्तिकारी से घिरा हुआ है, इसे पत्थरों में जीवित रखा गया है जो उनके जीवन और पूर्व अवतारों से जुड़े हैं। उनके थाइलैंड, जापान, बर्मा, चीन, तिब्बत और श्रीलंका के भक्तों द्वारा बनाये गये स्मारक भी हैं। यहाँ का समीपवर्ती हवाई अड्डा 152 कि.मी. दूर पटना इस हवाई अड्डे से कोलकता, दिल्ली, लखनऊ, रांची और काठमांडू हेतु नियमित उड़ानें भरी जाती हैं। समीपस्थ रेलवे स्टेशन, ग्यारह कि.मी. की दूरी पर है।

4. **कुशीनगर**--कुशीनगर में गौतम बुद्ध ने अपने जीवन के अंतिम दिन व्यतीत किये थे। बुद्ध की अंतिम यात्रा उन्हें इसी कुशीनगर ले गयी जहाँ 80 वर्ष की आयु में बुद्ध महापरिनिर्वाण हुए। महापरिनिर्वाण मंदिर में महात्मा बुद्ध की भिक्षु हरिबाला द्वारा मथुरा से लायी गयी झुकी हुई मूर्ति स्थापित है। ईंटों के खंडहर जो बुद्ध के दाहक्रिया के पवित्र स्थान पर खड़ा था। इस पर इंडो-जापान श्रीलंका बौद्ध केन्द्र स्थित है। समीपवर्ती हवाई अड्डा गोरखपुर लगभग 55 कि.मी. दूर है।

बौद्ध धर्म से सम्बन्धित अन्य तीर्थस्थल

1. राजगृह, राजगीर—राजगृह का महत्व यह है कि वैशाली के एक साधु रुद्रक जिसके असंख्य अनुयायी थे, मिलने के लिए राजगृह गये लेकिन पुनः उनके दिमाग में उठे प्रश्न का जवाब नहीं मिला। काफी बाद में वह बुद्ध के रूप में यहाँ लौटे। यहाँ गिद्ध कुट, गिद्धों की पहाड़ी पर, उन्होंने ध्यान किया तथा उपदेश दिया था। राजगीर में सप्तवर्णी पहाड़ी की एक गुफा में पहला बौद्ध सम्मेलन हुआ था।

(क) यहाँ राजा बिम्बसार द्वारा बुद्ध के समर्थन में बनाये वेणु वन विहार स्मारक को करंद ताल, जहाँ बुद्ध नहाते थे तथा जापानी बौद्ध मंदिर निपोजांन म्योहोजी देखा जा सकता है। गृधकुट पहाड़ी के आधी राह में प्राचीन स्तूप के खंडहर हैं। चोटी पर स्थित है जापानी शांति पेगोड़ा जहाँ झूलों द्वारा जाया जा सकता है। गर्म सल्फर के झरने यहाँ के दूसरे अन्य आकर्षण हैं।

2. सांची—यह स्थल भोपाल से 68 कि.मी उत्तर में स्थित है। यह एक पहाड़ी स्थल है। यह प्राचीन एवं रोचक बौद्ध संरचना से ढकी है। यद्यपि इस भूमि का बुद्ध की जिंदगी से स्वयं में कोई सम्बन्ध नहीं है। यह महान शासक अशोक थे; जिन्होंने 3 ई. पूर्व में यह प्रथम स्तूप का निर्माण करवाया एवं कई अनेक स्तूप और अन्य धार्मिक संरचनाओं को इसमें शामिल किया गया है।

महान् स्तूप—इस स्तूप को अशोक द्वारा दूसरी सदी ई. पूर्व में पहाड़ी पर निर्मित किया गया था। यह बाद में बढ़ाया गया तथा वास्तविक, ईंटों का स्तूप पत्थरों से बने स्तूप में बंद कर दिया गया है। अपने वर्तमान रूप में यह 16 मीटर ऊंचा तथा व्यास में 37 मीटर के घेरे में फैला है। स्तूप के चारों ओर एक रेलिंग बनी है। एवं तोरण सांची कला के उत्कृष्ट नक्काशीकृत द्वारों अर्थात् तोरणों द्वारा प्रवेश है। ये तोरण सांची कला एवं भारत में बौद्ध कला के भी उत्कृष्ट नमूने हैं।

अन्य स्तूप—पहाड़ी पर महान स्तूप के अतिरिक्त कई दूसरे स्तूप भी हैं उनमें से कुछ मन्नत मांगनेवालों को छोड़ 1 मी. से भी कम ऊंचे हैं। ये तीसरी सदी ई. के दिनांकित हैं। इनमें से आठ का निर्माण अशोक द्वारा कराया गया था जिनमें से तीन ही अब शेष हैं। इसमें महान स्तूप भी सम्मिलित हैं।

3. विदिशा—बेतवा तथा बेस नदी के मिलन बिंदु विदिशा, सांची से 10 कि. मी दूर भारत के 10 प्राचीन शहरों में प्रमुख स्थान रखती है। यह शहर पन्द्रहवीं ई.पूर्व प्रमुख व्यापारिक केन्द्र एवं उन्नत शहर के रूप में, विकसित था। सम्राट अशोक विदिशा का राज्यपाल था जिसका उल्लेख कालिदास के अमर महाकाव्य मेघदूत में भी हैं।

हेलोडोरस स्तंभ—यह हेलोडोरस स्तंभ, खंभा के नाम से भी जाना जाता है। इस प्रकार के स्तंभ में एक स्वतंत्र खड़ा स्तंभ एक शिलालेख लिए है जो कहता है कि यह वास्तुकलात्मक रूप से गरुड़ है। स्तंभ, जिसके ऊपरी हिस्से पर घंटी है, खास विशेष आकार हेतु, अशोक स्तंभ के समान है लेकिन यह ज्यादा दुर्बल परिमाण लिये आकार में बहुत छोटा है।

स्तंभ का नीचे का भाग अष्टभुजात्मक है। ऊपर का 16 किनारों वाला हिस्सा, उस जमीन के शीर्ष पर एक चौकोर आकृति लिये हुए है। कारकोम्भ गुफा में बौद्ध विचार जैसे, किनारों पर हंसों के जोड़े, साथ में सजे हुये फल जैसे और दानों से अलंकृत हैं।

4. वैशाली—इसका महत्व यह है कि गौतम एक शिक्षक के पास योग, जीवन के कष्टों से मुक्ति हेतु, सीखने गये थे। परन्तु यहाँ हिरण्यवती के किनारे गौतम ने अनुभव किया कि इस शिक्षक का मार्ग शांति का मार्ग नहीं था।

बुद्ध के महापरिनिर्वाण प्राप्ति के करीब 100 वर्षों पश्चात् दूसरी महान बौद्ध सभा के दौरान एक स्तूप बनवाया, ज्ञानी व्यक्ति की अंत्येष्टि की राख के आठवें हिस्से को दफनाने के लिए किया गया। चीनी यात्री फाहियान और ह्वेनसांग दोनों ने क्रमशः 5वीं और 7वीं सदी में वैशाली का भ्रमण किया था। वैशाली संग्रहालय में पुराने सिक्कों एवं खुदाई के चित्रों का प्रदर्शन है।

5. संकिया—ऐसी मान्यता है कि बुद्ध 33 देवताओं के साथ स्वर्ग से तीन धातुओं, सोना, चांदी और चट्टानी पदार्थों से बनी सीढ़ी त्रेयात्रमा पर उतरे थे। बौद्ध कथाएं कहती हैं कि बुद्ध मां को उपदेश देने के उपरांत ब्रह्मा एवं इंद्र के साथ स्वर्ग से उतरे थे। एक छोटा-सा गांव का टीला तथा एक छोटा बुद्ध मंदिर और एक हाथी के मस्तक का बाह्य अशोक स्तंभ पर यहाँ देखा जा सकता है। इसके समीपवर्ती हवाई अड्डा आगरा, रेल से (113 कि.मी. दूर) पाखन से जुड़ा है।

6. कौशांबी—इसका महत्व यह है कि ज्ञान प्राप्ति के 6ठे और 9वें वर्षों में बुद्ध ने कई व्याख्यान दिये। इस तरह कौशांबी को एक उन्नत बौद्ध केन्द्र का रूप दिया। आज आप यहाँ अशोक स्तंभ के अवशेष घोसित्रत स्मारक देख सकते है।

7. नालंदा—बुद्ध ने ज्यादातर समय नालंदा देखा था, जो बाद में बौद्ध शिक्षा का महत्वपूर्ण केन्द्र हुआ। महान् बौद्ध विश्वविद्यालय बुद्ध के महापरिनिर्वाण में जाने के काफी बाद अस्तित्त्व में आया। नालंदा का खंडहर भारतीय इतिहास के तीन विख्यात कालों मौर्य, गुप्त, और पाल वंश के समय की वास्तुकला शैली को प्रदर्शित करते हैं। यहाँ मंदिरों और स्तूपों, के साथ ही विश्वविद्यालय परिसर के अवशेष हैं

और नालंदा संग्रहालय कई क्षतिग्रस्त बुद्ध मूर्तियों, बौद्ध कांस्य और सिक्कों के संग्रह का स्थान लिये हुए है।

9. सिक्किम में पेम्यांग्ट्य—यहां रुमटेक स्मारकों में बुद्ध मूर्तियों और विचारों का बहुमूल्य संग्रह है। दार्जिलिंग, कलिम्पोंग, में कई प्रमुख बुद्ध स्मारक तथा कुर्सियोंग में बहूमूल्य सोने-चांदी के सिक्कों का संग्रहालय स्थित है। लद्दाख में स्मारकों को गोम्पस कहा जाता है। इनमें से प्रधान हेमिम थिकसे और लामा-भूटू हैं।

10. श्रावस्ती—यह नगर बलरामपुर से 21 कि.मी दूर है ऐसा कहा जाता है। कि बुद्ध ने यहाँ स्वयं के कई स्पष्ट तथा प्रत्यक्ष विचारों से अपने आलोचकों को व्याकुल कर दिया था। ज्ञान प्राप्ति के तीसरे वर्षा के मौसम में बुद्ध ने श्रावस्ती देखा एवं सुंदर आनंदकर बगीचे जीत वन में ठहरे जहाँ उन्होंने 24 सम बिताये।

धार्मिक पर्यटन के विकास के सरकारी प्रयास

भारत में केवल विदेशी पर्यटन के महत्व को समझा जाता था। धार्मिक तथा घरेलू पर्यटन पर किसी का ध्यान नहीं था। भारतीय ट्रेविल एजेन्सियां, टूर आपरेटर, राज्यों तथा भारत सरकार के पर्यटन विभाग विदेशी पर्यटन को आकर्षण का केन्द्र बना रहे हैं। भारतीय पर्यटन में 90 प्रतिशत भागीदारी घरेलू पर्यटकों की देखकर पर्यटन क्षेत्र से जुड़ी संस्थाओं ने ऐसा अनुभव किया कि उनको घरेलू पर्यटन पर विशेष ध्यान देना चाहिए कि 70% घरेलू पर्यटक धार्मिक यात्रा करना चाहते हैं। घरेलू पर्यटन पर ध्यान न देने के कारण इसमें सबसे अधिक भाग मध्यम वर्गीय एवं निम्नवर्गीय लोगों का लेना है। यह धार्मिक स्थानों पर भ्रमण करते हैं। यहां लोग केवल अपनी भक्ति एवं श्रृद्धा के कारण आते हैं तथा दर्शन करके या प्रथापूर्ण करके वापस आ जाते हैं जिस कारण पर्यटन स्थल पर सेवाओं का अभाव रहता है, जिनकी पर्यटन के विकास में बहुत जरूरी भारतीय पर्यटन संस्थान इन सब कारणों से भी ऐसे धार्मिक पर्यटन स्थलों के विकास पर ज्यादा ध्यान नहीं देते। इनसे उन्हें लाभ भी कम प्राप्त होता है। विदेशी मुद्रा का अर्जन न होने के सरकार भी कारण इनके विकास पर ध्यान नहीं देती है।

ऐसा प्रमाण मिला है कि पहले धनी तथा समर्थ लोग धार्मिक भावनाओं एवं श्रद्धावश ऐसे स्थानों पर धर्मशालाओं का निर्माण कराते थे, एवं ज्यादातर लंगर का भी आयोजन करते थे। इन धर्मशालाओं के साथ तालाब, कुएं, रास्ते आराम घर आदि की सुविधा भी उपलब्ध कराई जाती थी। लेकिन आज समय के साथ लोगों के विचार

परिवर्तित हुए हैं। आज का पर्यटक धर्मशालाओं से अधिक होटलों को पसन्द करता है, क्योंकि वह सुविधाओं का आदि हो चुका है। अच्छे भोजनालयों में भोजन की अपेक्षा रखता है। ऐसे स्थलों पर परिवहन की स्थानीय सुविधा के साथ उसके निवास स्थान से जोड़ने वाले मार्ग पर उत्तम तथा तीव्र परिवहन सुविधा की अपेक्षा रखता है। सम्प्रति धर्मशालाओं का निर्माण तो छोड़ उनका रखरखाव भी कठिन हो गया है। यद्यपि कई धार्मिक पर्यटन स्थल इसके अपवाद हैं। कुछ निजी संस्थाएं आज भी इस दिशा में कार्यरत जैसे—काली कमली ट्रस्ट।

1970-80 के दशक में भारत सरकार के पर्यटन विभाग, ने यात्री निवास और यात्रिका का निर्माण तीर्थ स्थानों पर करने के लिए धनराशि स्वीकृत की। यात्री निवास का निर्माण तीर्थ यात्रियों के लिए उपयोगी साबित हुआ। इन निवासों के प्रबन्ध तथा रखरखाव में सुधार की बहुत जरूरत है। 1991 में पर्यटन के लिए राष्ट्रीय क्रियान्वन प्लान में धार्मिक पर्यटन के महत्व को स्वीकार किया गया, तथा इन पर्यटन स्थलों पर आधारभूत सुविधाओं में सुधार करने के लिए योजना बनाई गई एवं बजट में इनके लिए धनराशि की व्यवस्था की गई। ऐसे स्थानों पर पर्याप्त आवासीय सुविधा, पोषणयुक्त भोजन, अच्छी सड़कें, पीने के पानी की सुविधा, विद्युत आपूर्ति, सार्वजनिक सुविधाओं की उपलब्धता पर ध्यान दिया गया।

भारत की धार्मिक तथा सांस्कृतिक विभिन्नता का फायदा धार्मिक पर्यटन के विकास में उठाया जा सकता है। यह रोजगार के मौकों में वृद्धि तथा अप्रत्यक्ष रूप से विदेशी मुद्रा की आय में बढ़ोतरी कर सकता है। सांस्कृतिक एवं धार्मिक समारोहों का सुन्दर ढंग से आयोजन विदेशी पर्यटकों के आकर्षण का केन्द्र बन सकता है। महाराष्ट्र का गणेश उत्सव, पश्चिम बंगाल की दुर्गा पूजा, केरल का पोंगल, गुजरात का नवरात्र उत्सव, तमिलनाडु का ओणम, गुजरात का नवरात्र उत्सव, पंजाब का वैसाखी पर्यटकों को बहुत अधिक आकर्षित कर सकते हैं।

धार्मिक पर्यटन को महत्व दिये जाने के कारण अनेक स्थानों की अर्थव्यवस्था में व्यापक परिवर्तन हुए हैं। उदाहरण के लिए वैष्णो देवी यात्रा ने उस स्थान की अर्थव्यवस्था को पूर्ण रूप से बदल दिया है। 1986 में वैष्णो देवी ट्रस्ट की स्थापना के कारण वैष्णो देवी मार्ग पर तीर्थ यात्रियों के लिए अनेक सुविधाएं उपलब्ध करायी हैं इससे भगवती के भक्तों की संख्या में भारी वृद्धि हो गई है। इसी तरह की स्थिति हरिद्वार, ऋषिकेश, मथुरा, वृन्दावन, अजमेर के आसपास दिखाई पड़ती है। इन तीर्थ नगरों के चारों ओर फैले ग्रामों में उन कृषि उत्पादों का उत्पादन किया जाता है, जो तीर्थ यात्रियों की जरूरतों को पूरा कर सकें। इससे ग्रामीण अर्थव्यवस्था को भी आधार

मिला है। इन स्थानों पर दूरस्थ क्षेत्रों से मारवाड़ी लोग आकर बस गए है, और उन्होंने मारवाड़ी भोजन की उपलब्धता कराकर हिन्दू धर्मावलम्बियों को आकर्षित करने में योगदान किया है।

धार्मिक तीर्थस्थल तथा पर्यटन

प्राचीन काल से ही शांति की खोज में भारतीय तीर्थयात्रा करते रहे हैं। व्यापारी वर्ग भी व्यापार के लिए एक स्थान से दूसरे स्थान पर घूमते रहे हैं। हिन्दू लोग देशों के चारों कोनों में स्थित धर्म स्थल की यात्रा किया करते थे। उत्तर में बद्रीनाथ पहाड़ों पर, पूर्व में पुरी समुद्र के किनारे, पश्चिम में द्वारिका समुद्र के किनारे एवं दक्षिण में रामेश्वरम् समुद्रतट तीर्थयात्रा मुख्य रूप से नदियों के किनारे और संगम के साथ-साथ फैली हुई थी। पवित्र नदियां गंगा व यमुना पुरी जाती हैं, और आर्यों द्वारा बड़ी संख्यों में श्लोक गंगा की प्रशंसा में लिखे गये हैं। पहले, तीर्थ मन एवं विचारों की पवित्रता से जुड़ा था। आज के युग में गंगा स्नान भी पापमुक्ति के लिये किया जाता है। पुराने लोगों की धारणा थी कि यात्रा में जितना संघर्ष करना पड़ेगा यात्रा उतनी ही सफल होगी। इसी कारण उस समय आधुनिक सुविधा का अभाव था।

तीर्थ पर्यटन पर्यटन उद्योग का विशेष अंग है आज इसमें विकास हेतु तीर्थ स्थलों पर भी आधुनिक सुविधाओं का विकास हुआ है। इसमें राज्य सरकार एवं पर्यटन विभाग का विशेष योगदान है। इसके लिए हम वैष्णोदेवी का उदाहरण दे सकते हैं। प्राचीन समय में यहां की यात्रा बहुत ही कठिन थी। यद्यपि हाल में, सड़कें नये सिरे से बन गई हैं तथा यातायात के साधन अब आसानी से उपलब्ध हैं। सम्प्रति जम्मू, रेल और वायु दोनों से ही पूरी तरह जुड़ा है। इस तरह की यात्रा का प्रोत्साहन किसी खास स्थान में तीर्थयात्रा को बढ़ाता है, साथ ही इसका आर्थिक-सामाजिक प्रभाव भी है। बहुत अधिक संख्या में तीर्थयात्री एवं भक्त जो तीर्थस्थल की यात्रा करते हैं आमदनी का एक बड़ा स्रोत भी हैं। यह असंख्य लोगों के जीवनयापन का स्रोत हैं।

कितने ही छोटे-छोटे तीर्थस्थल अपनी धार्मिक महत्ता के कारण आज बहुत विस्तृत हो गये हैं। उदाहरण के लिए कटरा जो कि जम्मू का एक छोटा कस्बा है, अब वहाँ कई छोटे होटल बन गये हैं। इसी तरह एक बहुत छोटा गांव शिरडी साईं बाबा का मंदिर होने के कारण अब तेजी से बड़े शहर के रूप में विकसित हो रहा है। आधुनिक सुविधाओं का वहां तीव्र विकास हो रहा है।

तीर्थस्थल एक बड़े क्रय केन्द्र के रूप में भी विकसित हो रहे हैं। जैसे द्वारिका कपड़े पर पेंन्टिग में विशिष्टता रखता है। इसी तरह लोग जम्मू से बड़ी मात्रा में अखरोट खरीदना पसन्द करते हैं। इसके साथ ही इन तीर्थस्थलों में उपभोक्ता वस्तुओं की बाढ़-सी आ गयी है उदाहरण के लिए चूडियां, नकली गहने, स्थानीय हस्तकला, लकड़ी, जूट, केन, पत्थर पर नक्काशी, देवी-देवताओं की मूर्तियाँ एवं सजावट की वस्तुएं इत्यांदि।

कई ऐसे स्थल हैं जो कि एक तीर्थस्थल होने के विशेष उद्देश्य ही पूरा करते हैं। जैसे– प्रयाग, हरिद्वार, तिरूपति, नगरकोट, शिरडी, अजमेर शरीफ, अमृतसर, नांदेड़ एवं पुराना गोवा इत्यादि।

इससे यह कहा जा सकता है कि तीर्थ में पर्यटन के विकास की संभावनाएं सीमित हैं। यदि कोई व्यक्ति किसी एक विशेष सम्प्रदाय, धर्म, दरगाह, मन्दिर आदि का अनुआयी या भक्त है तो वह बार-बार उन्हीं विशेष स्थानों की यात्रा करेगा जहाँ उसके आराध्य देव बसते हैं। अगर कोई और प्रेरक शक्ति नहीं है तो कुछ समय पश्चात् किसी अन्य उत्साह के अभाव में उसका आकर्षण घट सकता है। यह तथ्य इस ओर संकेत करती है कि तीर्थ पर्यटन के विकास का कार्यक्षेत्र सीमित है।

इसके बावजूद भी तीर्थ पर्यटन में स्वदेशी पर्यटन के विकास के लिए पर्याप्त संभावनाएं हैं। यदि कोई परम्परागत तीर्थ पर्यटन स्थलों की स्थिति की विवेचना करें तो हम पाते हैं कि हमारे पूर्वजों के पास तीर्थस्थलों को भौगोलिक दृष्टिकोण से पहचानने की अनोखी अनुभूति थी। उन्होंने इसके लिए उन स्थलों का चुनाव किया जो नदियों, झरनों, उनके संगमों, समुद्रीय तटों पर पहाड़ों से सम्बन्धित हैं। उन्होंने तीर्थस्थलों को भौगोलिक पवित्रता से जोड़ा। तीर्थयात्रा उन लोगों के लिए एक ऐसा मौका था जो सांसारिक परेशानियों व चिन्ताओं से मुक्त रहना चाहते थे। इस तरह यह तीर्थ और साहसिक अभियान का दोहरा उद्देश्य पूरा करती थी।

भारत के प्रमुख धार्मिक स्थल

भारतीय तीर्थ स्थल को निम्न चार वर्गों में रखकर हम अध्ययन कर सकते हैं–

1. उत्तरी क्षेत्र के तीर्थ स्थल	: उत्तरी क्षेत्र के प्रमुख स्थल हैं—केदारनाथ, अमरनाथ, बद्रीनाथ, रुद्रप्रयाग, वैष्णोदेवी, हरिद्वार, काशी, बनारस, प्रयाग, लेह, नगरकोट, पटना साहेब, कुरुक्षेत्र, अमृतसर, अयोध्या, हेमकुण्ड,

		विन्ध्यवासिनी, हजरतबल दरगाह, श्रीनगर, गुलमर्ग, चरारेशरीफ, चित्रकूट आदि।
2. दक्षिणी क्षेत्र के तीर्थ स्थल	:	दक्षिणी क्षेत्र के प्रमुख स्थल हैं—मदुरई रामेश्वरम्, तिरुपति, पांडिचेरी अरविन्द आश्रम, कन्याकुमारी, मीनाक्षी मन्दिर आदि।
3. पूर्वी क्षेत्र के तीर्थ स्थल	:	पूर्वी क्षेत्र के प्रमुख स्थल हैं—कामाख्या देवी मन्दिर कोलकाता गया एवं बोधगया बौद्धमठ आदि।
4. पश्चिमी क्षेत्र के तीर्थ स्थल	:	पश्चिमी क्षेत्र के प्रमुख स्थल है—सोमनाथ, द्वारिका, जूनागढ़ जैन मन्दिर, गोवा चर्च, दिलवाडा जैन मन्दिर, शिरडी, मैहर अजमेर पुष्कर, उज्जैन, महेश्वर, आदि।

यहां कुछ प्रमुख तीर्थ स्थलों का विवरण सूक्ष्म रूप में दिया गया है।

कामाख्या

इसका प्राचीन नाम प्रागज्योतिषपुर कामरूप है जो कामाख्या में स्थित है। रोचक बात है कि यह जादू तथा तान्त्रिक विद्या से सम्बद्ध रहा है, कदाचित् भारत में तन्त्र के सभी पीठों में सबसे विख्यात स्थान है कामाख्या का मन्दिर। कामाख्या शब्द जादू-टोने से जुड़ा है। इसके पहले शैव धर्म मुख्य था। नरक, जो आरम्भिक राज्य की नींव डालने वाला था, ने कामाख्या योनि/नीलकमल के अभिभावक का भार संभाला तथा इसको प्रमाणित करने के लिये उसने इसका नाम प्रागज्योतिषपुर में परिवर्तित कर कामाख्या रखा। कामाख्या मन्दिर नीलकमल नील पहाड़ पर स्थापित है। गुवाहाटी से तीन मील की दूरी पर देवी कामाख्या की तीन रूपों में आराधना की जाती है। ये रूप निम्न हैं—

1. शिव की अर्धांगिनी।
2. आदिकालीन देवी विष्णु से सम्बन्धित व संरक्षित
3. अक्षतयोनि।

कामाख्या मन्दिर में कोई मूर्ति नहीं है। मन्दिर के अंदर एक गुफा है, जिसके कोने में एक पत्थर का टुकड़ा है जिसके ऊपर योनि की प्रतीक उत्कीर्ण है। एक प्राकृतिक झरना जो हमेशा उस पत्थर को पूरे वर्ष भिगोता रहता है। इस मन्दिर का अनूठापन यह है कि इसमें तपस्या, ब्रह्मचर्य, दीर्घकालिक प्रतिज्ञाओं की अनुपस्थिति है एवं लोग मछली गोश्त भोजन में सम्मिलित होते हैं एवं महिलाओं का आना-जाना खुले रूप में है। योनि पर फूल तथा पत्तियां, मछली, शहद, मदिरा आदि अर्पित किये

जाते हैं। इसके अलावा जानवरों की बलि भी दी जाती है। सूअरों की भी बलि दी जाती है। असम में गैरोस प्रधान पुजारी होते हैं।

मूल कामाख्या मन्दिर 16वीं सदी में मुगल आक्रमण में नष्ट कर दिया गया था। वर्तमान मन्दिर 1665 ई॰ में नरनारण कूच बिहार के राजा द्वारा पुनः इसका निर्माण करवाया गया था।

कामाख्या मन्दिर के लिए पहले गुवाहाटी पहुंचना होता है। जहाँ से मन्दिर, 3 किमी. पर्यटक लॉज गुवाहाटी (स्टेशन रोड) में है। इसके अतिरिक्त यहाँ विलासमय एवं साधारण होटल भी उपलब्ध हैं। ये होटल हैं होटल ब्रह्मपुत्र, अशोक होटल, नन्दन होटल, बेलेव्यू, होटल डाइनेस्टी, इत्यादि।

गुवाहाटी रेल एवं वायु मार्ग से भारत के सभी भागों से जुड़ा हुआ है। कोलकाता, दिल्ली एवं मुम्बई से प्रतिदिन रेल सेवाएं उपलब्ध हैं, जबकि चेन्नई, कोचीन, त्रिवेन्द्रम, बंगलौर से सप्ताह में दो दिन रेल सेवा है। सड़क यातायात द्वारा भी असम अच्छी तरह से जुड़ा हुआ है। असम राज्य परिवहन निगम की बसें भी पूरे असम में चलती हैं। साथ ही आरामदायक पर्यटक बसें भी सुलभ हैं। किराये पर कार उपलब्ध हैं। पर्यटन निदेशालय द्वारा भी संचालित भ्रमण का संचालन गुवाहाटी के अन्दर-बाहर किया जाता है। कामाख्या मन्दिर भी इसी संचालित भ्रमण द्वारा किया जा सकता है। संचालित भ्रमण की सुविधा सुलभ करने के लिए पर्यटन सूचना अधिकारी, गुवाहाटी से मिलना होता है। इसके अतिरिक्त असम सरकार के पर्यटन विभाग के पूरे भारत में पर्यटक सूचना केन्द्र खोले गये हैं। पर्यटन निदेशालय गुवाहाटी स्टेशन रोड में है। दिल्ली से इनका दफ्तर बी-1 बाबा खड़गसिंह मार्ग पर है। स्वतंत्र यात्रा का विवरण व्यक्तियों या समूह द्वारा स्वयं तैयार किया जा सकता है।

असम सिल्क के लिए विख्यात है। यहां का बाजार मूंगा पाट के अलावा बांस के केन सामनों से भरा रहता है। इसके अलावा बेल-मेटल की कृतियां, तांबे, लड़ी, हाथी दांत एवं चांदी की वस्तुएं इत्यादि भी सुलभ हैं। असमी गमछा, तौलिया जिसमें जटिल फूलों वाले नमूने बने हैं और जापी सजावट वाला मुकुट भी कतिपय अन्य प्रसिद्ध हस्तकला की वस्तुएं हैं। यह सभी वस्तुएं सरकारी वाणिज्य केन्द्र (Emporium) में जैसे कि पूर्वाश्री, जागरण प्रागज्योतिका में सुलभ हैं। सुवालकुची गांव जो गुवाहाटी के पास है रेशम का सबसे बड़ा उत्पादक गांव है। इसके अतिरिक्त असम चाय के लिए भी बहुत प्रसिद्ध है। फुटकर दुकानों की संख्या काफी ज्यादा है, चाय खरीदी जा सकती है। मुख्य खरीददारी के सामान गुवाहाटी में फैन्सी बाजार, पलटन बाजार, उलूबारी, गणेश्वरी एवं जी एन बी रोड हैं।

वैष्णोदेवी

यह माता वैष्णोदेवी का मंदिर है। लाखों की संख्या में लोग प्रतिवर्ष यहां दर्शन हेतु जाते हैं। प्रचलित मान्यता यह है कि जो भी माता का दर्शन कर लेता है उसे निराश नहीं होना पड़ता। वैष्णोदेवी त्रिकुटा पहाड़ पर स्थित है जो जम्मू से 61 कि॰ मी॰ उत्तर में है।

वैष्णोदेवी पहुंचने हेतु पहले जम्मू जाते हैं जहां रेल, वायु और सड़क यातायात से आसानी से पहुंचा जा सकता है। भारतीय वायुयान प्रतिदिन यहाँ से जम्मू, श्रीनगर व दिल्ली की उड़ानें भरते हैं। रेल चंडीगढ़ एवं अमृतसर से भी जम्मू जाती है। इसके साथ ही काफी ट्रेवल एजेंसियों (Traval agencies) द्वारा भी संचालित भ्रमण (conducted) मध्य एवं उत्तर भारत में दिल्ली तथा अन्य शहरों में चलाये जाते हैं। प्रतिदिन बस सेवाएं तरनतारन, अमृतसर, जालंधर लुधियाना, पटियाला, चंडीगढ़, ज्वाला जी वाया धर्मशाला तथा श्रीनगर से उपलब्ध हैं।

जम्मू से कटरा जाना पड़ता है जो कि 48 कि॰ मी॰ की दूरी पर है। कटरा के लिए पर्याप्त बस सेवा तथा टैक्सी सेवा भी है जो जम्मू हवाई अड्डे, रेलवे स्टेशन, और सैलानी को स्वागत समिति से मिलती है।

कटरा से वैष्णोदेवी के मन्दिर तक की दूरी 13 कि॰ मी॰ है जो कि पैदल या टट्टू पर तय की जाती है। पिट्ठू बच्चों और सामान लाने के लिए उपलब्ध हैं। यह रास्ता पूरा पक्का है एवं इस पर सोडियम बल्ब लगे हैं। यात्री निवास एवं विश्रामगृह मन्दिर के बोर्ड द्वारा संचालित, पर्यटक डाक बंगले और विश्राम कक्ष जम्मू कश्मीर पर्यटन विकास संघ द्वारा संचालित काफी उचित मूल्य पर कटरा में सुलभ हैं। यहाँ विभिन्न संगठनों द्वारा संचालित धर्मशालाएं भी उचित मूल्य पर उपलब्ध हैं। इसके अतिरिक्त बहुत से छोटे-छोटे होटल भी ठहरने के लिए उपलब्ध हैं। मन्दिर बोर्ड की ओर से भी अर्द्धक्वारी, सांझी छत एवं दरबार जहाँ कि मन्दिर हैं ठहरने की मुफ्त व्यवस्था है।

एक छड़ी, कैनवास जूते, कपड़े के थैले, टोपियां, टार्च एवं पैदल चढ़ाई के लिए वाटरप्रूफ कपड़ा होना चाहिए। ये सभी वस्तुएं कटरा में किराये पर उपलब्ध हैं। इसके अलावा वे लोग जो पैदल यात्रा नहीं कर सकते उनके लिए पिट्ठू, टट्टू एवं डांडिया पालकी कटरा भी किराये पर मिलते हैं। वैष्णोदेवी रवाना होने से पहले कटरा से एक यात्रा पर्ची लेनी पड़ती है। यात्रा पंजीकरण केन्द्र कटरा बस स्टैण्ड से बाणगंगा निरीक्षण चौकी से आगे नही जा सकते।

वैष्णोदेवी मन्दिर के रास्ते में निम्नांकित वस्तुएं देखने योग्य हैं

1. दरबारी	–यह कहा जाता है कि यहाँ देवी ने महाकाली का रूप धारण कर भैरोनाथ जो एक तांत्रिक दानव था, देवी को पाना चाहता था, का मर्दन किया एवं
2. भैरोघाटी	–यहाँ पर भैरोनाथ का सिर गिरा था
3. अर्द्धक्वारी	–वह स्थान जहाँ गुफा में देवी ध्यानस्थ हुई थीं। वहाँ पर एक स्थान गर्भ जून जिसके बारे में विश्वास प्रचलित है कि यहाँ देवी ने अपने त्रिशूल से गुफा के दूसरे सिरे को तोड़कर द्वार बनाया था।।
4. बाणगंगा	–विश्वास किया जाता है कि यहाँ देवी ने अपनी प्यास बुझाई थी।

यहां पर्यटकों को अल्पहार-गृह मंदिर बोर्ड की ओर से दिये जाते हैं। मन्दिर बोर्ड द्वारा संचालित भोजनालय कटरा, अर्द्धक्वारी एवं सांझीछत में उपलब्ध है। जिनमें सफाई से भोजन बनाया जाता है। भोजन के लिए पर्यटकों से उचित मूल्य लिया जाता है। यहां चिकित्सा सुविधा कटरा, बाणगंगा एवं सांझीछत में उपलब्ध हैं।

अजमेर

अजमेर सूफी संत मुइनुद्दीन चिश्ती की मजार के लिए प्रसिद्ध है। यहां उर्स मेला लगता है। सूफी संत ख्वाजा मुइनुद्दीन चिश्ती की दरगाह पर इसका आयोजन भारतीय व विदेशी श्रद्धालुओं को आकर्षित करता है। गैर मुसलमानों के प्रति अपने सहिष्णु विचारों के कारण इन्होंने हिन्दुओं एवं मुसलमानों दोनों का सम्मान प्राप्त किया। मुइनुद्दीन चिश्ती की दरगाह सल्तनत काल से ही एक पूजा स्थल की तरह एक महत्वपूर्ण तीर्थ रही है। मुहम्मद बिन तुगलक का दरगाह पर जाना इस बात को सिद्ध करता है। सभी तुर्क, मुगल बादशाहों के दरगाह पर जाने की परम्परा अक्षुण्ण बनी रही। अकबर का दरगाह पर चौदह बार जाने का विवरण मिलता है। 17वीं सदी तक दरगाह एक आकर्षक प्रतिष्ठान के रूप में रही जिसमें अनेक कार्यकर्ताओं को चढावे व उपहार दिये जाते थे। वहाँ कार्यकर्ताओं के लिए आवास की सुविधाएं उपलब्ध थीं।

मुइनुद्दीन का मकबरा हुसैन नागौरी द्वारा निर्माण करवाया गया था। बाद में उसका बुलन्द दरवाजा सुल्तान गयासुदीन खिलजी द्वारा बनवाया गया। इसके बाद और भी अनेक प्रसिद्ध इमारतें मुगल बादशाहों द्वारा बनवायी गयीं। दरगाह के अन्दर

दो बड़ी लोहे की पकाने वाली देग हैं। इसमें बड़ी देग की सत्तर मन चावल पकाने की क्षमता है। एक छोटी देग की क्षमता बीस मन चावल पकाने की है। इसके अलावा दरगाह के प्रशासन द्वारा खाना बांटा नहीं जाता है, अपितु लूटने की प्रथा है। यह काफी पुरानी प्रथा है जो कि अभी तक चली आ रही है। परन्तु अब ये लूटने वाले अपना अंश बेच देते हैं तथा उससे प्राप्त होने वाली आय को रख लेते हैं। सामान्य दिनों में ये लोग इन देगों में गहने अथवा रुपये चढ़ाते हैं। मकबरे की परिधि में भिश्ती का भी मकबरा है जिसने लोगों की जान बचाई थी।

हर साल उर्स को मुइनुदीन का मृत्यु दिवस मनाया जाता है। इस समय अजमेर में दूर-दूर से आये भक्तगणों से भरा रहता है। गानों (Sama) के बीच दर्शनार्थी सूफी संत भी अपना श्रद्धा सुमन समर्पित करते हैं। यहां विदेशी पर्यटकों के साथ ही साथ हिन्दू भक्त भी काफी बड़ी संख्या में यहाँ आते हैं।

मकबरे के चारों ओर संगमरमर का जो जालीदार पर्दा है उस पर व्यक्ति अपनी मनोकामना के लिए धागा बांधते हैं। मनोकामना पूर्ण होने के बाद यह धागा खोला जाता है। मकबरे पर गुलाब के फूल चढ़ाए जाते है। ज्यादातर भक्तगण चादर चढ़ाते हैं, परिक्रमा लगाते हैं। आदमी मकबरे के अन्दर कुरान पढ़ते हैं एवं औरतें मकबरे से जुड़े एक स्थान पर अदरत ए नूर में नमाज पढ़ती हैं।

अनुयायी चिल भी जाते हैं। ऐसी मान्यता है कि अजमेर शहर में आने के पहले वह यहाँ रहते थे। एक कोठरी, जहाँ उनके खलीफा अब्दुल कादिर जिलानी अपनी तपस्या करते थे, यह स्थल जहाँ मुइनुदीन की मृत्यु हुई, खानगाह कहलाती है। तीर्थयात्री मुइनुदीन की दरगाह जो तारागढ़ की पहाड़ियों के नीचे चिल्ला अब्दूल कादिर जिलानी भी जाते हैं। हालांकि ये कभी भी भारत नहीं आये थे, लेकिन ऐसा मानना है कि एक फकीर जो बगदाद की यात्रा पर गया था मकबरे से दो ईंट लाया था। खुद्दाम दरगाह के सेवक होते हैं जिनके काम मकबरे के धार्मिक अनुष्ठानों की तथा तीर्थयात्रियों की देखभाल करना है। इन खुद्दामों का धार्मिक नेता सज्जा दानशील कहलाता है। इस काम को संभालने वाला संत के परिवार का सदस्य ही हो सकता है। दरगाह में सूफी संगीत का भी संरक्षण मिला हुआ है।

दरगाह की संचालन सम्बन्धी बातों का इतिहास भी लुभावना है। आरंभ के दिनों में खुद्दाम एवं सज्जादानशील सभी कार्यों का संचालन करते थे। अकबर के समय में एक मतावली के लिए धर्मनिरपेक्ष संचालक की नियुक्ति दरगाह के संचालन के लिए हुई। 1955 ई. में दरगाह ख्वाजा साहब अधिनियम के तहत केन्द्र सरकार

हनीफ मुसलमानों में से 5 से 9 सदस्य की नियुक्ति करती है जो दरगाह की देखभाल करता है।

अरावली पहाड़ी के गर्भ में अजमेर स्थित है। यह दिल्ली, आगरा, जयपुर, अहमादाबाद, उदयपुर, आबू रोड एवं जोधपुर से सड़क तथा रेल यातायात मार्ग जुड़ा है। सबसे पास का हवाई अड्डा जयपुर है लगभग 140 कि. मी. पर। गर्मियों में अजमेर में काफी गर्मी पड़ती है, जबकि सर्दियों में अत्यधिक ठण्डा होता है।

यहां राजस्थान पर्यटन विकास निगम की ओर से आवास की व्यवस्था की गई है। इसके अलावा यात्रियों के ठहरने के लिए विभिन्न तरह के निजी होटल भी मौजूद हैं।

तिरुपति

तिरुपति मन्दिर भगवान वेंकटेश्वर का मंदिर है। सही मायने में यह मन्दिरों और तीर्थों की लड़ी का एक तन्तु जाल है जो पहाड़ी के उच्च एवं निम्न स्थान पर है। दक्षिण में देवता को श्रीनिवास पेरूमल तथा उत्तर में बालाजी के नाम से जाना जाता है। देवता वेंकटेश्वर का स्थान तिरुपति पहाड़ियों के उच्च शिखर पर है जबकि उनके संघ की तिरुपति पहाड़ी के निम्न स्थान ऐलमेलू मंगापुरम में पूजा होती है।

तिरुमला मन्दिर द्रविड़ कला का एक उत्कृष्ट उदाहरण है जिसमें गोपुरम् बृहद् द्वार बहुत अधिक नक्काशी वाले हैं और पूर्व दिशा की ओर हैं, कुल मिलाकर तीन गोपुरम् हैं। प्रवेश द्वार कांस्य से बना है जबकि दूसरा चांदी एवं तीसरा सोने का है। मुख मंदिर गर्भ की ओर है। मन्दिर के गर्भ में वेंकटेश्वर की काले पत्थर की एक बहुत बड़ी प्रतिमा रखी है। यह प्रतिमा विष्णु तथा शिव दोनों का ही प्रतीक लिये हुए है एवं वैष्णवपंथियों व शैवपंथियों दोनों को सहज आकर्षण उपलब्ध कराती है।

966 ई. में तिरुपति का निर्माण वहाँ के राजाओं द्वारा किया गया। इसकी देखभाल स्थानीय व्यापारियों तथा राजाओं द्वारा की जाती थी। इसके रख-रखाव के लिए शासक अक्सर बहुत से गांव दे दिया करते थे। मन्दिर पल्लवों, पाण्ड्यों विजय नगर के राजाओं, एवं बाद में मैसूर के राजाओं द्वारा सुरक्षा प्रदान की गई थी।

वेंकटेश्वर मन्दिर के अतिरिक्त तिरुमलों में पर्यटक अन्य स्थानों के लिये आकर्षित होते हैं। कुल मिलाकर वहाँ 108 तीर्थ पहाड़ी चोटियां हैं। इसके दर्शन हेतु लगभग तीन महीने लग जाते हैं।

पापनाशम आकाशगंगा, जोबली, गोगर्भम, कपिला, रामकृष्णतीर्थ आदि इनमें

मुख्य हैं। इस पहाड़ी पर मन्दिर के पार्श्व में 10,000 पुराना एक प्राकृतिक तोरणम् शिला तोरण है। इन मुख्य देवता के अतिरिक्त मंदिर के लिए चारों तरफ मन्दिरों की शृंखला है—श्री गोविन्दराज स्वामी मन्दिर, राम मन्दिर, श्री कालाहस्ती मन्दिर वायु मन्दिर तिरुपति से 36 कि.मी. प्रसिद्ध चन्द्रगिरी की पहाड़ियां तिरुपति शहर से मात्र 11 कि.मी. दूर है।

मन्दिर का संचालन एक ट्रस्ट द्वारा होता है। यह एक निजी संस्था है, परन्तु कुछ सदस्यों की नियुक्ति राज्य सरकार करती है। यह एक बड़ा संगठन है एवं इसका प्रकाशन हर स्तर पर होता है। इसके कार्यकर्ताओं की संख्या 15,000 है। बड़े कार्यों का उत्तरदायित्व यह ट्रस्ट उठाती है। किसी सहायता हेतु ट्रस्ट में सम्पर्क कर सकते हैं।

मंदिर में धार्मिक अनुष्ठान सुबह साढ़े तीन बजे से आरंभ हो जाते हैं। उस समय की पूजा सुप्रभातम् कहलाती है। इसके उपरांत माला सेवा एवं सहस्त्राण वाच सम्पन्न होता है। इस समय देवता को फूलों से सजाया जाता है। छः से सात बजे के मध्य प्रसाद चढ़ाने का कार्यक्रम होता है। इस समय लोगों को मन्दिर गर्भ में आने की आज्ञा दे दी जाती है और यह प्रवेश भुगतान के अनुसार (1 रु से लेकर 200 रु) होता है। इसके बाद प्रवेश सबके लिए खोल दिया जाता है। मन्दिर के द्वार दर्शन के लिए रात के साढ़े दस बजे तक खुले रहते हैं। रात के साढ़े दस बजे दूसरी सेवा पूरी होती है, जो एकान्त सेवा कहलाती है—अर्थात् यह धार्मिक अनुष्ठान ईश्वर के विश्राम के समय का परिचायक है।

तिरुपोणाकम् तैयार भोजन का चढ़ाया प्रसाद यह मन्दिर में सम्पन्न धार्मिक अनुष्ठानों में एक प्रमुख स्थान रखता है। 1966 ई. में यह प्रसाद केवल चार नाली चावल पका खाना होता था। इसकी मात्रा कुछ ही व्यक्तियों के लिए काफी होती थी, जो वहाँ कार्य करते थे। तीर्थ यात्रियों को मन्दिर के सेवकों से यह प्रसाद खरीदना होता था। तीर्थयात्रा भगवान को रेशमी कपड़े, बहुमूल्य आभूषण और अन्य वस्तुएं भी भेंट स्वरूप चढ़ाते हैं।

मन्दिर में ब्रह्मोत्सव वृहद् स्तर पर मनाया जाता है। चूंकि यह तीर्थ यात्रियों को अधिक संख्या में आकर्षित करता है, इसलिये यहाँ ब्रह्मोत्सव की संख्या भी बढ़ गई है। समय के साथ हम लोग 11 ब्रह्मोत्सव होने के बारे में सुनते हैं। ब्रह्मोत्सव के दिन भी दो से बढ़कर 13 हो गये हैं।

प्राच्य मूल ग्रन्थों में 1464 ई. तक वाहनम् रथ जिसमें भगवान की शोभा यात्रा निकलती है, का कोई भी प्रसंग नहीं मिलता। 1476 में वाहनम् की उत्सवों का

सर्वप्रथम प्रसंग मिलता है। इसके बावजूद तमिल माह में मरगाली अध्ययनोत्सव जो कि 21 दिन तक मनाया जाता है। भक्तगण तमिल प्रबन्धमू श्लोकों को उच्चारित करते हैं। इसका प्रथम विवरण 1253 ई. में मिलता है। चितीरई माह में श्री गोविन्दराज मंदिर में जातिरूपति में हैं तीन दिन बसन्तोत्सव मनाया जाता है। इसका सबसे प्रथम प्रसंग 1494 ई॰ में मिलता है। 1522 ई॰ में हमें तिरुपति में तिरुपति ओदाई तिरुनल उत्सव का प्रसंग मिलता है जो एक तैरने वाला उत्सव है, जिसमें देवता की यात्रा के उपरांत एक तालाब में ले जाते हैं।

संगीत तथा पटाखों के साथ वास्तव में यह उत्सव तिरुनल उत्सव का निर्वाहक है। रथ सप्तमी उत्सव भी यहाँ मनाया जाता है। लेकिन तिरुमला पहाड़ियों पर ज्यादा भव्य रूप में मनाया जाता है। जहाँ मुख्य देवता वास करते हैं। तिरुमला पहाड़ियों का टी. वी. पर सुबह से लेकर सायं तक धार्मिक मनभावन कार्यक्रम दिखाये जाते हैं।

तिरुमला पहाड़ी पर रहने के लिये धर्मशालाएं ट्रस्ट द्वारा मुहैया कराई गई हैं। ट्रस्ट द्वारा धर्मशाला, में मुफ्त भोजन बांटने की व्यवस्था भी है। इसके बावजूद वहाँ कॉटेज अतिथि गृह, होटल एवं पर्यटक विश्राम गृह, आरामदायक ठहरने की जगहें है। आन्ध्र प्रदेश सरकार के पर्यटक सूचना अधिकारी-3 चौलसी तिरुपति बैठते हैं। इसके अलावा आन्ध्र प्रदेश सरकार के सूचना केन्द्र हैदराबाद, गोवा, नई दिल्ली, विजयवाड़ा, वारंगल, विशाखापटनम एवं नागार्जुन सागर में हैं जहाँ से सूचना प्राप्त की जा सकती है।

तिरुपति में यातायात के सभी साधन उपलब्ध हैं। वायु मार्ग से यह हैदराबाद, चेन्नई, विजयवाड़ा एवं बंगलौर से जुड़ा हुआ है, जबकि रेल द्वारा यह सभी मुख्य राजधानियों से जुड़ा हुआ है। सड़क यातायात भी अत्यधिक विकसित अवस्था में है। आन्ध्र प्रदेश राज्य परिवहन निगम की बसों द्वारा यह सारे आसपास के जिलों से जुड़ा है। तिरुपति में आटो, टैक्सी एवं बसें सभी उचित दामों/किरायों पर उपलब्ध हैं। तिरुमला हेतु सैकड़ों बसें उपलब्ध हैं।

तिरुमला हिल्स एवं तिरुपति दोनों ही स्थानों पर बाजार हैं जहां आंध्रप्रदेश की हस्तकला रेशमी व सूती साड़ियों के नमूने देखने को मिलते हैं। ये आन्ध्र प्रदेश सरकार द्वारा प्राधिकृत शोरूमों लिपाक्षी आदि में भी उपलब्ध हैं।

10

साहसिक पर्यटन

वर्तमान समय में लोगों के मन में एडवेंचर की भावना बलवती हुई है जिसके लिए साहस की आवश्यकता होती है। इस समय मनुष्य साहसिक कार्यों द्वारा ख्याति प्राप्त करना चाहता है एवं उसी से मनोरंजन भी करना चाहता है। विश्वभर में यह पर्यटन के विकास में सहायक साबित हो रहा है और भारत भी इससे अछूता नहीं है। भारत की प्राकृतिक संरचना साहसिक पर्यटन के लिए बिल्कुल सटीक है। इस पर्यटन में बहुत अधिक व्यय नहीं होता है और अत्यधिक सुविधाओं की आवश्यकता भी नहीं पड़ती है। साहसिक पर्यटन के लिए पर्यावरण को अनुकूल बनाये रखना अतिआवश्यक है तथा इसमें शामिल लोगों की सुरक्षा का उचित प्रबन्ध जरूरी है।

साहसिक पर्यटन का आयोजन धरातल, आकाश और जल कहीं भी हो सकता है। गुब्बारे में उड़ना, हेली स्कीईंग, ग्लाइडिंग वायु–स्पोर्ट हैं। नाव चलाना, समुद्र में स्टीमर नाव के साथ चलना, स्कूबा डाइविंग स्नार्कलिंग, नदी में तैरना जल आधारित स्पोर्ट मूल रूप से पर्वतीय क्षेत्रों में ही सम्पन्न हो सकते हैं–जैसे ट्रेकिंग, सफारी, पर्वतारोहण, चट्टानों पर चढ़ना, स्कीईंग और लटककर कूदना या सरकना आदि।

साहसिक पर्यटन की अवधारणा

साहसिक पर्यटन में भाग लेने के लिए शारीरिक व मानसिक दोनों रूपों में स्वस्थ होना आवश्यक है, ताकि वह प्राकृतिक वातावरण में भली प्रकार से विचरण कर सके। यही सभी वातावरण सैलानी को नगरीय जीवन छोड़कर निरन्तर रोमांचपूर्ण एवं साहसिक कार्यों से पूर्ण जीवन व्यतीत करने में अधिक आनन्द देता है। जिससे

उसे अनुपम शक्ति पाने का अनुभव होता है। जीवन को मनोरंजक बनाने के लिए उसमें चुनौतियों का आना आवश्यक हैं। प्रकृति पर विजय करने की प्रसन्नता, डर के ऊपर विजय प्राप्त करना, विविध विलक्षणों (आश्चर्यों) में संलिप्त होना और उन सब में से उल्लासपूर्वक बाहर निकल आना जिंदगी में नया रंग भर देता है।

साहसिक खेल आमतौर पर आउटडोर ही होते हैं। यह प्रकृति साहसिक क्रीड़ाओं में एक प्रमुख भूमिका अदा करती है। इस तरह क्रीड़ायें प्रकृति पर पूर्ण रूप से निर्भर करती हैं और हमारा कोई नियंत्रण प्रकृति पर नहीं होता, इसलिए वे सभी जोखिमपूर्ण होती हैं।

भारत में प्रतिवर्ष करीब चालीस-पचास हजार पर्यटक साहसिक क्रीड़ाओं में शामिल होने आते हैं। 1994 में लगभग एक लाख साहसिक सैलानी भारत आये थे जिन्होंने इस तरह की साहसिक क्रीड़ायें सामान्यतः विदेशी सैलानियों के द्वारा ही होती रहती थीं, पर बाद में भारत के कोने-कोने में रहने वाले क्रीड़ा प्रेमी भी इसमें बड़ी रुचिपूर्वक भाग लेने लगे और उनका आयोजन भी करने लगे।

प्रकृति को किसी भी तरह से इन क्रीड़ाओं से पृथक् नहीं किया जा सकता। लेकिन कभी-कभी प्रकृति के अप्रसन्न हो जाने पर उसकी विनाशलीला भी प्रारम्भ हो जाती है और क्रीड़ाओं में हिस्सा लेने वाले और क्रीड़ास्थल दोनों का विनाश हो जाता है। इस तरह प्रकृति जहाँ एक ओर आनन्ददायक है वहीं दूसरी ओर वह विनाशकारी भी है। इसलिए हमें प्रकृति की स्वाभाविकता से अधिक छेड़-छाड़ नहीं करनी चाहिए। वृक्षों का कटाव, पर्वतों का अवनमन, नदियों तथा समुद्रों का रुख मोड़ना आदि कार्य साहसिक क्रीड़ायें करते समय नहीं करने चाहिएं अन्यथा हानि होने की संभावना रहती है।

साहसिक पर्यटन में ध्यान देने योग्य बातें— साहसिक पर्यटन में निम्नलिखित बातों का ध्यान रखा जाता है—

1. पर्यटक अथवा खिलाड़ी को पूर्ण रूप से स्वस्थ होना चाहिए। उसको अस्थमा, हृदय मानसिक दृष्टि से भी उसे कमजोर नहीं होना चाहिए। ऐसे खेलों में भाग लेने वाले व्यक्ति के स्वास्थ्य की जांच की जानी जरूरी है।
2. जिस साहसिक पर्यटन क्रिया में वह भाग लेता है, उसे उसमें प्रवीण होना चाहिए। बिना उचित अभ्यास के भाग लेना उसके जीवन के लिए जोखिम हो सकता है। पर्वतारोहण, ग्लाइडिंग, कार रैली, गोल्फ आदि जैसी क्रियाओं में भागीदार को अत्यन्त कुशल होना चाहिए।

3. अगर कोई पर्यटक किसी साहसिक क्रिया में भाग लेने का इच्छुक है, तो उसे सिखाने के लिए कुशल अनुभवी प्रशिक्षकों का होना भी जरूरी है।
4. सभी तरह के खेलों के लिए समुचित व सुधरे हुए यंत्र होने चाहिएं। यह कोशिश हो कि इन यंत्रों का अधिक से अधिक उपयोग किया जाए।
5. इन केन्द्रों पर स्वास्थ्य तथा चिकित्सा सुविधाओं की व्यवस्था का होना भी जरूरी है।
6. आपात कालीन स्थिति के लिए सुरक्षात्मक यंत्रों तथा उपायों की व्यवस्था भी जरूरी है। अनुभवी डाक्टरों की उपलब्धि भी होनी चाहिए।

साहसिक पर्यटन का वर्गीकरण

साहसिक पर्यटन के तहत आने वाली क्रीड़ाएं साहस एवं क्रीड़ाओं का मिश्रण होती हैं। सैलानी को (खिलाड़ी) साहसी तो होना ही चाहिए साथ ही उसे शारीरिक रूप से पूर्ण रूप से तन्दुरूस्त भी होना चाहिए। अगर वह शारीरिक तौर पर सक्षम नहीं है अथवा साहसी नहीं है तो वह इन साहसिक क्रीड़ाओं में कभी भी सफल नहीं हो सकता। इन दोनों के साथ ऐसे खेलों के अनुरूप वातावरण का होना भी जरूरी है। तीनों का जब तक सही मिश्रण नहीं होगा तब तक इन खेलों में आनन्द और रोमांच की अनुभूति नहीं हो सकती।

प्रकृति की स्वाभाविक उदारता जो हमें नदियों, आकाश, पहाड़ियों, श्वेत हिम से ढकी चोटियों, समुद्री तटों, जंगलों एवं इसी तरह की अन्य प्राकृतिक वस्तुओं के रूप में मिलती है, के प्रति हमें कृतज्ञ होना चाहिए। ये सभी वस्तुएं अपरिहार्य तथा प्रकृति के उपादान हैं, जोखिम भरी क्रीड़ाओं में खिलाड़ियों के निजी प्रयोग पर भी निर्भर करता है कि वे इनका कितनी अच्छे तरह से उपयोग करें।

प्रकृति का साहसिक पर्यटन में महत्वपूर्ण योगदान रहता है। साथ में उसे और ज्यादा उपयोगी और रोमांचक बनाने के लिए खेल-कूद संबंधी कुछ सामान्य और अन्य साधन उपयोग में लाये जाते हैं। इन अनगिनत साहसिक क्रीड़ाओं को मूलरूप से तीन भागों में विभाजित कर सकते हैं जो इस प्रकार हैं–

1. भूमिगत पर्यटन,
2. वायु पर्यटन और
3. जल पर्यटन।

भूमिगत पर्यटन

धरातल (भूमि) पर खेलने वाली साहसिक क्रियाओं में खतरा कम होता है। यदि कोई अचानक विपत्ति आ जाये तो उसे बचाव के ज्यादा साधन पृथ्वी पर खेले जाने वाले खेलों में ही होते हैं। वायु या जल में खेले जाने वाले खेलों में जोखिम काफी अधिक होता है क्योंकि जल अथवा वायु में बचाव के कम साधन उपलब्ध हो पाते हैं। भूमि या पर्वतों पर होने वाली क्रीड़ाएं निम्नवत् हैं–

1. ट्रैकिंग–यह खेल स्वास्थ्य को सही रखने वाला है। यह खेल नैसर्गिक आकर्षणों को भी व्यक्त करता है। पर्वत-श्रेणियों, जंगलों, बागों, प्राकृतिक झरनों, पुष्पों, पशु-पक्षियों, तितलियों आदि का अत्यंत समीप से आनन्द लेने का मौका प्रदान करता है। किसी भी अवस्था के लोग इसे खेल सकते हैं। इस खेल में कम-से-कम उपकरणों की जरूरत होती है। भारत के उत्तराखंड में फूलों की घाटी में इसका आयोजन होता है।

2. मोटर रैली–इस खेल में मशीन तथा व्यक्ति दोनों का संभावित उपयोग होता है। सही मायने में रैली-मोटर दौड़ नहीं होती। इनमें तो सिर्फ मोटर और व्यक्ति की सहनशीलता का परीक्षण होता है। इसके द्वारा दोनों के नेवीगेशन के चातुर्य का परीक्षण भी होता है। मोटर रैली सामान्य रूप से मरुस्थलों, बीचों, पर्वतों, वनों, सड़कों और पानी में भी आयोजित की जाती है। इस रैली में प्रकृति से अत्यधिक नजदीकी संबंध है। हिमायलन कार रैली, सीजर्स एक्शन रैली, कर्नाटक वन थाउजैण्ड रैली आदि इसके प्रसिद्ध उदाहरण हैं।

3. रॉक क्लाइम्बिंग–इसमें कम ऊंचाई वाले पर्वतों एवं चट्टानों पर चढ़ा जाता है। इसमें भाग लेने वाले खिलाड़ियों में विजय प्राप्त करने का अटल इरादा होता है। पूरे वर्ष भर रॉक क्लाइम्बिंग से संबंधित क्रीड़ाएं खेली जाती हैं। इन क्रीड़ाओं के मुख्य केन्द्र दिल्ली, माउण्ट आबू, पूना, देहरादून, मैसूर आदि हैं।

4. पर्वतारोहण–भारत में विभिन्न पर्वत श्रेणियाँ उत्तर, पश्चिम और दक्षिण में हैं, जिन पर चढ़ना रोमांच से भरपूर होता है। साथ ही यह बड़ा जोखिम पूर्ण भी होता है। पर्वतारोहण के लिए शारीरिक रूप से स्वस्थ होना जरूरी होता है तथा कुछ विशिष्ट तरह के उपकरण आदि की सहायता के बगैर पर्वतारोहण संभव नहीं हो सकता। इन उपकरणों में से कुछ उपकरणों का मूल्य बहुत अधिक होता है।

पर्वतारोहरण की प्रमुख संस्था 'वन्डरलस्ट' है जो साहसिक खेलों को कराने के लिए प्रसिद्ध है। इसका प्रमुख कार्यालय दिल्ली में है। इस संस्थान ने पर्वतारोहण की तीन श्रेणियाँ बनायी हैं। एक प्रारम्भिक पर्वतारोहियों के लिए है जिसे 'ए' श्रेणी दी

गयी है। इस श्रेणी में आने वाली पर्वत श्रेणियों में लद्दाख, शीतिधर, द्रौपदी का दाना आदि हैं। इन सबकी ऊँचाई अठारह से बीस हजार फीट है।

दूसरी श्रेणी 'बी' जिसमें वे चोटियां सम्मिलित होती हैं जिन पर नये पर्वतारोही से कुछ अच्छे पर्वतारोही चढ़ते हैं। इनमें गंगोत्री, हनुमान टिब्बा, कूदार डू, बंदरपूंछ, जॉन ली आदि हैं। इनकी ऊँचाई लगभग बीस से तेईस हजार फीट तक की है।

तीसरी श्रेणी 'सी' है जो ऐसे पर्वतारोहियों हेतु है जो भलीभांति प्रशिक्षित हैं और जीवन में साहस एवं रोमांच दोनों चाहते हैं। इस वर्ग में आने वाली पर्वत श्रेणी नुनकुन, चौखम्बा, कैलाश, केदारनाथ, माना, वाइट नीडिल आदि प्रमुख हैं। ऐसे पर्वत श्रेणियों की ऊँचाई बीस से तेईस हजार फीट तक की है।

5. सफारी—यह एक साहसिक यात्रा या पर्यटन है जिसमें शिकार भी होता है और यात्रा भी। सम्प्रति इसने 'कारवां' का रूप ले लिया है। सफारी खेल कई प्रकार से खेला जा सकता है, जैसे—ऊँट सफारी, जीप सफारी, हाथी सफारी, घोड़ा सफारी आदि। यह उस समय लाभकारी होता है जब हमारे पास समय तो कम हो लेकिन भ्रमण के लिए स्थान ज्यादा होते हैं। सामान्य रूप से इन्हें पूरा होने में तीस से पन्द्रह दिन तक का समय लग जाता है। रात्रि में कैम्प फायर तथा इसी तरह के अन्य कार्यक्रम आयोजित किये जाते हैं।

ऊँट सफारी राजस्थान तथा थार के रेगिस्तानों में, घोड़ा सफारी किलों व राजमहलों में, हाथी सफारी घने जंगलों में और जीप सफारी सड़कों और नगरों में सामान्य रूप से आयोजित किये जाते हैं।

अन्य थल क्रीड़ाओं के बावजूद और भी साहसिक क्रीड़ाएं हैं, यथा—मोटर साइकिल, रेल, हेलीकाप्टर रेस तथा इसी तरह की अन्य दौड़ें, जिनमें साहस और रोमांच दोनों का प्रदर्शन होता है। थल-क्रीड़ा में ही एक क्रीड़ा मौत का कुआँ भी होती है जो बड़ी साहसिक और जोखिम भरी होती है। इसमें एक गोल कुएं में जीप, मोटर साइकिल अथवा कार से ड्राइवर चारों ओर घूमता है तथा ऊपर तक लाता है और फिर नीचे की ओर चला जाता है।

6. बंगी कुदान—यह खेल सर्वप्रथम इटली में आयोजित किया गया और बाद में विश्व के दूसरे देशों में भी अपनाया जाने लगा। इस खेल में खिलाड़ियों के पैरों को बांधकर और सिर नीचे की ओर करके काफी ऊँचाई से नीचे की तरफ डाला जाता है। यह बहुत अधिक खतरनाक खेल है इसलिए इस खेल पर रोक लगा दी गई है। यह कुदान गुब्बारे, पुल, क्रेन, मीनार, पहाड़ अथवा किसी दूसरी बहुत ऊँची वस्तु से कराई जाती है एवं इसमें अधिक वजन का खिलाड़ी भाग नहीं लेता है।

7. हैली स्कीइंग—यह एक तरह की स्कीइंग है जिसमें हेलीकाप्टर की मदद ली जाती है। इस कारण यह बहुत महंगा खेल है। यह बेहद खतरनाक और रोमांचक भी है। एशिया में सर्वप्रथम भारत में ये खेल खेले गये। भारत में मनाली, सोलन, श्रीनगर इस खेल हेतु विख्यात हैं। भारत के अलावा आस्ट्रेलिया, इटली, स्विट्जरलैंड, कनाडा आदि देशों में भी ये खेल, खेले जाते हैं।

8. स्कीइंग—यह बर्फ से आच्छादित ढलानों पर खेला जाता है। इस खेल में बहुत कम उपकरण होते हैं। पैरों में पहनने वाले दो स्काईज जो खोखली लकड़ी के बने होने के कारण काफी हल्के और बर्फ पर सरलता से फिसलने वाले एवं लंबे और आगे की ओर से नुकीले और ऊपर की ओर मुड़े हुए होते हैं। इसके बावजूद बर्फ में पहनने वाला रंगीन चश्मा, स्काई बूट, ट्रैक सूट भी इस खेल के उपकरणों में आते हैं। मदद के लिए दो लंबी और नीचे से नुकीली छड़ें होती हैं। यह खेल जाड़े के मौसम में होता है इसलिए गर्म कपड़े की जरूरत होती है।

स्कीइंग भी दो तरह की होती है—नारडिक स्कीइंग और एलपाइन स्कीइंग।

नारडिक स्कीइंग में खासकर ऊपर उछलना तथा क्रास कंट्री रेस होते हैं। एलपाइन स्कीइंग में पर्वत की चोटी से नीचे ढलान पर फिसलते हैं। स्कीइंग के विभिन्न खेलों में मुख्य स्थान हिमाचल प्रदेश, गढ़वाल और कश्मीर में हैं जो विश्व प्रसिद्ध हैं।

वायु पर्यटन

कुछ साहसिक क्रीड़ाएं नभ में खेली जाती हैं, लेकिन ये बड़ी जोखिम भरी होती हैं। इनमें से कुछ प्रमुख का विवरण निम्नांकित है—

1. पैरा ग्लाइडिंग—सिन्थेटिक से निर्मित पैरा सेल नाम का यंत्र होता है। उसकी रस्सियाँ भी नायलोन की होती हैं। ये रस्सियाँ सीट से बंधी रहती हैं। इसी के साथ यही रस्सियाँ उस बाल्टी से बांधी जाती हैं जिसमें खिलाड़ी बैठता है। दो रस्सियाँ एक जीप से बंधी होती हैं, जीप चंदोबा को चलाती है एवं फिर जो खिलाड़ी हवा में है, उसे उठाती हैं। पैरा सेल बाद में जीप से अलग कर दिया जाता है। इसमें भी खिलाड़ी जब आकाश में उड़ता है तो खुद को चिड़ियों जैसा महसूस करने लगता है।

इस खेल के लिए एक बड़े मैदान की जरूरत होती है। प्रकृति में पैरा ग्लाइडिंग पैरा सिलिंग की तरह ही होती है, बस इसमें जीप से अलग होती है। जम्मू कश्मीर व हिमाचल प्रदेश में यह खेल खेला जाता है।

2. हैंग ग्लाइडिंग—इसमें अनेक रंगों की एल्युमिनियम का चौखटा होता है और नायलोन की रस्सी से उसमें खिलाड़ी लटका रहता है। यह खेल काफी रोमांचक होता है। जब खिलाड़ी 'हैंग ग्लाइडिंग' खेल में लिप्त रहता है तो वह खुद चिड़ियों जैसा उड़ता हुआ महसूस करता है। भारत में कई 'ग्लाइडिंग क्लब' हैं जो सामान्य रूप से पुणे, मुम्बई, दिल्ली, चंड़ीगढ़, शिमला, बंगलौर आदि बड़े-बड़े नगरों में स्थित हैं। कांगड़ा हिमाचल हैंग ग्लाइडिंग रैली कांगड़ा में पहले अक्टूबर में होती थी, लेकिन वर्तमान समय में मई में आयोजित होने लगी है।

3. स्काई डाइविंग—इस खेल की प्रकृति पैराशूटिंग से साम्य रखती है। इसमें सात सौ पचास से पच्चीस सौ फीट तक की ऊँचाई से पैराशूट के माध्यम से व्यक्ति हवाई जहाज से कूदता है। ऊपर से कूदने की रफ्तार 150 किमी. से तीन सौ किमी. प्रति घंटा के बीच होती है। स्काई डाइविंग दो प्रकार से की जा सकती है— स्टाइल जम्प, एक्यूरेसी जम्प। स्टाइल जम्प ऊपर से कूदने पर व्यक्ति की कुशलता पर निर्भर करता है। यह फ्री फाल कहलाता है। एक्यूरेसी जम्प खिलाड़ी के एक निश्चित स्थान पर एक घेरे से कूदने वाली होती है।

पैराशूटिंग की यह क्रीड़ा किसी हवाई जहाज, गुब्बारे या इसी तरह की किसी दूसरे उड़ते हुए यंत्र से हो सकती है। ये पैराशूट हवाई जहाजों में ले जाये जाते हैं। हमारी सेना में पैराशूट कम्पनियाँ भी हैं। सेना के जवानों को विभिन्न स्थानों पर उतारने के काम भी पैराशूट आते हैं।

4. हाट एयर बेलूनिंग—इस खेल का आविष्कार लगभग 50 वर्ष पहले किया गया था और एक ही स्थान पर यह खेल खेला जाता था। लेकिन वर्तमान में कई देशों में यह खेल खेला जाता है। इसके लिए कुछ खास उपकरणों की आवश्यकता होती है जिसमें निर्माण के एक हजार गज लंबा रिप्ड नायलोन, पचास फीट चौड़ा बैलून होता है। बैलून सत्तर फीट ऊँचाई वाला और सत्तावन सौ क्यूबिक फीट वाल्यूम वाला उपयुक्त होता है। यह बैलून एक स्टील की तार से एक बास्केट में बांधा जाता है। यह बास्केट भी लचीली, ताकतवर एवं रबड़ की तरह खींचने वाली वस्तुओं से बनी होती है तथा मैटिल की रस्सियों से कसकर बंधी रहती है।

प्रोपेन अथवा ब्यूटेन गैस के सिलिन्डर बास्केट में रखे रहते हैं और आग जलाने वाले बर्नर बैलून के मुँह पर बांधे जाते हैं। जब उसके मुँह को छूती हुई ठंडी हवा एक पंखे के माध्यम से चलाई जाती है एवं बर्नर को जलाया जाता है तो गर्म हवा उन लपटों से पैदा होती है और गुब्बारे में प्रवेश करती है, गुब्बारा लगभग सौ मीटर की ऊँचाई पर उड़ने लगता है। इस रोमांचकारी क्रीड़ा के लिए सफदरगंज (नई दिल्ली)

में एक क्लब की स्थापना की है जो अन्तर्राष्ट्रीय बैलून क्लब से संबंधित है। यह क्लब बैलून मेला भी आयोजित करता है।

जल पर्यटन

समुद्र, झील या नदी में जो विभिन्न क्रीड़ाएं आयोजित होती हैं वह जल पर्यटन के तहत आती हैं। प्राचीन काल से ही पानी के अंदर नाना तरह के खेल खेले जाते थे, लेकिन वर्तमान में विज्ञान की उन्नति के साथ वे भी परिवर्तित एवं परिवर्धित हो गये हैं। यहां कुछ प्रमुख जल साहसिक पर्यटन खेल के विषय में संक्षिप्त विवरण दिया जा रहा है–

1. स्कूबा डाइविंग–यह स्किम डाइविंग के समान ही होता है लेकिन इसमें तैराक पानी के भीतर 'सैफ कन्टेन्ड' सांस लेने के उपकरणों का प्रयोग करते हैं, विदेशों में और भारत में भी ऐसे संस्थान हैं जहाँ स्कूबा डाइविंग का पूरा प्रशिक्षण दिया जाता है।

2. कैनोइंग–यह एक लंबी तथा संकरी नाव होती है जो खुली हुई होती है तथा दोनों कोनों पर नुकीली होती है। सामान्य रूप से यह पैडल के माध्यम से चलायी जाती है, लेकिन इसमें छोटी मोटर भी रखी जा सकती है। यह करीब तीस-चालीस इंच चौड़ी और बारह से चौदह फुट लम्बी तथा वजन में बहुत हल्की होती है। एक तो व्यक्ति इसे उठाकर और जल में डालकर क्रीड़ायें कर सकता है। शान्त जल के जलाशयों में इसके लिए विभिन्न तरह की प्रतियोगिताएं हो सकती हैं। भागीरथी नदी के गंगोत्री स्थल पर इस नाव से अच्छी क्रीड़ायें होती हैं। कभी-कभी समुद्र तट पर (शान्त वातावरण में) भी कुछ साहसिक लोग इस नौका का प्रयोग करते हैं।

3. व्हाइट वाटर रैफ्टिंग–इसे नदी बौट् के नाम से भी जाना जाता है। यह नाव सिन्थेटिक रबर की बनी होती है जिसमें डाँडों का उपयोग भी होता है। क्योंकि यह जलक्रीड़ा अधिक साहसिक और जोखिमपूर्ण होती है इसलिए जिससे इसे लाइफ जैकिट, हैलमेट तथा अन्य जरूरी आपातकालीन वस्तुओं से सुसज्जित किया जाता है जिससे समय पर उनका उपयोग किया जा सके। नये व अपरिपक्व खिलाड़ी इस खेल को शान्त जल में खेल सकते हैं लेकिन अनुभवी खिलाड़ी इसका साहस के साथ रोमांचपूर्ण ढंग से आनन्द लूट सकते हैं। इस क्रीड़ा हेतु भारत की उफनती नदियाँ सर्वाधिक उपयुक्त हैं। जम्मू कश्मीर की चिनाव नदी, हिमाचल प्रदेश में सतलज नदी, सिक्किम में तीस्ता नदी, उत्तर प्रदेश में गंगा नदी आदि में यह खेल बड़े रोमांचक ढंग से खेला जाता सकता है।

4. सरफिंग—इसका सम्बन्ध लहरों व तरंगों से है, इसीलिए यह खेल ऐसी नावों के द्वारा खेला जाता है जो लहरों पर तैर सकें। यह नौका प्लास्टिक फोम एवं फाइबर ग्लास कोटेड होती है। इसकी लम्बाई करीब सात-आठ फीट होती है एवं वजन बहुत हल्का-तीन से छह किलोग्राम तक। इस नौका को चलाते समय इसमें सन्तुलन करने की जरूरत अधिक होती है जिससे कि समुद्र की लहरों पर यह पलट न सके और आसानी से चलायी जा सके।

5. विन्ड सरफिंग—यह नाव प्लास्टिक, फोम एवं फाइबर ग्लास कोटेड का बना होता है। यह सरफिंग नाव के जैसा ही होता है लेकिन इसमें पाल भी बंधा रहता है, जिसके द्वारा हवा चलने पर उसका सन्तुलन करना पड़ता है। इसमें नाव और पाल दोनों का समन्वय करना, इस नाव के माध्यम से खेले जाने वाले खेलों में जरूरी है।

सरफिंग और विन्ड सरफिंग की नौका क्रीड़ायें केरल के कोवलम बीच तथा गोपालपुर बीच, कन्याकुमारी तथा उड़ीसा के बीचों में होती है। ये खेल सही मायने में सुरक्षित बीचों पर खेलने हेतु होते हैं।

6. स्किन डाइविंग—यह एक तरह की तैराकी है जिसमें पानी के अन्दर कोई भी ऐसा कार्यकलाप जिसमें डुबकी लगाने वाला (तैराक) पानी में स्वतंत्रता से कर सकता हो। जैसे पानी के भीतर काफी समय तक जो तैराक रह सकता है, वह वहाँ रहकर अपना शोधकार्य और छायांकन भी कर सकता है। स्किन डाइविंग में प्रयुक्त होने वाले उपकरणों में तैरने हेतु पंख, कोल्ड वाटर सूट, चेहरे पर लगाने वाली मास्क, ऑक्सीजन सिलिण्डर आदि होते हैं जिनके सहारे गोताखोर ज्यादा समय तक पानी में रहकर कार्य कर सकें।

7. कायकिंग—यह फाइबर निर्मित होती है तथा बहुत छोटी नाव होती है जिसमें केवल एक या दो लोग बैठ सकते हैं। आरंभ में इसका प्रयोग सील मछली के शिकार के लिए आर्कटिक क्षेत्र में होता था। इसकी एक विशेषता यह है कि इसमें पैडल लगे होते है जिसे दोनों से किसी भी तरफ से चलाया जा सकता है।

यह आसानी से पलट जाती है। इसलिए खिलाड़ी यह प्रयत्न करते हैं कि यह बिना उलटे ही तेजी से चलती रहे। इन्हीं नावों के द्वारा विविध प्रकार की दौड़ें तथा जल क्रीड़ाओं का आयोजन किया जाता है। कायकिंग क्रीड़ायें दिल्ली में तथा हिमाचल प्रदेश के पोंगडम स्थान पर होती हैं। इसके द्वारा खेले जाने वाले खेलों की विशेषता यह होती है कि जिस स्थान पर ये खेले जाते हैं, उस स्थान का पानी स्थिर होना जरूरी है।

भारत में साहसिक पर्यटन के संसाधन

भारत धरातलीय विविधता सम्पन्न देश है। यहां ऊंचे-ऊंचे पर्वत, बर्फीली चोटियां, हिमानिया, पर्वतीय एवं मैदानी नदियां, विशाल मैदान एवं मरुस्थल, प्रायदीपीय पठारी प्रदेश, विशाल समुद्री तट एवं चौड़े समतल तटीय रेतीले मैदान सघन वन आदि सभी प्राकृतिक विशेषताएं मिलती हैं। यह सभी भौगोलिक विविधताएं तथा सम्पन्न पारिस्थितिकी पर्यावरण भारत के साहसिक पर्यटन के संसाधन हैं यह इको–पर्यावरण जीवमण्डल के भंडार, मैनग्रोव, प्रवाल एवं प्रवाल भित्तियां, मरुस्थल, पर्वत तथा वन, वन्य जीव एवं वनस्पति, नदियां एवं झीलों के रूप में मिलते हैं। यहां के घने जंगल विभिन्न तरह के जीव-जन्तुओं व पौधों की किस्मों के लिए पहचाने कुछ ऐसे ही नाम हैं। समुद्रीय तट विचित्र प्रकार की सुन्दर वनस्पति, सुन्दर वन, मैनग्रोव नारियल के कुंज के लिए पहचाने जाते हैं। हमारा देश पौधों व जीवों की सभी तरह की किस्म रखता है। विश्व के किसी भी देश में इतनी विविधता नहीं मिलती, जितनी कि हमारे देश में। यहां लगभग 45000 प्रकार के पौधे व 65000 प्रकार के जीव-जन्तुओं की किस्में पाई जाती हैं।

पर्यावरण पर प्रभाव

साहसिक पर्यटन का हर अंग एक विशेष तरह के पर्यावरण की देन है। इसलिए इस बात पर ध्यान दिया जाना चाहिए कि जिन विभिन्न परिस्थितियों में साहसिक खेल का आयोजन किया गया है, वहां के पर्यावरण को प्रदूषित होने से बचाया जाए। ऐसे स्थानों पर पर्यटकों की संख्या उस खेल तथा उसके स्थल की क्षमता के आधार पर तय की जाए। उस स्पोर्ट क्रिया में भाग लेने व्यक्ति अथवा पर्यटक वहां के पर्यावरण संतुलन पर कोई विपरीत प्रभाव न डालें। ऐसा तभी सम्भव है, जब हम उस क्षेत्र में साहसिक पर्यटन के स्पोर्ट को विकसित करने से पहले वहां की प्रवेशनीय एवं भागीदारी क्षमता को निर्धारित कर दें। यह विकास वहां से सामाजिक विकास पर भी विपरीत प्रभाव डालने वाला नहीं होना चाहिए। इसके साथ-साथ वहां पर पर्यटकों के लिए सभी जरूरी सुविधाओं को विकसित किया जाना चाहिए, जिनमें से कुछ इस तरह रखे जा सकते हैं—जंगली पशुओं के शिकार को रोका जाए।

वृक्षों, घास आदि को किसी प्रकार की हानि न पहुँचाई जाए। स्थानीय प्राकृतिक संसाधनों का दोहन सीमित तथा स्वीकृत मापदण्डों के अनुरूप किया जाए। प्राकृतिक दृश्यों की सुन्दरता को बनाये रखा जाए। स्थानीय सामाजिक और

सांस्कृतिक धरोहर पर कोई विपरीत प्रभाव न पड़ने दिया जाए। ऐसे स्थलों पर कूड़ा करकट तथा खाली डिब्बे, पॉलीथीन वगैरह न छोड़ी जाए। जलाशयों के जल को गंदा न किया जाए। मलमूत्र के निष्पादन की समुचित व्यवस्था की जाए।

उपर्युक्त बातों पर अमल आयोजक, सरकारी तंत्र, स्थानीय प्रशासन और पर्यटक के सामूहिक प्रयास से संभव हो सकता है।

पर्वतीय पर्यटन

औद्योगिक विकास, कृषि विकास और पर्यटन विकास पर अत्यधिक ध्यान देकर ही किसी भी इलाके का पूर्ण विकास किया जा सकता है। किस क्षेत्र विशेष में किस पहलू का कितना महत्व है, यह निर्भर करता है वहाँ की प्राकृतिक संपदा एवं दूसरे सम्बन्धित, आवश्यकताओं पर। परिवर्तित परिस्थितियों में पर्वतीय क्षेत्रों में पर्यटन विकास संभवतः सबसे तीव्र गति से समस्त विकास की क्रिया को प्रभावित करता है। इतिहास पर दृष्टिपात करने पर मालूम होता है कि सम्पूर्ण हिमालय क्षेत्र के लोग ज्ञान के आदान-प्रदान, एक दूसरे को जानने-समझने, सामान खरीदने एवं बेचने, व्यापार मेले एवं प्रदर्शनियों में भाग लेने तथा शोध-अनुसंधान आदि गतिविधियों को जानने के लिए सदियों से दूर-दराज के क्षेत्रों की यात्रा करते आये हैं। इन गतिविधियों ने व्यापार को बढ़ावा दिया है। इससे पर्यटन विकास पर बहुत अधिक प्रभाव पड़ा है। आर्थिक पक्षों का विश्लेषण करें तो पर्यटन विकास की परिधि में लगभग सभी प्रकार की आर्थिक क्रियाओं का समावेश है। हालांकि कुछ अन्य पहलुओं का भी योगदान रहता है।

क्षेत्रीय विकास में बाधा पर्वतीय क्षेत्र में आधारभूत सुविधाओं की कमी के कारण पड़ रह है। इन्हीं कारणों से यहां न ही विदेशी व न ही स्वदेशी पर्यटक अधिक संख्या में आते हैं।

अब उचित समय आ गया है कि हम अपनी पर्यटन संबंधी नीतियों में आवश्यक परिवर्तन लायें तथा क्षेत्र की आवश्यकतानुसार पर्यटन के नये आयामों की खोज करें। अब इस क्षेत्र की हिमाच्छादित सुरम्य पहाड़ियों के आकर्षण को विश्व की नजरों में अनदेखी नहीं किया जा सकता है। ब्रह्मपुत्र एवं सिन्धु घाटियों के बीच स्थित एवं लद्दाख से अरुणाचल तक फैली हुई हिमालय की 2500 कि.मी. लम्बी ऊंची पर्वत शृंखलाएं विश्व पर्यटन के मानचित्र में एक मुख्य वर्णनीय स्थान रखती हैं। इस क्षेत्र की हिमाच्छादित सुरम्य पहाड़ियां दर्शकों को अपने जादुई आकर्षण से मंत्रमुग्ध

कर देती हैं। भारत के दूर-दराज के स्थान से ग्राम निवासी सदियों से बद्रीनाथ, केदारनाथ जैसे ऊंचे और दुर्गम तीर्थस्थलों पर यात्रा करते आये हैं। ऐसे में इसे उन्नत बनाना सरकार का कर्तव्य है।

सम्प्रति समय के साथ-साथ परिस्थिति परिवर्तन ने क्षेत्रीय मुद्दों के विश्लेषण में एक व्यापक बदलाव ला दिया है। ऐसे में यही उचित होगा कि हम प्रगति एवं विकास शब्दों पर बुद्धिमत्ता एवं धैर्यता से फिर विचार करें। वर्षों से हम पर्वतीय क्षेत्रों को विभिन्न अर्थों में पेश करते आये हैं। अब उचित होगा कि क्षेत्रीय विकास के लिए एक संसाधन के रूप में इसके महत्व को समझें व स्वीकार करें।

सम्प्रति क्षेत्र विशेष की विशिष्टताओं को वर्णित करते हुए एक विस्तृत नीति निर्धारण की ओर ध्यान देना जरूरी है। नीति निर्धारण में पर्वतीय क्षेत्रों के असीम आकर्षणों, योजनाबद्धता, सीमांकन एवं एकीकृत क्षेत्रीय कार्यक्रम को वास्तविक रूप देना जरूरी है। साथ ही सार्वजनिक एवं निजी क्षेत्र के उपक्रमों, एअर लाइन्स, रेलवे एवं सड़क परिवहन प्रणालियों, नगरपालिका और स्थानीय निगमों के साथ-साथ सांस्कृतिक एवं शैक्षणिक संस्थाओं सहित अंतर्राष्ट्रीय, राजकीय एवं क्षेत्रीय स्तर पर पर्यटन के साथ सक्रिय रूप में सभी संबंधित एजेन्सियों से एक सामूहिक प्रयत्न के रूप में पर्यटन विकास के लिये उत्तरदायित्व का विशेष तौर से उल्लेख किया जाना भी जरूरी है।

इसके अतिरिक्त पर्यटन के हितों को उच्चतम सीमा तक बढ़ाने के लिए यात्रा परिपथ की धारणा पर आधारित एक कार्यक्रम योजना का तैयार होना अति आवश्यक है। योजना में चुनिन्दा परिपथों में गहन विकास प्राप्त करने, कुछ ही क्षेत्रों में केन्द्रीयकरण की प्रवृत्ति को दूर करने, पर्यटन आकर्षणों की विविधता को बढ़ावा देने और आर्थिक रूप से पिछड़े क्षेत्रों का उद्घाटन करने का प्रस्ताव होना भी आवश्यक है। पर्यटन सुविधाओं की सफल सेवाओं और प्रभावी प्रबन्ध सुनिश्चित करने के लिए मानव शक्ति विकास और प्रशिक्षण पर भी उचित बल दिया जाना चाहिए।

पर्यटन को एक उद्योग के रूप में मान्यता देकर तथा कर-प्रोत्साहन, आर्थिक सहायता, राष्ट्रीय और राजकीय वित्तीय संस्थाओं के द्वारा ऋणों की मंजूरी में प्राथमिकता, बिजली तथा पानी की व्यवस्था में प्राथमिकता आदि प्रोत्साहनों और सुविधाओं की व्यवस्था होना जरूरी है।

पर्वतीय पर्यटन विकास के लिए कार्ययोजना—निम्नलिखित बिन्दुओं को ध्यान में रखकर इसका प्रारूप बनाना चाहिए—पर्वतीय पर्यटन संरचना का संधारण विद्यमान संरचना का सर्वोत्तम उपयोग सुनिश्चित करने के लिए गन्तव्यों के विवरण

के साथ-साथ एकीकृत वृद्धि के लिए चयनात्मक आधार पर क्षेत्रों का विकास, मानव शक्ति संसाधनों के विकास के लिए संस्थाओं की फिर संरचना करना एवं उन्हें शक्तिशाली बनाना। विदेशी पर्यटकों की आवागमन और विदेशी मुद्रा अर्जन में वृद्धि करने के लिए उपयुक्त नीति तैयार करना।

पर्वतीय पर्यटन विकास के लिये निम्न गतिविधियों पर अधिक जोर देना आवश्यक है--चुनिन्दा पर्यटन क्षेत्रों या स्थलों का विकास पर्यटन की विविधता में अवकाश और सवकाश पर्यटन को समर्पित करना। ट्रैकिंग, हिम-क्रीड़ा, वन्य-जीवन एवं जल क्रीड़ा जैसी साहसिक पर्यटन क्रियाओं का सुसंगठित और सुनियोजित विकास। पर्वतीय संस्कृति के सदृश संस्कृति वाले क्षेत्रों तथा नई स्रोत बाजारों की खोज। क्षेत्रीय विरासत परियोजनाओं की पुनर्स्थापना। क्षेत्रीय छवि का निर्माण कार्य एवं मुख्य बाजारों में विपणन योजनाएं आरम्भ करना। अलग-अलग पर्यटन केन्द्रों पर सस्ता आवास उपलब्ध कराना। सार्वजनिक क्षेत्रों के नियमों में सेवा-स्तरों में सुधार लाना।

पर्वतीय पर्यटन का समन्वय एवं संयोजन--जिस प्रकार संसाधन पद्धति में कच्चे माल को विभिन्न चरणों में गुजारने के बाद उत्पाद बना दिया जाता है उसी प्रकार पर्यटन सप्लाई के कई घटकों को भी इस तरह सुसंगठित किया जाना चाहिए कि यात्रा की योजना बनाते हुये पर्यटकों की प्रत्याशा उनकी वापसी पर पूर्ण संतोष और चिरस्मरणीय याद में बदल जाय। इसलिए पर्यटन संरचना में सभी घटकों की उपलब्धता एवं सम्पादन एक सही समन्वय एवं संयोजन द्वारा आवश्यक होना चाहिए।

पर्यटन विकास का तात्पर्य केवल पर्यटन सुविधाओं जैसे-- होटल व्यवस्था, रेस्तरां, मनोरंजन गतिविधियों से ही नहीं है, इसके अन्दर सड़क मार्ग, पानी, बिजली, सीवरेज, दूर-संचार सुविधाएं आदि भी शामिल हैं। हरेक पर्यटक अपनी यात्रा पर एक सुखद एवं आनन्दकारी अनुभव पाने की तलाश में रहता है। इसलिए पर्यटन उत्पादन में निम्नांकित तथ्यों का शामिल होना जरूरी है :--सुरक्षा एवं सुनिश्चितता का आश्वासन। व्यावहारिक एवं मेजबान समाज, एक ऐसा उद्योग एवं व्यवस्था जो मुस्कराहट के साथ अपेक्षित सेवाएं उपलब्ध करा सके, पूर्ण क्षेत्र में शान्ति एवं स्थिरता का वातावरण।

1.स्कीइंग--यह क्रीड़ा सबसे प्राचीन है। स्कीइंग होने की संभावनाओं को ध्यान में रखते हुए गढ़वाल क्षेत्र में औली स्की रिजार्ट को चुना गया है। फलस्वरूप इस परियोजना में सरकार ने करोड़ों रुपये खर्च किए जिसके परिणामस्वरूप आज

औली में अत्यधिक टेक्नॉलोजी के साथ-साथ अनुभवी प्रशिक्षक भी उपलब्ध हैं। औली में चियर लिफ्ट, स्की लिफ्ट, आरामदेह लकड़ी के केबिन और रेस्तरां हैं। औली में हर किस्म के स्की ढलान भी उपलब्ध हैं। दुर्भाग्यवश हर तरह की सुविधाओं से सम्पन्न होने के बाद भी औली अधिक लोकप्रिय नहीं हो सका है। इसका प्रमुख कारण निम्नांकित है–

1. कैफटीरिया का अकुशल प्रबन्ध
2. समुचित चिकित्सा की अपर्याप्ताता
3. कमरों को गर्म करने के लिए पुराने तरीकों का इस्तेमाल
4. उपकरणों, विशेषकर स्की जूतों की आधुनिकीकरण की आवश्यकता
5. गरम पानी का अभाव।

औली को अधिक लोकप्रिय बनाने के लिये उपरोक्त समस्याओं का हल जरूरी है। निकट की विमान सेवा उपलब्ध कराकर, आवश्यक वस्तुओं की खरीददारी की सुविधाएं और प्रबन्ध व्यवस्था को चुस्त-दुरुस्त बनाकर औली को भविष्य का सबसे अधिक आकर्षक स्कीइंग स्थल बनाया जा सकता है।

हिमालय स्कीइंग गत् कुछ वर्षों से लोगों को अपनी ओर आकर्षित करने में सफल रहा है तथा इस साहसिक खेल की ओर रुचि बढ़ती जा रही है। नये-नये प्रशिक्षु का अलग-अलग ग्रुपों में प्रशिक्षण की व्यवस्था होनी चाहिए ताकि वे कम ढलान वाले और छोटे बर्फीले टीलों पर इस खेल का आनन्द प्राप्त कर सकें। अभ्यस्त तथा प्रशिक्षित खिलाड़ियों के लिये तो यह स्थल बहुत ही अच्छा है। औली में सिर्फ कार द्वारा कई हजार फुट लम्बे बर्फ के ढलानों पर लम्बी दौड़ का आनन्द लिया जा सकता है।

2. नन्य प्राणी दर्शन–सम्पूर्ण हिमालय क्षेत्र वन्य प्राणी दर्शन के लिए प्रसिद्ध है। पेड़-पौधों, फूल-फल, पशु-पक्षियों और वनस्पाति प्रेमियों के लिए यह आकर्षण का केन्द्र है। यहाँ के जंगलों में ऐसे पशु एवं पक्षी रहते हैं जो अत्यन्त ही दुर्लभ जाति के हैं। असंख्य किस्म की वनस्पति, जड़ी-बूटियां आदि केवल इसी क्षेत्र में उपलब्ध हैं। इस संपदा का संरक्षण करके हम वन्य जीव प्रेमियों को पर्वतीय क्षेत्र की ओर आकर्षित करने में सफल हो सकते हैं।

3. पर्वतारोहण–पर्वतारोहण का आशय उस क्रीड़ा से है जिसमें पर्वत के अति दुर्गम स्थल तक चढ़ाई करके निर्देशित स्थान तक पहुंचने के प्रयास किए जाते हैं। गढ़वाल एवं कुमाऊँ क्षेत्र में इस साहसिक खेल-क्रीड़ा की असीमित संभावनाएं हैं।

पर्वतारोहण को एक क्रीड़ा का रूप देने का श्रेय 1940 में दून स्कूल के दो

अध्यापकों श्री आर.एल. होल्डवर्थ एवं जी.ए.के. मार्टिन को है। ये भारतीय विद्यार्थियों को हिमालय में ट्रेकिंग एवं पर्वतारोहण के लिए ले गए थे।

भारत का पर्वतारोहण अभियान सर्वप्रथम सन् 1951 में शुरू हुआ। इस वर्ष दून स्कूल के एक अन्य अध्यापक गुरुदयाल सिंह ने त्रिशूल चोटी के अभियान दल का नेतृत्व करके चोटी पर पहुंचने का साहसिक कार्य सम्पन्न किया। पांच वर्ष बाद श्री एन. डी. नयाल ने श्री जे.जे.एम. गिवसन के साथ मिलकर बन्दरपूंछ अभियान सम्पन्न किया। सन् 1993 में एवरेस्ट पर्वत पर चढ़ने का प्रयास किया गया तथा गढ़वाली बछेन्द्रीपाल ने प्रथम भारतीय महिला पर्वतारोही बनने का गौरव प्राप्त किया।

पर्वतारोहण एक रोमांचकारी एवं साहसपूर्ण क्रिया बन जाने के फलस्वरूप उत्तरकाशी के हिमालय पर्वतारोहण स्टेशन की स्थापना की गयी। यह संस्थान पर्वतारोहण के कई पहलुओं में प्रशिक्षण देने के लिये अति उत्तम कार्य कर रहा है। इसके तहत ऊंचाई पर चढ़ने के प्रशिक्षण, शारीरिक बनावट, पर्वतारोहण का इतिहास, पर्वतीय जीव-जन्तु एवं वनस्पतियां, जियो-मारफोलॉजी, वन्य प्राणी व पर्वतारोहण की विभिन्न प्रणालियां एवं पद्धतियां प्रचलित हैं। यह संस्थान उच्च प्रशिक्षण भी देते हैं। पर्वत चोटियों पर चढ़ाई करना पर्वतारोहण के लिये बहुत जरूरी है एवं यह संस्थान सुप्रसिद्ध चोटियों जैसे कैमेट व त्रियूल के अभियान का प्रशिक्षण भी उपलब्ध कराता है। युवक एवं युवतियों को पर्वत शृंखलाओं की चोटी पर चढ़ने के लिए विशेष पाठ्यक्रम भी चलाये जाते हैं।

इस संस्थान की स्थापना के पश्चात् उत्तरकाशी में पर्वतारोहण को एक साहसिक खेल के रूप में बढ़ावा मिला। भारतीय पर्वतारोही संघ की स्थापना के उपरांत इस जोखिम भरी मनोरंजक क्रीड़ा में लोगों की रुचि और भी बढ़ी। इस संघ द्वारा पर्वतारोही को साधन उपलब्ध कराने के साथ-साथ वित्तीय सहायता भी दी गयी। फलस्वरूप देश के विभिन्न शहरों में पर्वतारोहण क्लब बनने लगे। पर्वतारोहण को एक खेल के रूप में बढ़ावा देना चाहिये तथा समस्त देश में जगह-जगह क्लब खोला जाना चाहिए।

4. ट्रैकिंग—पर्वतीय इलाके में घूमने का उत्तम तरीका पैदल यात्रा या ट्रैकिंग है। पैदल यात्रा करने वाले सैलानियों के लिए समस्त हिमालय क्षेत्र स्वर्गमय है। ट्रैकिंग एक कम खर्च करने वाली साहसिक गतिविधि है। इसमें भारी-भरकम उपकरणों की जरूरत नहीं होती है। यदि जरूरत है तो बस कुछ दूर तक चलने-बढ़ने तथा उतरने की क्षमता और प्रकृति के मनोहर दृश्यों को देखने वाली दृष्टि।

ट्रैकिंग करने के लिए बहुत कम अनुभव की आवश्यकता है और शुरू में यह

आसान रास्तों से प्रारम्भ की जा सकती है। इसके लिए सबसे कम साज-सामान की आवश्यकता होती है। एक स्लीपिंग बैग तथा रकसैक–ये दो ही मुख्य चीजें हैं। ट्रैकिंग किसी भी वक्त किसी के साथ और किसी भी स्थल से अपनी सुविधानुसार प्रारंभ की जा सकती है। व्यक्ति अपनी ट्रैकिंग की योजना स्वयं बना सकते हैं और यही कारण है, कि सम्पूर्ण हिमालय के लोग ट्रैकिंग के प्रति दिन-प्रतिदिन आकर्षित हो रहे हैं। बुनियादी सेवाओं की कमी में ट्रैकिंग करने वाला वास्तविक मनोरम स्थलों तक पहुंच ही नहीं पाता है। ट्रैकिंग के रास्तों पर सुरक्षित एवं अच्छे आवास सुविधाओं की भी भारी कमी है।

पिंडारी और हर की दून आदि कुछ प्रमुख मार्गों पर तो पी. डब्ल्यू. डी. अथवा वन-विभाग के विश्रामगृह हर आठ से दस कि.मी. की दूरी पर स्थित हैं, लेकिन इनमें 6-8 व्यक्तियों के रहने की सुविधा है। यह बात ध्यान देने योग्य है कि पहाड़ों पर चलने वाले ट्रैकग की इन ट्रैकर हट्स या टेन्टों में रहने की व्यवस्था की जा सकती है। इस साहसिक क्रिया के लिए बड़े टूरिस्ट लॉज की आवश्यकता बिल्कुल नहीं है। एक हाल जैसे कमरे में 10-20 व्यक्तियों के रहने का प्रबन्ध एक के ऊपर एक बंकर बड़े-बड़े बनाकर किया जा सकता है। शौच की व्यवस्था खड्ड के एक सिरे पर की जा सकती है और पानी की कमी की समस्याएं कुछ हद तक टिसू पेपर के इस्तेमाल से सुलझायी जा सकती हैं। इन आवास स्थलों के बाहर कूड़ा डालने के लिए एक बर्तन रखा जा सकता है और समय-समय पर कूड़े को नष्ट करने का कार्य यहाँ नियुक्त निरीक्षक के हवाले किया जा सकता है। स्थानीय लोगों को सही प्रशिक्षण देकर ट्रैकिंग के लिए तैयार किया जा सकता है। आवश्यकता बड़े-बड़े होटलों की नहीं है। बल्कि बहुत से ट्रैकर्स हट्स के निर्माण करने की है, ताकि ट्रैकिंग करनेवाला व्यक्ति केवल एक स्लीपिंग बैग और जेब में कुछ पैसे लेकर अधिक स्वतंत्रता से गढ़वाल क्षेत्र का भ्रमण कर सके। उसे भारी-भरकम साज-सामान साथ में ले जाने की जरूरत न हो और वह बेरोक-टोक पहाड़ों का आनन्द ले सकता है।

उक्त सुव्यवस्थित कार्यक्रम द्वारा क्षेत्रीय लोगों में बेरोजगारी की समस्या भी बहुत हद तक हल हो सकेगी। साथ ही अधिक-से-अधिक लोग ट्रैकिंग के लिये गढ़वाल हिमालय की ओर आकर्षित होंगे।

सम्पूर्ण गढ़वाल एवं कुमाऊँ को खास क्षेत्र घोषित करके प्रदेश के लिये परमिट देने अथवा प्रतिबन्धित करने में भी लचीला रुख अपनाना चाहिए जिससे अत्यधिक देशी एवं विदेशी पर्यटकों को यहाँ आने के लिये प्रेरित किया जा सके। साथ ही ट्रैकिंग के प्रत्येक मार्ग पर प्रवेश शुल्क लगाया जा सके और पदयात्रियों को वातावरण

को साफ रखने की उनकी जिम्मेदारी के विषय में अवगत कराया जा सके है। ट्रैकिंग मार्गों की पूर्ण जानकारी, आवास स्थलों की व्यवस्था और उनके बीच की दूरी आदि बातों की जानकारी भी ट्रैकर्स को दी जा सकती है। यात्रियों को यह भी बतलाना चाहिए कि नदी, झरने, झीलें व तालाब कहां-कहां पर स्थित हैं तथा हिमस्खलन का संकट किन-किन स्थलों पर है। वहां पर जाने की कोशिश नहीं करनी चाहिए। सुरक्षा एवं सूचना के दृष्टिकोण से सभी प्रवेश मार्गों को वायरलैस द्वारा जिला मुख्यालयों से जोड़ा जाना चाहिए जिससे आपातकालीन स्थिति में आवश्यक सहायता कम से कम समय में प्रभावित लोगों को उपलब्ध कराई जा सके।

ट्रैकिंग को आकर्षित बनाना अतिआवश्यक है। आरंभ में कुछ बाधाएं हो सकती हैं इन पर तत्काल ध्यान देना आवश्यक है। ध्यान देने योग्य मुख्य बातें निम्नलिखित हैं—हर की दून, फूलों की घाटी आदि प्रमुख ट्रैकिंग मार्गों पर ठहरने के लिये ट्रैकर्स हट या कॉटेजेज तथा मूलभूत सुविधाओं की उपलब्धि। प्रचलित ट्रैक मार्गों पर कूड़ा-कचरा की सुव्यवस्था। प्रमुख ट्रैकिंग मार्गों को भली-भांति निर्देशित किया जाय। ट्रैकिंग मार्गों पर स्थित पेड़-पौधों, वन सम्पदा, प्राकृतिक आकर्षणों, पशु-पक्षियों, ग्रामीण जीवन आदि के बारे में जानकारियां उपलब्ध हों।

वर्तमान समय में पर्यटकों को रोमांच के लिए जोखिम से परहेज नहीं है। साहसिक पर्वतीय ट्रैकर के लिए कुमाऊं एवं गढ़वाल की प्राकृतिक संपदा तथा संपन्न वातावरण स्वागत द्वार पर खड़ी है। हमें सिर्फ बुनियादी बदलाव करना पड़ेगा।

5. पैराग्लाइडिंग एवं हैंग ग्लाइडिंग—यह खेल आकाश में चिड़ियों की भांति उड़ने जैसा है। पैरा ग्लाइडिंग के लिए इस्तेमाल किए जानेवाले एयरो फाइल डैन हैंग ग्लाइडिंग साहसिक लोगों के बीच अधिक लोकप्रिय होती जा रही है। जबकि हैंग ग्लाइडिंग केवल प्रतियोगी स्पर्द्धा तक ही सीमित होती जा रही है।

गढ़वाल एवं कुमाऊँ क्षेत्र में साहसिक क्रीड़ाओं के लिए बहुत अधिक संभावना है। लोकप्रियता बढ़ाने के लिये तथा स्थानीय पर्यटकों को उत्साहित करने के लिये इन खेलों का आयोजन अवकाश के दिनों में आबादी क्षेत्रों में किया जा सकता है। अन्य साहसिक खेलों की तरह इनका विकास प्रशिक्षकों के अभाव एवं उपकरणों के बहुत महंगे होने के कारण बाधा हो रही है।

6.जल-क्रीड़ाएं—पर्वतीय क्षेत्र में जलक्रीड़ा की असीम संभावनाएं होती हैं। गढ़वाल व कुमाऊँ क्षेत्र में अनगिनत झीलों एवं नदियों को देखते हुए यह कहा जा सकता है कि जल क्रीड़ा हेतु यहां नैसर्गिक सुविधाएं उपलब्ध हैं। गंगा, यमुना तथा अन्य नदियों की तरंगों पर नौकायन जैसी जलक्रीड़ाओं का आनन्द लिया जा सकता

है। झीलों एवं तालों के किनारों को आकर्षक केन्द्र के रूप में विकसित किया जाना चाहिए। महंगे उपकरण एवं प्रशिक्षित कर्मियों की जरूरत है।

वाटर स्कीइंग भी एक मनोरंजक खेल है। मोटर बोट व चालक सहित स्कीइंग का सामान किराये पर उपलब्ध कराया जाना तथा नये प्रशिक्षुओं को यह खेल सीखाने के लिये प्रशिक्षण की व्यवस्था करना आवश्यक है।

रिवर राफ्टिंग के विकास की हिमालय क्षेत्र में अत्यधिक संभावनाएं हैं। गढ़वाल क्षेत्र में यह खेल केवल ऋषिकेश के निकट गंगा नदी तक ही सीमित है। जिसे और अधिक क्षेत्र में विस्तार करने की जरूरत है। अन्य नदियां भी हैं जहाँ इस खेल की अनुकूल स्थितियां मौजूद हैं। प्रमुख समस्या उपकरणों के महंगे होने की है। सामान्य रूप से इसमें समस्त उपकरणों को आयात करना पड़ता है। इसके अलावा प्रशिक्षकों का उपलब्ध न होना एक बड़ी समस्या है। खेल के लिये पथ-प्रदर्शक या गाइड बाहर से आमंत्रित करने होते हैं। आवश्यक उपकरणों का देश में ही निर्माण करके और प्रशिक्षित गाइडों की संख्या में वृद्धि करके ये समस्याएं हल की जा सकती हैं। भारतीय सैनिक दल ने सिद्ध कर दिया है कि लद्दाख, सिन्धु घाटी से लेकर अरुणाचल में ब्रह्मपुत्र नदी में रिवर राफ्टिंग संभव है। देवप्रयाग से लेकर ऋषिकेश तक कई एजेन्सियों द्वारा नियमित रूप से रिवर राफ्टिग जल क्रीड़ा का आयोजन किया जाता है।

11

परिवहन एवं पर्यटन

पर्यटन की दृष्टि से पर्यटक परिवहन भी बहुत महत्वपूर्ण है। यह भी पर्यटन का ही अभिन्न भाग है। यह पर्यटकों को पर्यटन स्थल तक पहुँचाती है। पर्यटन स्थानों की प्रसिद्धि अधिकांश रूप से पर्यटक परिवहन पर आश्रित है। इसलिए यह सेवा अत्यधिक महत्वपूर्ण व विशिष्ट हो जाती है।

भारत में सड़क परिवहन की गुणवत्ता बहुत निम्न स्तर की है। भारतीय रेलवे, एयर इण्डिया, इंडियन एयरलाइन्स वर्तमान समय में भी सरकार के नियन्त्रण में हैं जिससे बाज़ार पक्ष कमजोर हो जाता है। इस समय कम्पनियों से अधिक निजी कम्पनियां लाभ कमा रही हैं। इसका मुख्य कारण यह है कि निजी कम्पनियां दिन-प्रतिदिन बाजार नीति का बेहतर तरीका अपना रही हैं। दूसरा कारण यह है कि निजी कम्पनियों या वाहनों में उपभोक्ताओं की रुचियों के अनुसार अपनी सेवाओं में परिवर्तन करने की व्यवस्था है। सरकारी सेवाओं को भी अपनी परम्परागत सोच को बदलकर वास्तविक रूप में पर्यटक परिवहन के क्षेत्र में विपणन को अपनाने की आवश्यकता है।

परिवहन के विभिन्न साधनों के द्वारा सैलानियों को गन्तव्य स्थान तक पहुँचाते हैं। यातायात के ये साधन मोटर कार, रेल, हवाई जहाज, पानी के जहाज आदि हो सकते हैं। इनमें पर्यटक अपनी सीट या वाहन पूर्व में आरक्षित करा सकता है।

सैलानी द्वारा घूमने के दौरान किये गये व्यय से आन्तरिक भू-परिवहन के विभिन्न साधनों को भी लाभ होता है। बस व मोटरों पर किये गये व्यय का सर्वेक्षण करके उसकी मान्यता को जांचने की प्रणाली एक संतोषजनक पद्धति प्रतीत नहीं होती है, क्योंकि पर्यटकों की यात्रा का यह एक बहुत ही महत्वपूर्ण साधन है। इसलिए इस पर बड़ी रकम व्यय की जाती है। इसके अतिरिक्त बहुत-सी टैक्सियों, स्वचालित वाहनों, भाड़े की कारें व निजी कारें हैं, जो कि पर्यटन यातायात से प्रभावित होती हैं। पर्यटकों का समुद्री व वायु यातायात के माध्यम से सैर आन्तरिक भू-परिवहन के लिए लाभदायी है।

परिवहन विकास

पर्यटन की मूलभूत संरचना का महत्वपूर्ण पहलू परिवहन का विकास करना है। परिवहन की जरूरतों की पूर्ति करते समय इसकी लागत, गति और आरामदेयता को मद्देनजर रखना चाहिए। इसके तहत बसें, टैक्सी ऑटोमोबाइल, समुद्री जहाज, रेल, हवाई जहाज, सामान वाहक व्यवस्था आदि शामिल हैं। सभी परिवहन सेवाएं कम खर्च वाली होनी चाहिएं। मोटर गाडियों में कांचों की बनावट अच्छी तरह होनी चाहिए। विस्तृत खिड़कियाँ, वातानुकूलित आरामदायक सीटें तथा आराम करने हेतु सुविधाजनक कक्ष से भरपूर होनी चाहिए। द्विभाषिये व पर्यटन प्रदर्शक उचित तौर पर शिक्षित एवं प्रशिक्षित होने चाहिए। उन्हें सम्बन्धित क्षेत्र के इतिहास, वास्तुकला नृवंशविद्या, संस्कृति व आर्थिक प्रणाली (अर्थव्यवस्था) की उचित जानकारी होनी आवश्यक है। इसके साथ ही विदेशी भाषाओं की जानकारी भी अनिवार्य है। सड़क परिवहन का ग्रामीण क्षेत्रों में आनन्द लेने हेतु बहुत प्रयोग होने के परिणामस्वरूप सड़कों के विकास का महत्व बढ़ता जा रहा है।

हवाई यातायात के क्षेत्र में भी विकास की नितांत आवश्यकता है। हालांकि स्वदेशी हवाई निगम अपने मौजूद बेड़े के द्वारा वर्तमान जरूरतों को पूर्ण करने में भरसक प्रयास कर रही है किन्तु साथ ही आगे आने वाले समय में पर्यटकों की संख्या में बढ़ोतरी को दृष्टिगत रखते हुए कतिपय योजनाएं बनाना जरूरी है।

हवाई अड्डों के वातानुकूलित होने की व्यवस्था केन्द्रित होनी चाहिए। आरामदायक एवं आकर्षक ठहरने के स्थानों का प्रबन्ध होना चाहिए। उड़ान से सम्बन्धित सूचनाएं यथा आवागमन व उड्डयन के वितरण, समय तालिकाओं एवं जरूरी सूचनायें भी उपलब्ध होनी चाहिएं।

विगत कुछ दशकों से समुद्री यात्रा की लोकप्रियता काफी बढ़ गई है। बहुत से पर्यटक समुद्री यात्रा को पर्यटन का एक अंश समझते हैं। रेल की सुरक्षा व सुविधा तथा आरामदायक वातानुकूलित कारें व कोचों से मनोरम दृश्यों को देखने के कारण बहुत से यात्री रेल यात्रा को पसन्द करते हैं। रेलों की तत्पर समय सारणी तथा द्रुतगति के रेलों के आगमन के परिणामस्वरूप रेल यात्रा बहुत लोकप्रिय होती जा रही है। रेलवे स्टेशन से होटलों तक टैक्सी व बसों का समुचित प्रबन्ध होना चाहिए ताकि यात्री अपने उद्देशित स्थानों तक शीघ्र पहुँच सकें। रेलवे की क्षमता में सुधार अथवा वैकल्पिक रूप में रेलवे में विशेष कोच को संलग्न किया जाना चाहिए।

भूतल परिवहन सेवाएं जैसे टैक्सी एवं आरामदायक कारों की सेवाएं पर्यटन हेतु जरूरी तत्व हैं। चालकों का व्यवहार, भाषा व अन्य गुण बहुत ही प्रमुख स्थान रखते हैं। होटल प्रबन्धकों को पर्यटकों की सन्तुष्टि के विषय में स्पष्ट हिदायतें देनी चाहिए, साथ ही पर्यटक कारों और कोचों की संख्या में भी बढ़ोत्तरी होनी चाहिएं।

आन्तरिक परिवहन सुविधाओं के सुधार हेतु न सिर्फ नई सड़कों का निर्माण होना चाहिए। अपितु, वर्तमान सड़कों की भी अच्छी मरम्मत और देखभाल होनी चाहिए। कोच, मनोरंजन व मनोविनोद की क्रिया हृदयावलोकन का एक प्रमुख अंग है। विकासशील देशों में पर्यटकों की सुविधाओं की तरफ अधिक ध्यान देने की आवश्यकता है। विशेष समारोह, विश्व प्रदर्शन संग्रहालय, क्रीड़ा आदि पर्यटकों के मुख्य आकर्षण हैं।

पयर्टन आधारित संरचना के लिए सुविधाएं एक मौलिक आधार हैं। इसके तहत न केवल पर्यटकों के बढ़ावे व प्रतिबन्ध से सम्बन्धित क्रियायें आती हैं अपितु साथ ही आवागमन के नियम भी आते हैं, जो पर्यटकों से सम्बन्धित हैं। स्वास्थ्य, सीमाकर, मुद्रा नियंत्रण आदि के नियम का प्रयोग सद्भावना के रूप में होना चाहिए।

परिवहन की विशिष्ट विशिष्टताएं

यातायात के भौगोलिक स्वरूप के अध्ययन में परिवहन के स्थानीयकरण, विकास देश-प्रदेश के प्रादेशिक काम्प्लेक्स में परिवहन की कार्यशीलता व परिवहन, खेती, उद्योग, जनसंख्या, नगर, प्राकृतिक तत्त्वों एवं संसाधनों से जुड़ाव का

विश्लेषण किया जाता है। भौगोलिक तत्त्व के रूप में परिवहन की अपनी अलग विशेषतायें होती हैं जो निम्न हैं—परिवहन का उत्पादन वस्तुओं तथा व्यक्तियों के आवागमन के तौर पर होता है। यह उत्पादन अनवरत होता रहता है और उत्पादन तथा उपभोग की प्रक्रिया साथ-साथ चलती है। इसमें किसी तरह की कच्ची सामग्री की जरूरत नहीं होती। परिवहन उत्पादन की कीमत, माल (Freight) या व्यक्ति के भाड़े के रूप में मिलती है। परिवहन संसाधनों का वितरण रैखिक होता है। परिवहन तथा अन्य सभी तरह के उत्पादनों में सार्वभौमिक तकनीकी रिश्ता होता है। परिवहन में प्राकृतिक अथवा कृत्रिम मार्गों के लिए प्राकृतिक भौगोलिक वातावरण के खास तत्त्वों का विशेष प्रकार का इस्तेमाल होता है।

परिवहन व्यवस्था के मुख्य आधार

परिवहन का विकास प्रत्येक देश की मूल आवश्यकता होती है। किसी भी देश या प्रदेश की परिवहन व्यवस्था कुछ हद तक वहाँ की आर्थिक व्यवस्था पर भी निर्भर करती है। ई.एल. उलमान ने कुछ ऐसे तत्त्वों का जिक्र किया है जो किन्हीं दो प्रदेशों के बीच परिवहन सम्बन्ध स्थापित करने में सहायक होते हैं। इन तत्त्वों का विवरण निम्न प्रकार है—

1. विनिमयता (Transferability)—विशिष्ट परिपूरकता तथा मध्यवर्ती आपूर्ति स्रोत का अभाव होने पर भी दो प्रदेशों के मध्य परिवहन सम्बन्ध स्थापित नहीं होगा जब तक उनमें विनिमयता न हो। विनिमयता का अर्थ यह है कि एक प्रदेश दूसरे से वस्तु विशेष मंगाने में समर्थ हो ऐसा तभी सम्भव है, जबकि उस वस्तु के परिवहन में उतना ही परिवहन लागत या समय लगे जो वित्तीय हिसाब से नुकसानदायक नहीं होकर लाभदायक हो। यदि माँग वाले प्रदेश और आपूर्ति स्रोत के बीच दूरी इतनी ज्यादा हो कि आर्थिक दृष्टिकोण से परिवहन लागत अथवा समय अधिक लगता हो तो इनके मध्य परिवहन व्यर्थ है।

2. मध्यवर्ती आपूर्ति का अभाव—परिवहन के लिए दो देशों के मध्य किसी मध्यवर्ती आपूर्ति स्रोत का अभाव भी अनिवार्य तत्त्व है। यदि किसी राज्य में किसी वस्तु की विशेष जरूरत है तथा इसकी आपूर्ति कई स्रोतों से हो सकती है तो उस स्थिति में वह प्रदेश साधारण तथा निकटतम स्रोत से ही इस आवश्यकता को पूरा करेगा। इसलिए किसी दूरस्थ प्रदेश एवं इस प्रदेश के बीच विशिष्ट परिपूरकता होते हुए भी इसके मध्य परिवहन सम्बन्ध नहीं होगा। किन्तु

इनके बीच मध्यवर्ती स्रोत का अभाव होता है तो उनके मध्य परिवहन की आवश्यकता होती है।

3. परिपूरकता—दो प्रदेशों के मध्य परिवहन की जरूरत तभी होती है जब किसी वस्तु या वस्तुओं के लिए एक प्रदेश में माँग हो तथा दूसरे में इस माँग की पूर्ति करने हेतु वस्तु विशेष का आधिक्य हो। इस तरह की स्थिति विभिन्न प्रदेशों की प्राकृतिक एवं मानवीय विभिन्नता से उत्पन्न होती है। कुछ विद्वान इस प्रकार की परिपूरकता के लिए प्राकृतिक विभिन्नता को काफी महत्त्व देते थे। उनके अनुसार जलवायु, धरातल आदि प्राकृतिक तत्त्वों में विभिन्नता होने के कारण ही किसी क्षेत्र में किसी वस्तु विशेष का उत्पादन तथा आधिक्य होता है, जबकि किसी दूसरे प्रदेश में उस वस्तु की कमी होती है तो उसकी माँग होती है। इसके उदाहरण उष्णकटिबन्धीय और शीतोष्ण कटिबन्धीय देशों की प्राकृतिक दशाओं की विभिन्नता तथा उसके फलस्वरूप अनेक वस्तुओं के आदान-प्रदान को प्रस्तुत किया जाता था। लेकिन अब मानवीय तत्त्वों को ज्यादा महत्त्वपूर्ण माना जाता है। मानवीय तत्त्वों की विभिन्नता के कारण ही समान वातावरण वाले देशों में ही ज्यादा व्यापार होता है। उत्तरी अमेरिका और पश्चिमी यूरोप के बीच अधिक व्यापारिक रिश्ते हैं। परिपूरकता उत्पादन-पैमाने में फर्क होने से भी उत्पन्न होती है। परिवहन के सम्बन्ध में अधिक अहम् बात यह है कि दो प्रदेशों के मध्य विशिष्ट परिपूरकता होनी चाहिए। जैसे, किसी प्रदेश में इस्पात का आधिक्य है तथा प्रदेश में जरूरत की ही माँग है, तभी इनके बीच परिवहन हो सकता है। यदि किसी राज्य में कच्चे लोहे की माँग हो तथा दूसरे प्रदेश में इस्पात का आधिक्य में तो यह विशिष्ट परिपूरकता नहीं होगी और फलतः इन मुल्कों के बीच परिवहन की आवश्यकता नहीं होगी।

निष्कर्ष—परिवहन हेतु क्षेत्रीय विभिन्नता जन्य परिपूरकता, मध्यवर्ती आपूर्ति स्रोत का अभाव एवं विनिमयता आवश्यक तत्त्व हैं।

परिवहन के प्रमुख साधन

परिवहन सम्बन्ध किसी भी दो राज्यों के मध्य किसी माध्यम के द्वारा ही बनता है। विभिन्न काल एवं विभिन्न भागों में परिवहन के अनेक माध्यम मिलते हैं। प्राचीन काल में मानव और पशु परिवहन के प्रमुख साधन थे। सबसे पहले प्राचीनतम काल में मनुष्य खुद अपना बोझ एक स्थान से दूसरे स्थान को ले जाता

था। उसके बाद कुछ पशु माध्यम हो गये। फिर बैलगाड़ी या घोड़ागाड़ी द्वारा परिवहन होने लगा। वर्तमान समय में भी इस तरह के परिवहन साधनों का महत्व कुछ क्षेत्रों में विद्यमान है। जंगलों से लकड़ी बाहर निकालने के लिए उष्ण-कटिबन्धीय भागों में हाथी का इस्तेमाल होता है। मरुस्थलों में ऊँट और बीहड़, पर्वतीय क्षेत्रों में टट्टू तथा खच्चर आज भी सर्वप्रमुख परिवहन के माध्यम हैं, लेकिन सब मिलाकर विश्व में ऐसे परिवहन साधनों का महत्व अत्यधिक कम हो गया है। परिवहन के आधुनिक साधनों, विशाल पोत, रेलगाड़ियां, वायुयान द्वारा परिवहन किये गये भार, परिवहन की रफ्तार तथा परिवहन लागत और व्यय की तुलना में परम्परागत परिवहन के साधन बहुत पीछे रह जाते हैं। अतः अन्तर्राष्ट्रीय-स्तर पर परिवहन के आधुनिक माध्यम ही महत्त्वपूर्ण हैं। परम्परागत परिवहन साधनों का महत्त्व सिर्फ स्थानीय या क्षेत्रीय स्तर पर उन्हीं भागों में है। जहाँ अभी आधुनिक परिवहन साधनों का विकास नहीं हुआ है। परिवहन के आधुनिक माध्यम मुख्यतः चार हैं– सड़कें तथा रेलमार्ग, जल परिवहन, वायुयान। इन चारों माध्यमों का सापेक्षिक महत्त्व विभिन्न प्रादेशिक, प्राकृतिक एवं आर्थिक दशाओं के अनुसार बदलता रहता है। विश्व स्तर पर अन्तर्राष्ट्रीय परिवहन हेतु सामुद्रिक-जल परिवहन में विशाल जलपोतों द्वारा विश्व स्तर पर प्रायः सम्पूर्ण माल (Freights) ढोया जाता है। वायुयानों द्वारा हालांकि माल-परिवहन अभी बहुत कम होता है। (केवल कुछ अत्यन्त हल्की, नश्वर अथवा अति मूल्यवान) अतिशीघ्र पहुंचाए जाने का महत्त्व दिनोंदिन बढ़ता जा रहा है। देश की सीमान्तर्गत परिवहन के तमाम माध्यमों के सापेक्षिक महत्त्व में काफी विभिन्नता मिलती है।

जिन देशों में नौगम्य नदियों की अधिकता है वहाँ आन्तरिक जल परिवहन का ज्यादा विकास हुआ है। जल-परिवहन में सबसे कम खर्च पड़ता है, लेकिन इसमें अपेक्षाकृत अधिक समय लगता है, इसलिए कम प्रति इकाई मूल्य एवं अधिक प्रति इकाई भारवाही वस्तुओं का परिवहन नौगम्य नदियों द्वारा होता है, बशर्ते नौगम्य नदियां उसी दिशा में बहती हों जिस दिशा में परिवहन होना है। सर्वथा उपर्युक्त नदियां बहुत कम ही मुल्कों में उपलब्ध हैं। अतः कुल मिलाकर विश्व में भारी एवं कम मूल्य वाली वस्तुओं का देशान्तरिक परिवहन ज्यादातर रेलों द्वारा होता है। रेल-परिवहन में जल परिवहन की अपेक्षा लागत ज्यादा पड़ती है। लेकिन उसमें गति तेज होती है तथा जहाँ भी आवश्यकता हो रेलमार्गों का निर्माण किया जा सकता है, परन्तु रेलमार्गों द्वारा अधिक दूर का तथा बड़ी मात्रा में ही माल परिवहन ज्यादा लाभदायक होता है।

रेल द्वारा कम दूरी या कम मात्रा में परिवहन अपेक्षाकृत खर्चीला होता है। रेलमार्गों के निर्माण में अधिक पूंजी की जरूरत पड़ती है। इसकी व्यवस्था एवं परिचालन भी बड़े स्तर पर ही सम्भव है। अतः इसके द्वारा माल मनमानी जगह नहीं पहुंचाया, उतारा या लादा जा सकता; सिर्फ निर्धारित स्टेशनों पर ही माल उतर-लद सकता है। इसके विपरीत अब सड़क पर चलने वाली ट्रकों द्वारा माल ज्यादा दूर, तेज गति से तथा कम मात्रा में भी मनमाने स्थल पर भेजा अथवा उतारा-लादा जा सकता है। ट्रक के माध्यम से माल भेजने में क्षति की संभावना अधिक रहती है। इसलिए अब कई देशों में जहाँ सड़कों का घना नेटवर्क बिछ गया है, रेल की अपेक्षा सड़क परिवहन का महत्त्व बढ़ता जा रहा है। वायुयान के द्वारा अधिकांशतः यात्री का परिवहन किया जाता है क्योंकि यह महंगा होता है। इसलिए जिन देशों में प्रति व्यक्ति आय अधिक है, उन्हीं देशों में इसका अधिक इस्तेमाल हो रहा है। भारत में रेल परिवहन का महत्व निम्नलिखित कारणों से अधिक है—

1. भारत में रेलवे के अस्तित्व में आने से पूर्व गंगा नदी में प्रयाग तक तथा ब्रह्मपुत्र नदी में डिब्रूगढ़ तक परिवहन होता था। कृष्णा-गोदावरी के निचले भागों में कुछ परिवहन होता था। अब एक ओर अपेक्षाकृत ज्यादा उपयुक्त रेल परिवहन का विकास हो जाने से तथा दूसरी ओर ब्रह्मपुत्र नदी के निचले हिस्से के बांग्लादेश में पड़ जाने और नदी परिवहन की दूसरी विविध कठिनाइयों के कारण जल परिवहन वर्तमान समय में समाप्त हो गया जिसे पुनः प्रारंभ करने का प्रयत्न हो रहा है। ब्रिटिश काल में रेलमार्गों का निर्माण पूरे देश में हो गया जिससे सभी भागों के मध्य परिवहन आसान हो गया। सड़क मार्ग का विकास हुआ है लेकिन अभी भी देश के एक भाग से दूसरे भाग तक अच्छी सड़कों के अभाव एवं विभिन्न प्रान्तों के विविध करों आदि के कारण लम्बी दूरी तक सड़क परिवहन कम होता है। इसके बावजूद, कुछ खास तरह के उत्पादों को सड़क परिवहन के द्वारा भेजा जाता है। प्रमुख नगरों के बीच अब पहले की अपेक्षा ट्रकों द्वारा ज्यादा माल ढोया जाता है। वायुयान परिवहन का विकास मात्र सीमित रूप में यात्रियों को मुख्य महानगरों के मध्य पहुँचाने के लिये ही हो पाया है।